DRONE
Drone Pilotless Aircraft
Unmanned Aerial Vehicle

신 대 섭 저자

Homepage : http://www.roboblock.co.kr
E-mail : icgate@naver.com

- 경력
    - 1996년/1998년 호원대 전자과 졸업/인하대 전자과 대학원 공학석사
    - 1998년 호주 시드니 Homes Colleges 연수
    - 1999년 7월 로보블럭시스템 벤처 기업 창업
    - 1999년 11월 포항공대 주최 전국 지능로봇 경진대회 우수상 수상
    - 1999년 12월 ~ 2004년 8월 LG 전자 Learning Center 강사
    - 2014년 2월 한양대학교 전기공학과 공학박사

- 현 활동 현황
    - (주)로보블럭시스템 대표이사

- 저서
    - 초보자가 만드는 로보트(세화출판사)
    - 로보트 쉽게 만들기(세화출판사)
    - 소형마이컴 응용 및 로봇 제작(오음출판사)
    - AVR 마이크로 프로세서 및 로봇 제작(세화출판사)
    - PIC 마이크로 프로세서 길잡이(세화출판사)
    - AVR 마이크로 프로세서 길잡이(세화출판사)
    - Visual Basic을 이용한 컴퓨터 제어(세화출판사)
    - 80C196KC 마이컴 배우기(동일출판사)
    - 아두이노(로보이노) 따라하기(세화출판사)

드론 (무인멀티콥터) 필기
초경량비행장치 조종자격

Aircraft • Unmanned Aerial Vehicle • Drone Pilotless Aircraft • Unmanned Aerial Vehicle • Drone Pilotless Aircraft • Unmanned Aerial Vehicle

PREFACE

　드론(Drone)은 사람이 탑승하지 않고 원격에서 무선 조종기를 이용해서 조종하여 비행하거나 내장된 프로그램으로 스스로 비행해서 움직이는 무인기를 뜻한다. 드론이라는 용어는 "벌이 윙윙거리는 소리"에서 착안하여 붙여진 이름으로 초기에는 군사용으로 사용했지만 이제는 농약 살포, 사진촬영, 측량, 택배, 구조 등등 다양한 분야에서 활용되고 있다.

　4차 산업혁명의 핵심 과제인 드론은 기존에는 군사용이나 전문가들만 활용하였으나 최근에는 드론의 소형화, 가격의 하락 등으로 인하여 다양한 분야의 상업화로 발전하여 미래에는 "1인 1드론 시대"가 될 것으로 기대하고 있다.

　최근 방송에서 자주 드론에 관한 뉴스와 활용분야 및 드론 조종자 자격증에 대해서 소개하면서 드론 자격증을 취득하려는 사람들이 급속도로 늘면서 사설 드론 전문 교육 학원과 국토교통부에서 인가한 전문교육기관의 수도 급격하게 증가하고 있다. 시험 응시자가 증가하면서 "드론 자격시험"도 횟수를 늘려서 많은 분들이 드론 자격시험에 응시할 수 있도록 하고 있다. 그러나 시중에는 드론 국가자격증 시험을 준비하기 위한 시험교재가 부족한 실정이며 전문적인 지식이 없이는 혼자 공부하는데 어려움이 많이 있는 것이 현실이다.

　이 책은 드론을 처음 접하는 분들이나 전문적인 지식이 없는 분들도 쉽게 공부할 수 있게 요점을 정리하였으며 짧은 시간에 시험을 준비할 수 있게 이론 내용을 요약하고 자주 출제되는 예상 문제들을 정리하여 수록하였다. 요약정리와 예상 문제를 통해서 기존 서적으로 공부하기 어려웠던 분이나 시험에 떨어진 분들의 고민을 조금이나마 해결해주고 독자 스스로 공부하는데 어려움이 없을 것이라고 저자는 생각한다.

　또한 일반인을 대상으로 기초적인 드론의 운용, 항공역학, 항공 기상, 항공 법규를 소개하고 있으며 각 과목의 요약 내용을 익히고 각 과목의 예상 문제를 풀면서 학습하면 쉽게 자격증에 합격할 것이라고 생각한다.

　비록 부족한 부분이 있더라도 본 책을 통하여 여러분들이 보다 쉽게, 원하는 것을 얻어갈 수 있기를 바란다. 독자 여러분들의 발전된 미래와 합격을 기원하면서 ......

2018년 6월

저자 씀

이제 드론 자격증도 필수의 시대입니다.
나도 따보자! 드론 조종사 자격증
누구나 14세 이상이면 자격증 시험에 응시가 가능합니다.
남·여, 노·소 누구나 도전할 수 있는 자격증입니다.

운전면허증은 필수 !!!
이제는 드론자격증도 필수 시대 !!!

자격증이 필요한 분들

[자격증 취득 후 할 수 있는 일(자격증 없이 수익사업을 할 수 없음)]

- 드론부대 활동
- 드론 측량 분야
- 드론 택배업 분야
- 방송국 드론 촬영 활동
- 도로공사 드론 감시 활동
- 드론을 이용한 레저 사업
- 산림청 산불 감시 및 수색 활동
- 드론교육원 강사
- 기상정보 수집 분야
- 드론 제조 회사
- 웨딩 촬영업무 분야
- 드론 낚시분야
- 드론 소프트웨어 개발자
- 드론 레이싱 대회
- 해안(선) 감시 드론
- 드론 교육원(학원) 운영
- 드론방제 활동
- 건설 분야
- 드론 공연 분야
- 각종 신문사 기자들 촬영 활동
- 경찰서 드론 감시 및 실종자 수색 활동
- 119 화재 진압과정 촬영 및 수색 활동
- 고속도로 속도위반 차량 감시
- 드론 연구 기관 연구원
- 환경감시 분야
- 드론 교관이 되기 위한 1단계 과정
- 각종 광고업무 분야
- 드론을 활용한 각종 행사업무 분야
- 한전 고압선 감시분야
- 통신회사(KT, SKT, LG U+) 드론 중계
- 드론 축구 분야
- 드론 임대업 운영

초경량비행장치조종자 접수부터 자격증 수령까지

필기시험

1. 조종자응시자격 조건
- 나이 14세 이상 누구나 응시 가능
- 운전면허 또는 이를 갈음할 수 있는 신체검사 증명 소지자로서 해당 비행장치의 비행경력이 20시간 이상인 자
- 비행경력 20시간이 없어도 필기시험 응시는 가능
- 필기시험 합격과 비행경력 20시간(비행경력증명서)이상이면 실기시험 가능

2. 필기원서 접수

http://www.kotsa.or.kr 에서 접수신청
필기시험수수료 48,400원

3. 필기시험

필기시험은 CBT 40문제 70점 이상 점수를 획득 (시험시간은 50분)

자격증 신청 및 수령

1. 자격증 신청
 - 방법1 방문신청
 - 방법2 인터넷 신청

명함사진 1부, 신체검사 증명서
자격증수수료 11,000원

www.kotsa.or.kr 으로 신청하세요

2. 자격증 수령
 - 방문수령
 - 등기우편으로 수령

4. 합격여부 확인 → **실기시험**

1. 실기원서 접수

최종 합격

3. 합격여부 확인

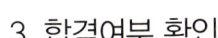
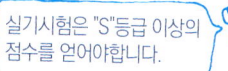

2. 실기시험

자격증 관련 문의사항은 1577-0990

학과시험 접수방법

교통안전공단 메인 홈페이지
(http://www.kotsa.or.kr)에
접속합니다.

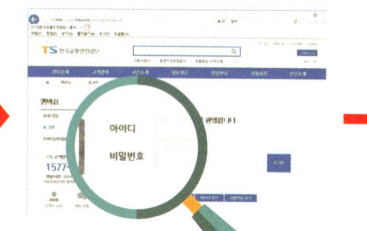
로그인 하세요.
(처음 방문하시는 분들은
회원가입 후 로그인 하세요.)

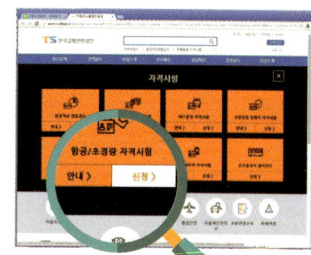
자격시험을 누르고
'항공조종사 자격시험'의
'신청'을 클릭하세요.

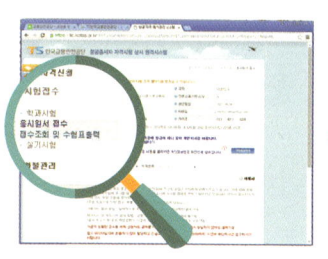
좌측 메뉴의 시험 접수 ➔ 학과 시험
➔ 응시원서접수를 클릭하세요.

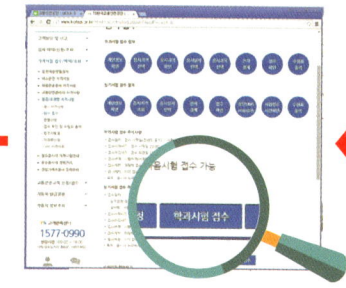
원서접수 페이지 하단의
'학과시험 접수'를 클릭하세요.

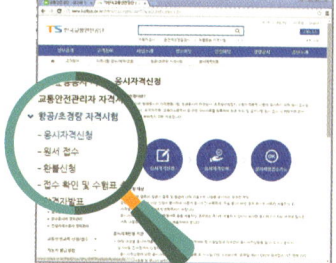
'원서접수'를 눌러주세요.

시험장소, 자격분류, 자격증명,
종류 등을 선택합니다.
- 자격분류 : 초경량비행장치
- 자격증 : 초경량비행장치 조종자
- 종류 : 무인멀티콥터

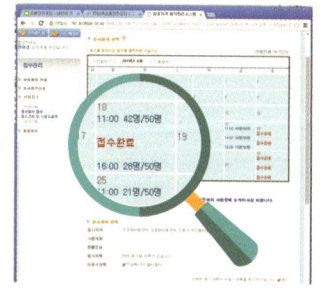
보고자 하는 시험 날짜를
선택합니다.

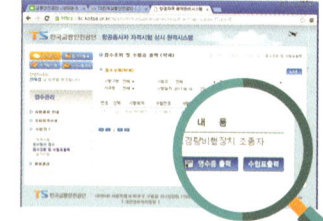
결제까지 진행한 후에 접수가
정상적으로 되었는지 확인합니다.
수험표는 출력 후 신분증과 같이
가지고 시험장에 가야 합니다.

실기시험 접수방법

교통안전공단 메인 홈페이지
(http://www.kotsa.or.kr)에
접속합니다.

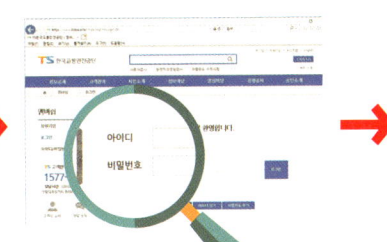
로그인 하세요.
(처음 방문하시는 분들은
회원가입 후 로그인 하세요.)

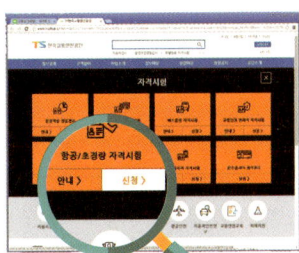
자격시험을 누르고
'항공조종사 자격시험'의
'신청'을 클릭하세요.

'응시자격조회'를 클릭하여 확인하세요.
비행경력증명서는 사설 교육원이나
전문교육기관에서 20시간 비행한 경력증명서를
받아야 합니다.(필수) 운전면허증(혹은 보통2종
이상 운전면허 신체검사 증명서 또는 항공신체검사
증명서도 가능)이 있어야 합니다.

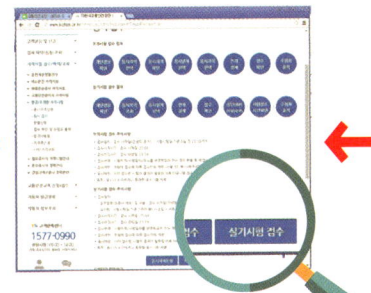
원서접수 페이지 하단의
'실기시험 접수'를 클릭하세요.

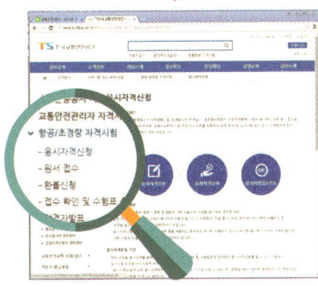
'원서접수'를 눌러주세요.

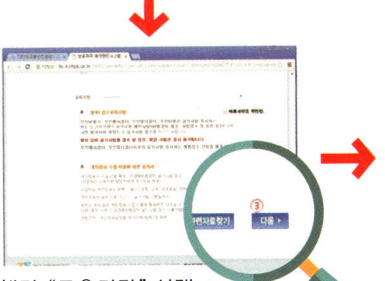
해당 "교육기관" 선택 →
"아래사항을 확인함", "동의합니다"
클릭 → "다음"을 클릭합니다.

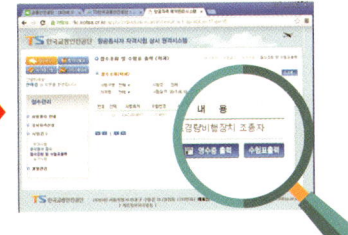
결제까지 진행한 후에 접수가
정상적으로 되었는지 확인합니다.
수험표는 출력 후 신분증(운전면허증),
비행경력증명서 지참 후 시험장에 가야 합니다.

[한글 자격증]   [영문 자격증]

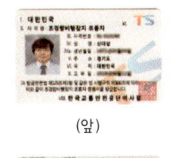 
(앞)   (앞)

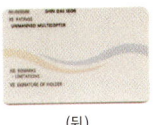
(뒤)   (뒤)

CONTENTS

CHAPTER 01 무인항공기(드론) 운용

1. 무인항공기(드론) 개요　14
2. 무인 멀티콥터의 기본 구조 및 구성품　20
3. 무인 멀티콥터의 조종 방법(Mode2)　37
4. 배터리 관리방법 및 점검　38
5. 촬영용 무인항공기 운용 방법　41
6. 농업 방제용 무인 항공기 운용 방법　42
7. 무인항공기 안전 관리　47
8. 초경량 비행장치 사고와 보고　50
9. 보험 가입 종류　51
- 단원별 응용 문제풀이　54

CHAPTER 02 항공기상

1. 대기환경　68
2. 기온과 습도　73
3. 기압　76
4. 바람　80
5. 고기압과 저기압　97
6. 기단과 전선　101
7. 구름과 강수　110
8. 시정과 안개　119
9. 비행 중 주의해야 할 기상현상　122
- 단원별 응용 문제풀이　150

CHAPTER 03 항공역학

1. 비행기(고정익) 비행   170
2. 헬리콥터-회전익 비행장치   187
3. 비행관련 정보(AIP, NOTAM)   197
- 단원별 응용 문제풀이   202

CHAPTER 04 항공법규

1. 항공법 배경과 분류   222
2. 항공안전법(초경량 무인비행장치 항공안전법)   223
3. 항공사업법(초경량 무인비행장치)   260
4. 공항시설법(초경량 무인비행장치)   265
- 단원별 응용 문제풀이   268

CHAPTER 05 합격예상 기출문제

1차 합격예상 기출 문제   284
2차 합격예상 기출 문제   289
3차 합격예상 기출 문제   294
4차 합격예상 기출 문제   299
5차 합격예상 기출 문제   305
6차 합격예상 기출 문제   310
7차 합격예상 기출 문제   315

부록

부록   320

DRONE
Drone Pilotless Aircraft
Unmanned Aerial Vehicle

    원래 드론이란 수벌을 의미하는 영어단어라고 한다. 벌처럼 윙윙대는 드론의 소리를 들어보면 정말 딱 들어맞는 이름인 것 같다. 지금은 윙윙대는 프로펠러형 뿐만 아니라 전투기처럼 휙휙 날아다니는 고정익형이나 비행선이나 열기구처럼 떠다니는 형도 포함해서 모든 종류의 무인항공기를 드론이라고 부르고 있다.

    21세기에 가장 갖고 싶은 장난감이라는 드론은 처음에는 정찰 등의 군사 목적으로 개발되었지만 지금은 방송 촬영, 택배 등 다양한 분야에서 활용되고 있고 사람을 태우는 등의 새로운 용도가 활발히 개발되고 있어 가장 관심 받는 기술이다.

CHAPTER 01.
무인항공기(드론) 운용

SECTION 01   무인항공기(드론) 개요   14
SECTION 02   무인 멀티콥터의 기본 구조 및 구성품   20
SECTION 03   무인 멀티콥터의 조종 방법(Mode2)   37
SECTION 04   배터리 관리방법 및 점검   38
SECTION 05   촬영용 무인항공기 운용 방법   41
SECTION 06   농업 방제용 무인 항공기 운용 방법   42
SECTION 07   무인항공기 안전관리   47
SECTION 08   초경량 비행장치 사고와 보고   50
SECTION 09   보험 가입 종류   51
EXERCISE   단원별 응용 문제풀이   54

DRONE

SECTION 01 무인항공기(드론) 개요

1. 무인 항공기(드론)이란 ?

무인항공기는 사람이 탑승하지 않고 비행하는 비행기를 말한다. 이러한 무인 항공기는 인류 비행기의 역사와 같이 했다고 할 수가 있을 것이다. 라이트 형제가 유인 비행기를 발명하기 전에 수많은 비행체 연구가 되었으니 무인항공기의 역사는 인류 비행의 역사와 같이 시작되었다고 볼 수 있다. 이러한 무인 항공기는 주로 UAV(Unmaned Aerial Vehicle) 라고 부르기도 하며 일반적으로는 드론(Drone) 이라는 용어로 많이 불리고 있다.

드론(Drone)이라는 단어를 사전에서 찾아보면 다음과 같은 의미를 가지고 있다.

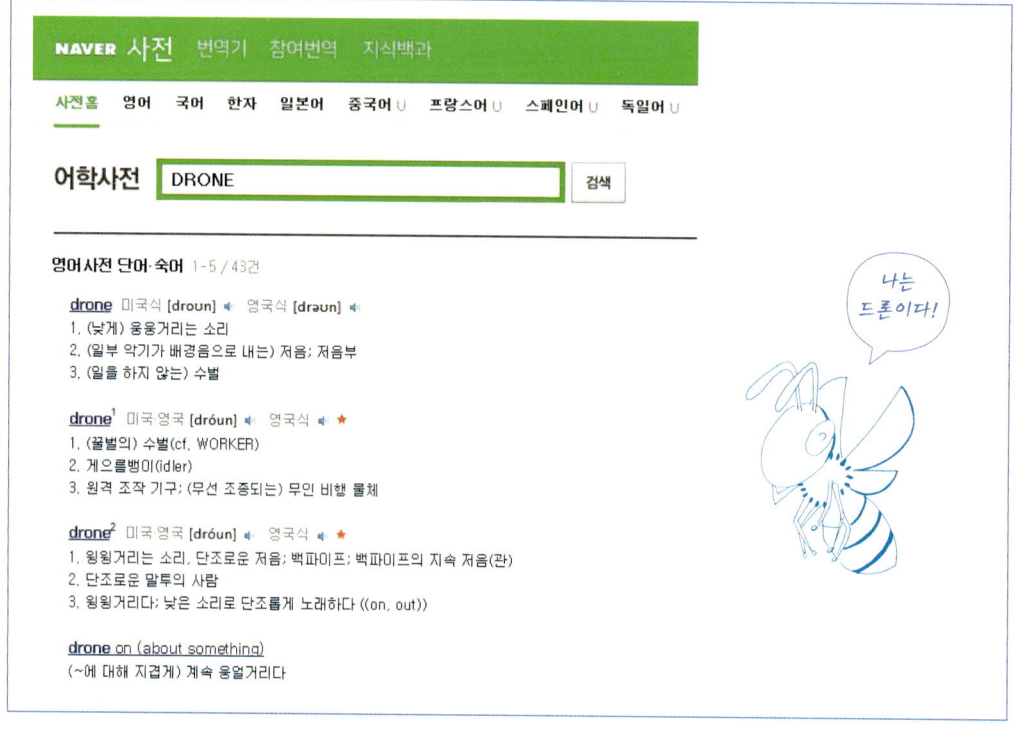

이미지 출처 : 네이버사전

[그림1.1] 드론의 사전적 의미

드론이라는 단어는 무인기가 비행할 때 내는 소리가 벌이 날 때 내는 소리와 비슷해서 붙여진 이름으로 사전에서 찾아본 것 같이 수벌을 의미하기도 한다.

무인항공기(드론) 운용

드론은 여러 개의 프로펠러와 모터가 장착되어 있는 비행체로서 중국의 DJI라는 회사가 촬영용 드론으로 유명해지면서 일반인들에게 많이 알려지게 되었다. 최근에는 촬영용뿐만 아니라 농약을 살포하는 드론, 해양 구조용 드론, 탐사용 드론 등 다양한 분야에서 사용되어지고 있다.

> **참고**
>
> 무인항공기(RPAS : Remote piloted Aircraft System)는 조종사가 직접 비행체에 탑승하지 않고 지상에서 원격으로 조종하는 모든 비행체(항공기, 정찰기, 항공방제 등등)를 말한다. 주로 항공법규에서는 150kg 미만의 무인항공기를 말하기도 한다. 또한, 국제민간항공기구(ICAO)에서 공식 용어로 채택하여 사용하고 있다.

[무인항공기 MQ-9 리퍼]

[무인항공기 글로벌 호크]

2. 무인항공기의 분류

1) 고정익 항공기

최초의 유인 항공기는 라이트 형제가 성공시킨 날개가 위아래로 위치해 있는 복엽기(Biplane)이다. 한 개의 날개만 있는 단엽기(현 비행기)보다는 날개의 면적이 크기 때문에 비행기를 띄우는 힘(양력)이 높아서 엔진의 힘이 작아도 비행하는데 어려움이 없었다. 그러나 날개의 면적이 넓기 때문에 바람에 의한 저항이 너무 강해서 단엽기보다는 빠르게 비행할 수 없다는 단점을 가지고 있다.

> **참고**
> - 복엽기는 상하로 두 겹의 날개를 가지고 있는 비행기
> - 단엽기는 한 겹의 날개를 가지고 있는 비행기
> - 양력은 비행기를 띄우는 힘으로 비행체가 상승하게 하는 힘
> - 항력은 비행기의 날개가 받는 바람의 저항력으로 비행기 속도와 관계가 있음

[복엽기 항공기-고정익]

비행기 제작 기술이 발전하여 추진력이 발전하였기 때문에 단엽기가 주종이 되었으며 제트엔진의 기술로 제트기가 나오게 되었다. 이와 같이 비행체에 날개가 고정되어서 프로펠러나 제트 엔진의 추력으로 양력을 얻어 비행하는 비행체를 고정익 항공기라고 말하고 있다. 이러한 고정익 항공기들은 공중에서 정지할 수 없다는 단점을 가지고 있다.

2) 회전익 항공기

고정익 항공기의 단점을 해결하기 위하여 날개를 기체에 고정하는 고정익과는 다르게 날개를 비행체에 고정하지 않고 회전하여 상승 비행할 수 있는 회전익 항공기가 나오게 된다. 회전익 항공기의 대표적인 비행체는 우리가 잘 알고 있는 헬리콥터가 대표적인 예가 된다. 회전익 항공기는 빨리 날개를 회전하여 양력을 발생하여 이륙하게 되고 일정한 고도에서 정지 비행을 할 수 있는 장점을 가지고 있다. 그렇기 때문에 활주로가 필요 없이 이착륙이 가능하지만 빠른 속도로 비행할 수 없으며 계속적으로 회전해야 하기 때문에 동력의 낭비뿐만 아니라 바람의 영향을 많이 받게 된다.

[회전익 항공기]

3) 틸트로터형 항공기

틸트로터(Tilt Rotor)형 항공기는 앞에서 소개한 고정익과 회전익 항공기의 단점들을 보완해서 장점만 추가해서 만든 항공기로서 수직 이착륙이 가능하며 일정한 고도에서 정지 비행이 가능하다. 또한, 빠른 속도로 비행할 때는 회전 날개를 수평으로 회전하여 추진력을 얻게 할 수가 있다.

그렇기 때문에 헬리콥터 보다는 멀리 비행할 수 있으며 수직 이착륙 속도도 빠르게 할 수 있다. 그러나 비행 모드 전환을 수행할 때 비행 안전성이 고정익이나 회전익보다는 떨어지게 되는데 이러한 불안전한 공기 흐름으로 기체가 추락하는 실속(Stall) 상태에 빠지게 될 수 있는 단점을 가지고 있다.

> **참고**
>
> **실속(Stall)**
> 비행기의 날개 표면을 흐르는 기류의 흐름이 날개 윗면으로부터 박리되어 항공기가 하강하려는 현상

4) 멀티로터형 항공기

멀티로터형 항공기는 앞에서 살펴본 틸트로터형 항공기와는 다르게 3개 이상의 프로펠러(날개)를 가지고 있는 항공기로서 한 개 혹은 두 개의 프로펠러를 가지고 있는 항공기 보다는 안정성이 뛰어나기 때문에 수직이착륙, 정지비행이 안전하고 여러 개의 모터를 가지고 있기 때문에 한 개의 모터 고장으로 추락하는 현상을 감소시킬 수 있다. 이러한 멀티로터형 항공기는 우리가 알고 있는 드론과 같이 여러 개의 프로펠러를 사용하여 비행하며 프로펠러의 개수에 따라서 쿼드콥터, 헥사콥터, 옥타콥터 등 다양한 형태의 드론이 존재하게 된다.

[쿼드콥터(Quadcopter)]   [트리콥터(Y6 콥터)]

무인항공기(드론) 운용

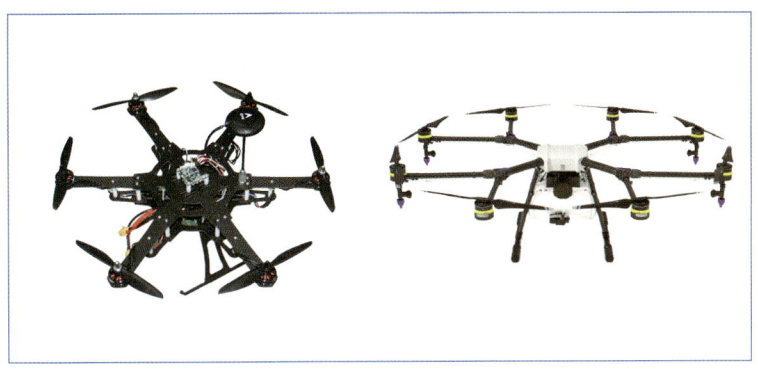

[헥사콥터(Hexacopter)]   [옥타콥터(Octacopter)]

[표1.1] 항공기 분류

항공기 분류	설 명
고정익 항공기	날개가 동체에 붙어 있으며 양력으로 비행하는 항공기
회전익 항공기	날개가 회전하여 수직으로 이착륙할 수 있는 형태의 항공기
틸트로터형 항공기	고정익 항공기와 회전익 항공기의 장점을 결합하여 회전 날개를 수평과 수직으로 움직여 양력과 추력을 얻는 항공기
멀티로터형 항공기	3개 이상의 회전 날개를 가지고 양력과 추력을 발생하여 비행하는 항공기

[표1.2] 멀티콥터형 항공기 분류

항공기 분류	설 명
트라이 콥터(Y콥터) TriCopter	기체의 형태가 Y 자 형태로 회전 날개(프로펠러)가 3개 이상으로 구성된 비행체 (Y6 콥터, Y3 콥터)
쿼드콥터(Quadcopter)	회전 날개(프로펠러)가 4개나 4쌍으로 이루어져 있는 비행체 (X4 콥터, X8 콥터)
헥사콥터(Hexacopter)	회전 날개(프로펠러)가 6개나 6쌍으로 이루어져 있는 비행체
옥타콥터(Octacopter)	회전 날개(프로펠러)가 8개나 8쌍으로 이루어져 있는 비행체

참고

멀티콥터형(Multi-Copter) 무인항공기, 무인멀티콥터

3개 이상의 다중의 프로펠러(로터)를 탑재한 비행체를 이용하는 무인항공 시스템으로 농업용과 항공촬영용, 재난안전, 택배, 인명구조 등 다양한 용도로 개발되고 있다.

SECTION 02 무인멀티콥터의 기본 구조 및 구성품

무인 멀티콥터는 제작하는 방법이나 용도에 따라서 다양한 형태로 구성되어 있지만 기본적인 비행이나 조작방법은 비슷한 특징을 가지고 있다. 여기서 다루는 무인 멀티콥터는 일반적으로 많이 사용되고 있는 RBDrone, DJI, TopGun 드론을 중심으로 설명하기로 한다.

1. 무인멀티콥터의 기본 구성 및 부품

무인멀티콥터(드론)를 구성하는 것은 무엇이 있을까? 자유롭게 비행할 수 있으려면 프로펠러와 모터가 있어야 할 것이다. 또한 이것을 제어하기 위한 소형 컴퓨터가 있어야 할 것이며 제어장치를 구동시키기 위해서는 배터리가 필수적으로 있어야 한다. 그리고 제일 중요한 무인멀티콥터의 동체(몸체)프레임이 있어야 할 것이다. 다음 [표1.3]은 드론의 구성 요소를 정리하였다.

[표1.3] 드론의 구성 요소

• 동력 요소	모터	드론의 비행 성능을 결정하는 핵심 동력 부품
	프로펠러	드론의 비행 성능을 결정하는 핵심 부품
	배터리	드론의 모터 출력, 소모 전력에 맞게 결정되며 비행시간과 비행 반경, 비행 거리를 결정하는 핵심 부품
• 제어 요소	비행 제어기	모터와 배터리, 무선통신 등을 자유롭게 제어할 수 있는 제어부
	항법 시스템	자율비행을 위해 가장 기본이 되는 장치
	통신 시스템	드론과 조종자 사이를 연결해 주는 장치로 블루투스, 와이파이, 무선 이동통신(LTE), 위성 통신망(SATCOM) 등이 있다.
• 동체 요소	동체 프레임	동력장치와 제어장치를 장착할 수 있는 드론의 몸체 프레임
	랜딩 기어	드론의 착륙에 사용되는 장치로 고정형과 폴더형이 있다.

드론의 구성 요소는 [그림1.1]과 같이 동력부, 제어부, 동체부로 구성되어 있다. 본 드론은 실제 시판되고 있는 5리터용 농약 살포용 드론을 보여주고 있다. 기체 프레임 내부에는 드론을 구동하기 위한 비행 제어장치(FC)가 내장되어 있다. 드론제어는 일반적으로 매뉴얼모드(Manual mode), 에띠 모드(ATT mode), 지피에스 모드(GPS mode), 알티에이치 모드(RTH mode)로 구성되어 있다.

무인항공기(드론) 운용

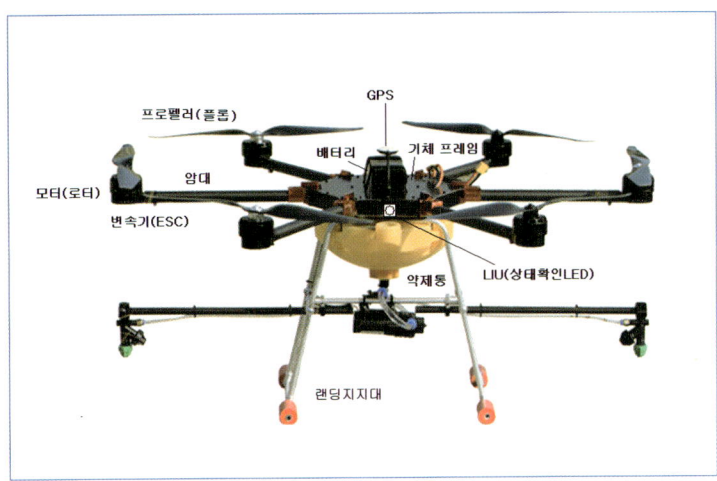

[기체를 구성하는 부품들]

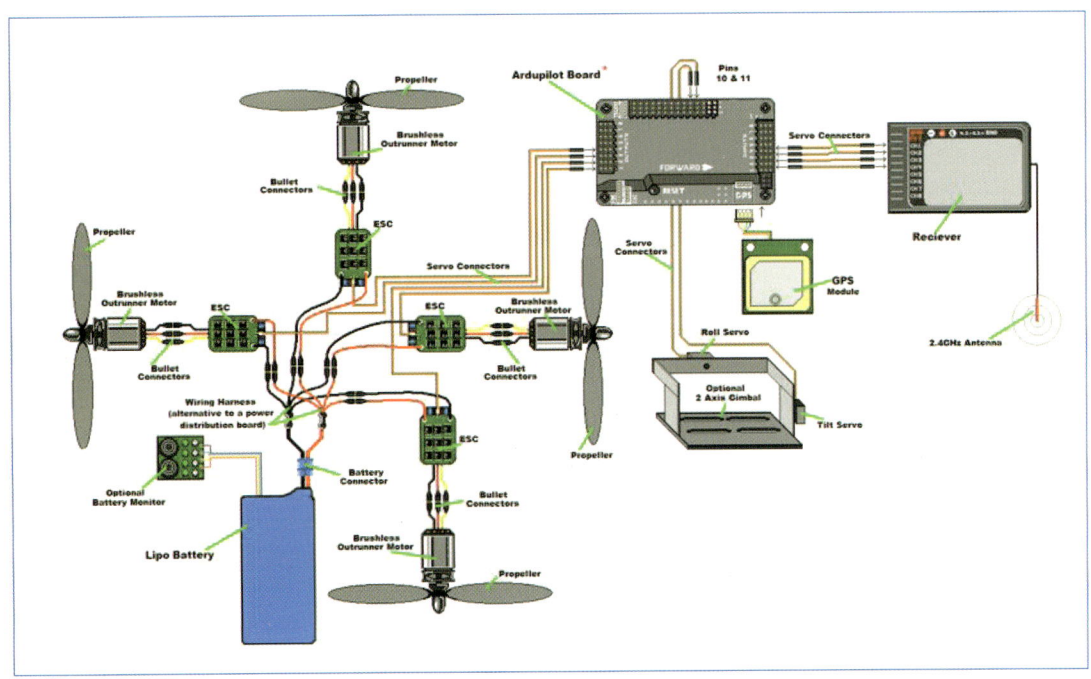

[드론 시스템 전체 구성도(쿼드콥터)]

> **참고**
>
> - 매뉴얼 모드(Manual mode) : 일반적으로 완전한 수동 모드로 모든 조종을 조종자가 직접 조작해야 하는 모드
> - 에띠 모드(ATT mode) : 고도 유지 모드로 수평을 자동으로 유지하여 고도는 잡아주고 드론 비행은 수동으로 조작해야 하는 모드(바람에 따라 흐르게 됨)
> - 지피에스 모드(GPS mode) : 고도 유지하면서 위성항법장치를 이용하여 비행하는 모드로 드론 스스로 호버링을 하여 정지하고 있으며 조작자가 쉽게 조작이 가능한 모드(바람이 불어도 지정 위치에 정지되어 있음)
> - 알티에이치 모드(RTH mode) : 기체가 처음에 이륙한 위치로 자동으로 돌아오게 하는 모드
> - 호버링 : 드론이 비행할 때 일정한 높이에서 움직이지 않고 고도를 유지하고 있는 상태

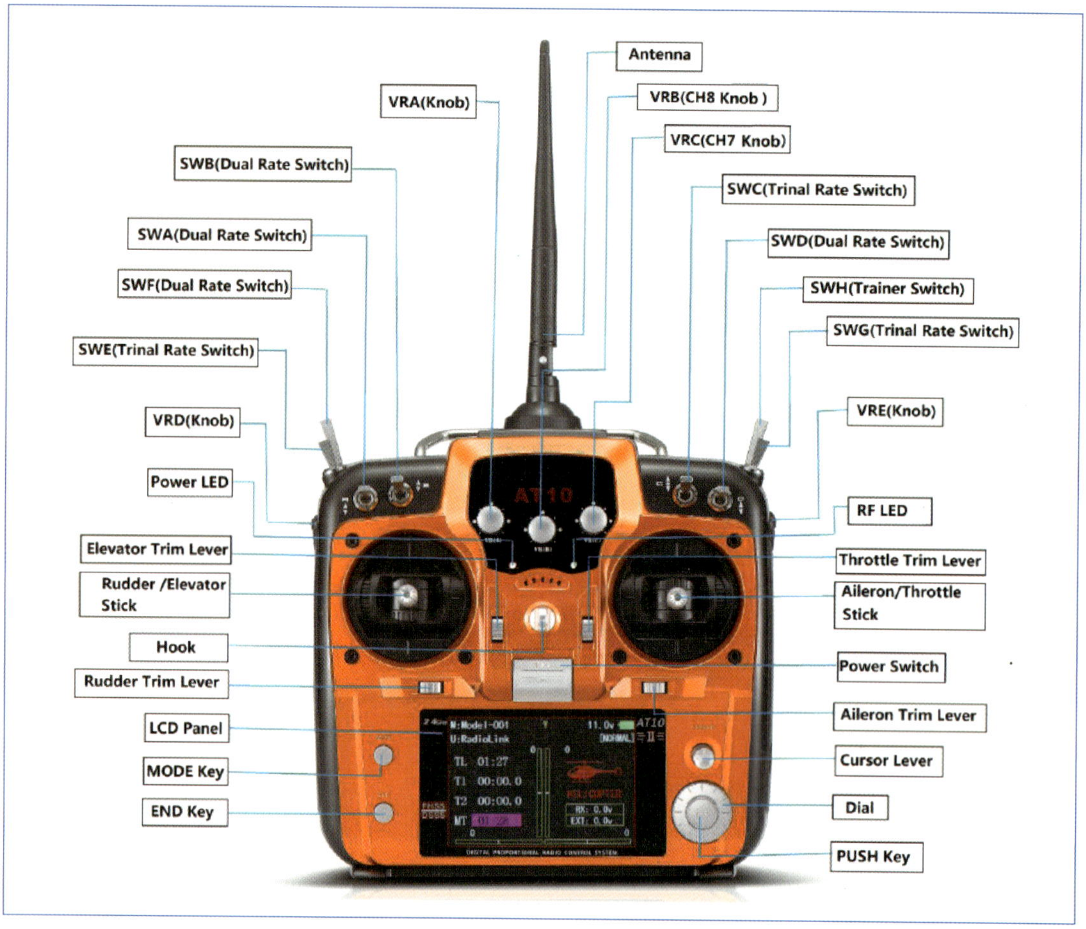

[기체를 조종하는 조종기 명칭(AT-10II)]

무인항공기(드론) 운용

[조종기의 뒷면(배터리 연결부)]

주로 드론의 비행제어를 위한 모드 스위치는 "스위치 E"에 설정되어 있으며 기타 스위치는 드론의 기능에 따라서 드론마다 설정이 가능하다. 그렇기 때문에 드론 구입 시 반드시 사용자 설명서를 배우고 드론 조정을 하여야 한다. 각각의 기능을 모르고 비행할 경우에 전문 조종사라도 사고가 발생할 수 있게 된다. 그리고 드론 조종기는 비행 모드뿐만 아니라 드론을 조작하는데 제공하는 방식이 두 가지로 제공되고 있으며 Mode1번, Mode2번이 일반적으로 설정되어 있다. 한국에서는 일반적으로 Mode2번을 사용하고 있으며 유럽에서는 Mode1번을 사용하는 경우가 일반적이다. 처음에 드론 조정을 배울 때 어떤 모드의 조종기로 연습이 되어 있냐에 따라서 본인에게 맞는 Mode의 조종기를 사용하는 것이 좋다.

> **참고**
>
> - 조종기 Mode1 – 러더(Rudder)/스로틀(Throttle)이 오른쪽에 있고
>   에일러론(Aileron)/엘리베이터(Elevator)가 왼쪽에 있는 방식
> - 조종기 Mode2 – 러더(Rudder)/스로틀(Throttle)이 왼쪽에 있고
>   에일러론(Aileron)/엘리베이터(Elevator)가 오른쪽에 있는 방식

2. 무인 멀티콥터의 주요 부품

1) 모터

드론에 사용되는 모터는 브러시 DC 모터(Brushed DC Motor)와 브러시리스 DC 모터(Brushless DC Motor)가 사용되고 있다. 브러시 DC 모터는 주변에서 자주 보고 있는 모터로 전원만 넣어주면 회전하는 모터로 사용하기 간편하고 단순한 구조로 이루어져 있다. 그림1.3은 오른쪽으로 회전하고 있는 브러시 DC모터 구조를 보여주고 있다. 중간축(정류자)과 브러시가 접촉해서 전류를 흘려주기 때문에 접촉면의 마모가 생겨서 수명이 짧고 에너지 손실이 발생하게 된다.

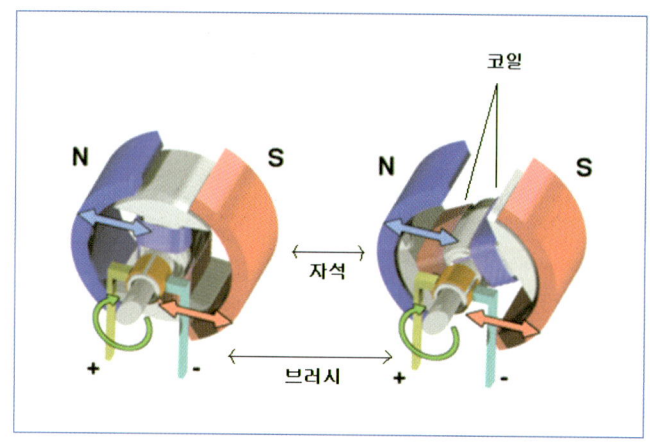

[브러시 DC 모터(시계방향 회전)]

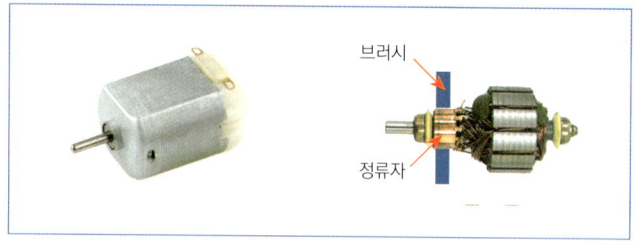

[DC모터의 외형과 내부 정류자]

그러나 BLDC(Brushless DC)모터라고 부르는 브러시리스 DC 모터는 이러한 브러시가 없이 전류의 흐름을 제어하여 구동하기 때문에 전기적인 효율이 뛰어나며 마모가 없기 때문에 반영구적으로 사용할 수 있는 특징을 가지고 있다. 또한 네오디움이라는 희토류 영구자석을 사용하기 때문에 출력이 높아 멀티콥터(드론)를 만드는데 많이 사용하게 된다.

모터를 구입할 때는 전압당 회전속도(KV), 최대 출력(W), 작동전압(Operation Voltage)을 확인하고 구입해야 하며 일반적으로 모터의 표면에 전압당 회전속도(KV) 값이 표시되어 있기 때문에 쉽게 알 수가 있다. 여기서 KV 값이 낮으면 회전 속도가 느리나 회전 토크(Torque)는 크며 KV 값이 높으면 회전 속도는 빠르나 회전 토크(Torque)는 낮기 때문에 빠른 속도를 원하고 빠르게 움직이는 소형 드론을 만들 때는 KV 값이 높은 것을 선택하면 된다.

참고

- KV 값이 낮으면 회전 속도가 느리나 회전 토크(Torque)는 크다.
  - 대형 드론 제작에 사용
- KV 값이 높으면 회전 속도가 빠르며 회전 토크(Torque)는 낮다.
  - 소형 드론 제작에 사용
- KV라는 단위를 사용하여 전압에 따른 회전 속도를 나타낸다.
  - 배터리는 1셀, 2셀, 3셀 등 배터리 팩의 개수를 어떻게 연결하느냐에 따라서 전압이 결정되게 된다. 이때 배터리 1셀당 약 3.7V의 전압으로 되어 있기 때문에 980KV인 경우에는 분당 3626회 회전하게 됨(3626RPM)

$$RPM(분당 회전 속도) = Voltages * KV$$

참고

Brushed DC Motor	Brushless DC Motor
- 중심축(정류자)과 브러시가 접촉되어 전류의 흐름을 바꾸면서 회전함 - 구조가 간단하고 가격이 저렴한 특징 - 브러시 마모가 발생하여 수명이 짧음 - 모터의 효율이 낮음 - 발열이 심함	- 회전자와 브러시가 접촉되어 있지 않으면서 전류의 흐름 변화를 이용하여 회전함 - 구조가 복잡하고 가격이 높음 - 브러시가 없기 때문에 수명이 반영구적임 - 모터의 효율이 높음 - 발열이 적음

그림1.5와 같이 BLDC모터는 3개의 선으로 구성되어 있으며 각각의 선에 전류를 흘러서 회전하게 되는데 드론에서는 3개의 선에 모터 속도 제어기(ESC)를 연결해서 제어하게 된다.

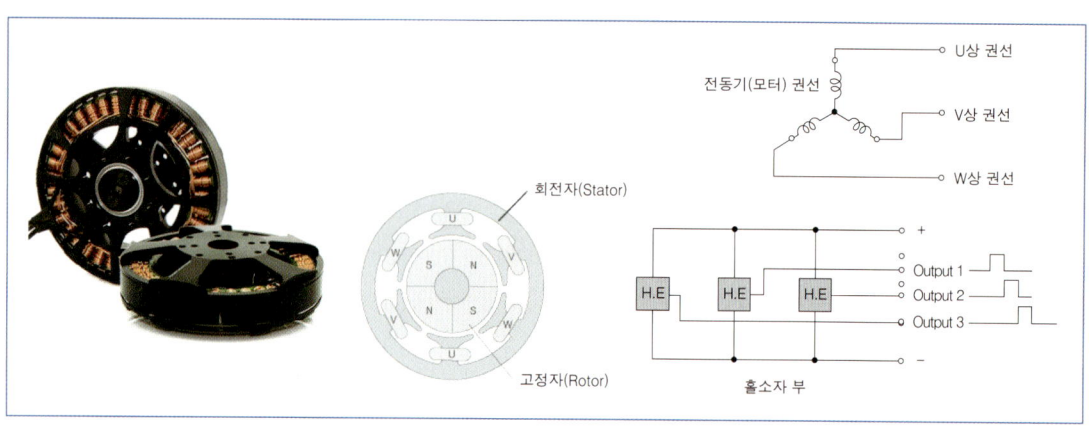

[BLDC모터의 내부구조 및 결선도]

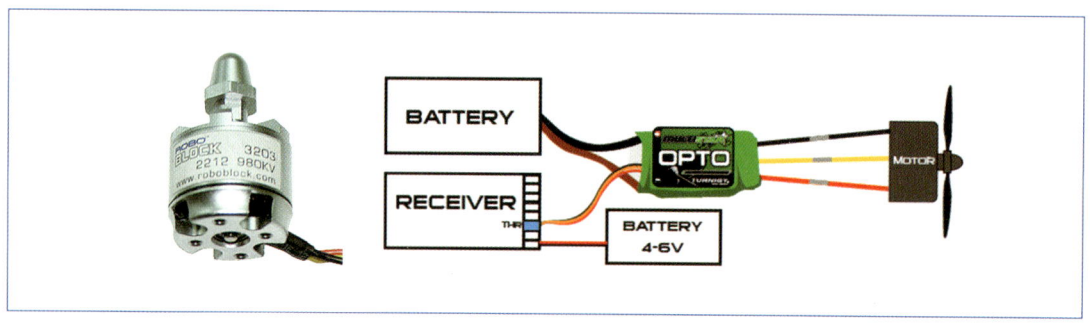

[BLDC모터와 ESC 연결]

2) 모터속도제어기(ESC : Electric Speed Controller)

BLDC 모터는 브러시 DC모터와 다르게 전기가 흐르는 코일을 고정시키고 자석이 붙어 있는 회전자를 회전시키기 때문에 고정되어 있는 코일에 전기를 흘려서 제어하여 회전하게 한다. 기계적 접촉면이 적기 때문에 모터의 수명이 반영구적이다. 그리고 BLDC모터의 코일에 흐르는 전류를 제어하여 모터 속도를 제어하기 위해서는 "ESC"라는 속도 제어장치가 필요하게 된다. ESC의 역할은 BLDC모터와 비행제어장치(FC) 사이에 연결하고 배터리에서 보내오는 전류를 제어신호에 따라서 변화하여 모터 속도를 제어하게 된다. ESC는 모터의 구동 전류에 따라서 10A, 20A, 30A, 50A, 100A 등등 다양하게 존재하며 사용가능한 전압에 따라서 정해져 있기 때문에 제작하고자 하는 드론에 맞추어서 사용해야만 한다.

무인항공기(드론) 운용

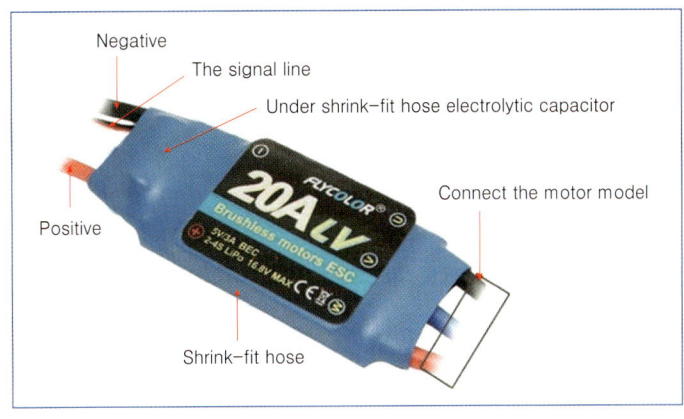

[ESC 연결]

> **참고**
>
> ESC 모듈은 처음 구입하였을 때 반드시 초기화 과정이 필요함(초기화하지 않으면 모터회전이 일정하지 않게 됨)

3) 프로펠러(프롭)

프로펠러는 모터에 결합하여 드론이 비행하는데 필요한 핵심 부품으로 유상하중, 최대속도 등을 결정하는데 중요하며 모터의 출력에 따라서 프로펠러의 인치(크기)를 결정하여야 한다. 큰 프로펠러를 사용하게 되면 모터의 소모 전력이 커지게 된다.

프로펠러의 성능은 피치(Pitch)와 지름(Diameter)으로 구분하며 주로 인치(Inch)로 표시하게 된다.

피치(Pitch)는 프로펠러가 한번 회전하였을 때 비행하는 이동 거리를 말하며 피치가 크면 회전할 때 이동 거리가 커지게 된다. 또한 지름이 크게 되면 공기를 밀어내는 양이 많아지기 때문에 큰 힘을 만들 수 있으나 무게가 증가하고 회전 관성이 커지면서 반응속도가 느려지는 단점이 생기게 된다. 그렇기 때문에 드론이 크고 무거울 경우 지름이 길고 피치가 큰 프로펠러를 사용하여야 안전하게 비행할 수 있게 된다. 그리고 드론에 두 가지 형태의 프로펠러를 사용하게 되며 모터의 회전 방향에 따라서 결정하면 된다. 시계 방향 모터는 녹색으로 표시되고 CW로 표시하며 시계 반대 방향 모터는 파란색으로 표시되고 CCW로 표시하게 된다.

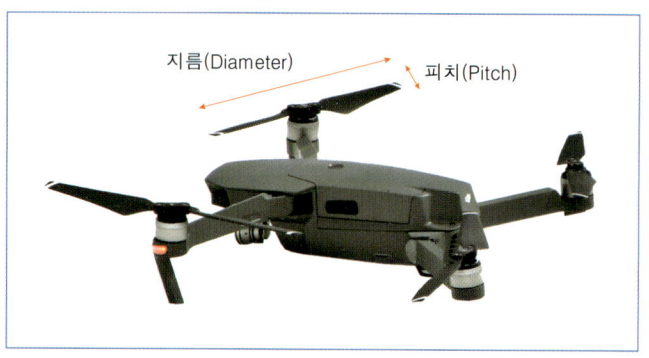

[프로펠러의 성능 기준]

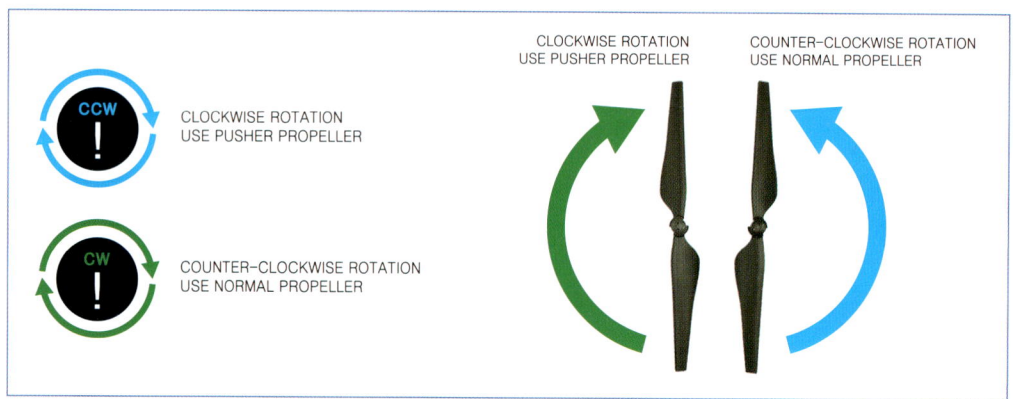

[프로펠러의 종류와 방향]

> **참고**
>
> 프로펠러의 피치(pitch)는 프로펠러가 한번 회전하였을 때 비행하는 이동 거리를 의미
> 기체가 크고 무거운 경우에는 지름이 길고 피치가 큰 프로펠러를 선택해야 함

4) 비행제어기(FC : Flight Controller)

드론의 비행 제어를 위해서는 비행 제어 유닛(Flight Control Unit, FCU)이 있어야 하며 드론의 핵심 두뇌에 해당된다. FCU는 FC라고도 말하고 있으며 FCU에 통신 모듈(Communication Module), ESC, 위치 인식 시스템(GPS), 무선 수신기 등을 연결하여 드론의 전체적인 제어를 수행하게 된다. 시중에는 3D Robotics, 로보블럭, DJI, Topxgun 등에서 제공하는 유료 상용 컨트롤 유닛이나 아두파일럿(Ardupilot), 멀티위(MultiWii)등과 같은 오픈 소스 기반의 컨트롤러를 사용하면 된다. 시중에는 다양한 FCU

무인항공기(드론) 운용

제품들이 많이 있기 때문에 드론을 제작하는데 있어서 가격대비 성능에 맞게 선택해서 사용하면 될 것이다.

모델명	외형	MCU	센서	가격
DJI NAZA		Cortex-M3	• 3축 가속도 센서 • 3축 자이로 센서 • 3축 지자계 센서 • 기압 센서	고가
K1 (Roboblock)		Cortex-M4		고가
T1 (Topxgun)		Cortex-M4		고가
Pixhack (3D Robotics)		Cortex-M4		고가
Ardupilot		AVR ATmega2560		저가
Multiwill		AVR ATmega328P		저가

> **참고**
>
> FCU 내부에는 주로 3축 자이로 센서, 3축 가속도 센서, 3축 지자계 센서, 기압센서가 내장되어 있기 때문에 안전한 비행을 수행하게 됨

5) 위치 인식 시스템(GPS : Global Positioning System)

GPS는 인공위성에서 보내오는 신호를 수신하여 현재 위치가 어디인지를 알 수 있는 시스템을 말한다. 우리가 사용하고 있는 네비게이션이나 스마트폰에도 GPS가 내장되어 있기 때문에 현재 위치를 판단하고 내가 가고 싶은 위치를 찾아갈 수 있게 되는 것이다. 이와 같이 드론에도 GPS 수신기를 연결하게 되면 드론의 위치를 알 수 있으며 내가 찾아가고 싶은 곳으로 자동으로 갈 수가 있게 되는 것이다.

[3DR GPS 모듈]

> **참고**
>
> - GPS 신호를 수신할 수 없는 경우에는 예기치 못한 동작이 발생할 수 있기 때문에 주위를 요함
> - 실내에서는 GPS 신호를 수신할 수 없음
> - GPS 신호는 직진성이 높고 반사에 의한 신호는 오차를 발생하게 됨
> - GPS 신호는 오픈된 공간이 아니면 정확한 신호를 받을 수 없음

6) 기체 프레임

드론의 기체 프레임은 외부 환경으로부터 내부 전자장치들을 보호하고 기체의 외형을 결정하는 중요한 부분으로 제작하고자 하는 기체의 성능이나 용도에 따라서 결정하면 된다.

주로 소형 드론들은 플라스틱 재질을 사용하는데 가공이 쉽고 가격이 저렴하고 튼튼하다는 특징을 가지고 있다. 그러나 온도가 낮아지면 쉽게 파손될 우려가 많이 있다. 그렇기 때문에 대형 드론을 제작할 때는 기계적 강도가 강하고 가벼우며 부식이 없는 카본을 사용하여 제작하게 된다. 다음은 다양한 드론 프레임 형태와 모터의 회전방향을 보여주고 있다.

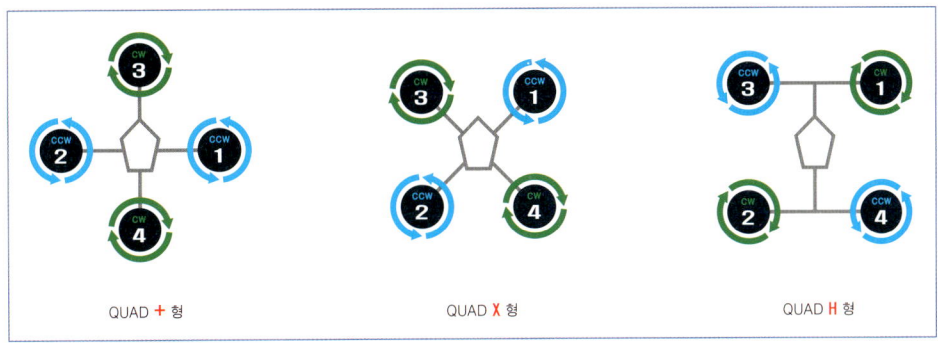

[쿼드형]

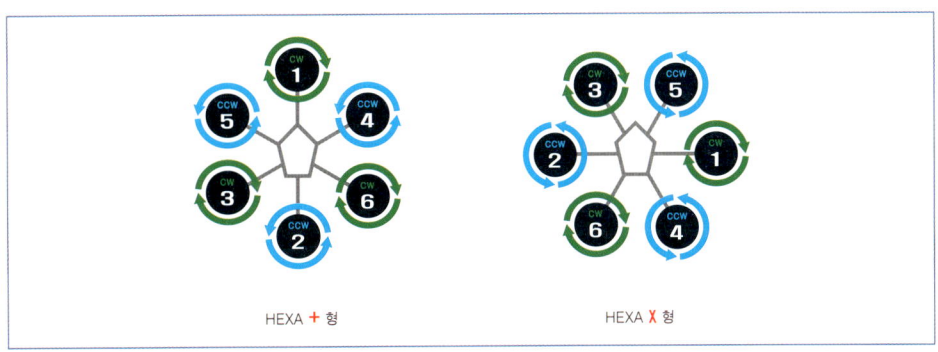

[헥사형]

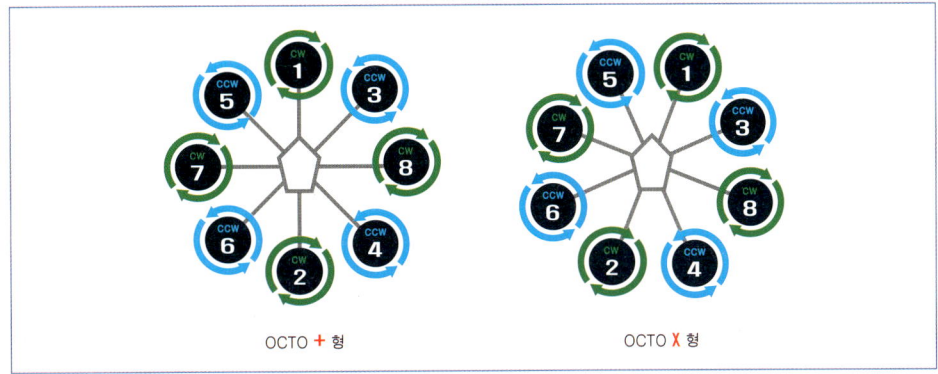

[옥토형]

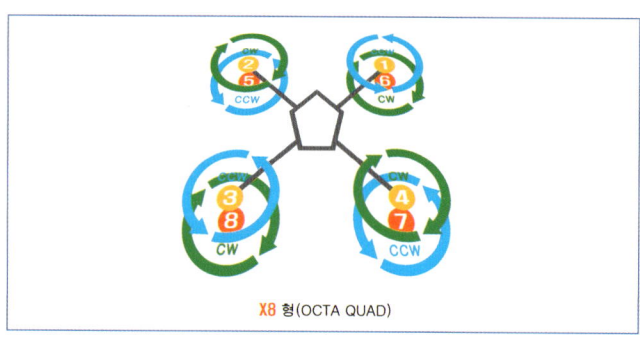

[X8형]

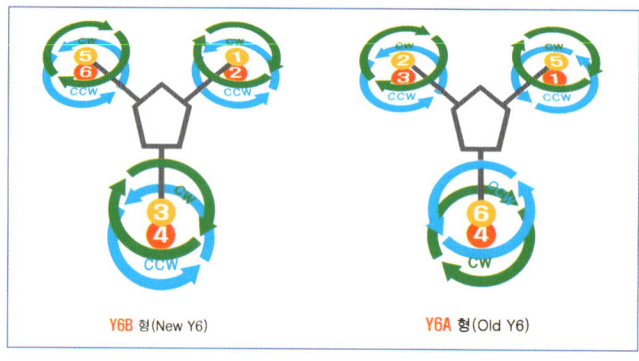

[Y6형]

7) 조종기

조종기는 비행 전에 반드시 전원을 ON해야 한다. 반드시 조종기의 배터리 충전상태, 운용 상태, 안테나 상태를 점검한 후에 드론의 전원을 ON 하여야 한다. 조종기 배터리 전압이 운영 가능 전압인지 확인이 필요하며 저전압 경고음이 울리면 바로 배터리를 교환하여야 한다.(조종기에 따라서 전압 차이가 있으니 꼭 확인한 후에 사용할 것)

[조종기와 수신기(AT-10II)]

무인항공기(드론) 운용

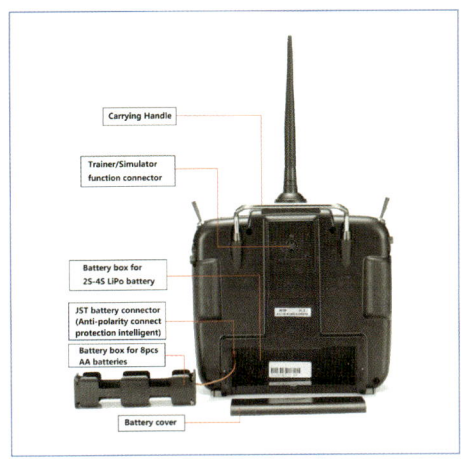

[조종기의 뒷면(배터리 연결부)]

- 조종기 Mode 2 – 러더(Rudder)/스로틀(Throttle)이 왼쪽에 있고
  에일러론(Aileron)/엘리베이터(Elevator)가 오른쪽에 있는 방식

참고

처음 송신기와 수신기를 사용할 경우에는 서로 바인딩(Binding)을 하여야 하지만 드론 제품으로 제공되는 경우에는 바인딩이 되어 나오기 때문에 사용자가 할 필요는 없음.(한번 바인딩을 설정하여 놓으면 송수신이 세트로 설정되게 됨)

8) 배터리

초경량 무인 비행 장치에 사용되는 배터리는 리튬 폴리머(Li-Po), 니켈 카드뮴(Ni-Cd), 니켈(메탈)수소, 니켈 이온, 수소연료전지, 니켈 아연(Ni-Zi) 등이다. FC와 메인 배터리는 대부분 리튬폴리머(LiPo)를 사용하고 조종기에는 니켈 수소(MiMh), 리튬철(LiFe)이 대체적으로 사용되고 있다.

배터리는 모터와 드론의 각종 전자 장비에 동력을 공급하는 동력이기 때문에 비행 전에는 반드시 점검한 후에 비행을 수행하여야 한다. 드론에는 주로 리튬 이온(Li-Ion) 배터리와 리튬 폴리머(Li-Po) 배터리가 많이 사용되고 있으며 주로 셀(Cell) 단위로 구성되어 있으며 1셀당 3.7V의 전압을 가지고 있다. 몇 개의 셀을 합치냐에 따라서 출력 전압이 다르게 제공되고 있다. 주로 사용되는 것은 3셀, 6셀이 많이 사용되고 있다. 또한 배터리의 성능을 확인하기 위해서는 셀의 개수, 전압, 전류량 및 최대 방전률(C-rate)을 확인하여야 한다. 최대 방전률은 배터리에 보면 C 단위로 표시되어 있다. 주로 20C ~ 60C 범위에 있는 것을 사용하게 된다. C-rate 값이 높으면 단기간에 높은 출력을 낼 수 있는 것을 의미한다.

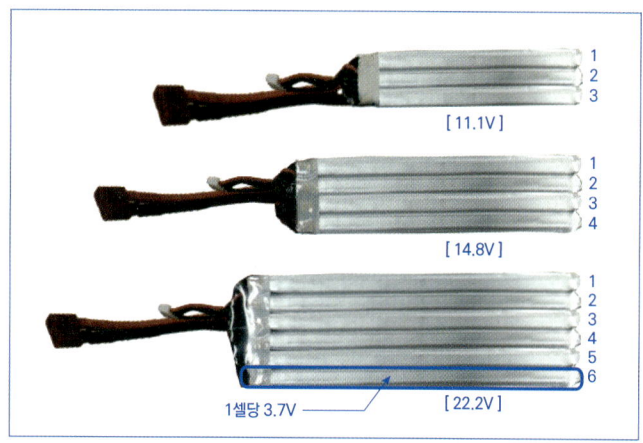

[리튬 폴리머 구분]

[10000mAh 25C 6S 22.2V 리튬 폴리머 배터리 외형]

무인항공기(드론) 운용

> **참고**
> - 공칭전압(Nominal Voltage)일 때
>   - 1셀(1S)당 3.7V 전압
>   - 3셀(3S) 배터리는 11.1V 의 전압(일반적으로 취미용 드론에 사용)
>   - 6셀(6S) 배터리는 22.2V 의 전압(일반적으로 농업용 드론에 사용)
> - 완충전압일 때
>   - 1셀(1S)당 4.2V 전압
>   - 3셀(3S) 배터리는 12.6V 의 전압(일반적으로 취미용 드론에 사용)
>   - 6셀(6S) 배터리는 25.2V 의 전압(일반적으로 농업용 드론에 사용)
> - 배터리 보관 시 완충 상태로 보관하지 말 것
> - 최대 방전률(C-rate)은 단기간에 얼마나 많은 출력을 낼 수 있는 정도를 표시함

[표] 드론에 사용되는 배터리

배터리 종류	특 징
Li-Po (리튬 폴리머)	– 전해질의 재료로 젤 형태 중합체를 사용 – 저장 용량이 큼 – 드론용으로 적합함 – 제조 공정이 간단함 – 가격이 저렴
Li-Ion (리튬 이온)	– 무게가 매우 가벼움 – 단위 부피당 용량이 큼 – 리튬의 높은 반응으로 불안정함 – 양극에 리튬 코발트 산화물을 사용, 음극에 탄소 사용
Ni-MH (니켈 수소)	– 양극에는 리켈, 음극에는 수소 합금 사용 – 단위 부피당 용량이 큼 – 급속 충전과 방전이 용이함 – 방전률과 발열이 크기 때문에 보관이 안 좋음
니켈카드뮴(Ni-Cd)	– 지금은 거의 사용되고 있지 않음 – 추운 곳에서도 꺼지지 않고 강한 힘을 발휘 – 300~500회 정도 충방전이 가능 – 메모리 효과가 있어 충전시 주의 요함

배터리 종류	특 징
니켈 아연(Ni-Zi)	- Ni-Cd 배터리 보다 값이 싸다. - 공칭전압이 높음 - 저온 특성이 뛰어남 - 저가격, 고단자전압(개로시 1.7V, 폐로시 1.5V)
수소연료전지	- 물을 전기분해하면 수소/산소가 발생하는데 전기분해 역반응을 이용한 장치 - 비행시간 연장이 가능하도록 테스트 중이며 4시간 이상 사용이 가능 - 저장용기의 대량생산이 제한되어 널리 보급이 안 된 상태임

■ 배터리 측정기(셀 체커)

- 조종자는 비행 전에 반드시 배터리의 사용량을 체커기를 이용해서 확인해야 함
- 대부분의 체커기는 종류에 따라서 측정할 수 있는 배터리가 정해져 있기 때문에 확인할 것
- 저가형 체커기는 셀별로 전압을 순차적으로 표시
- 스마트 체커는 전체적인 셀의 전압과 전체 전압을 표시해 줌
- 체커기를 사용할 때는 커넥터 순서(+, - 극)에 맞게 서로 맞추어 연결할 것(배터리 팩의 셀 수량에 따라서 연결하는 선의 개수가 다르기 때문에 기준은 - 극성부터 순차적으로 맞추어 꽂으면 됨)

[저가형 LiPo 체커기]   [스마트 체커기]

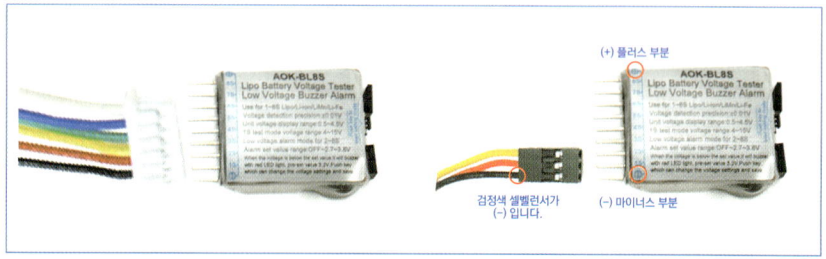

[6셀의 배터리 연결 방법]   [3셀의 배터리 연결 방법]

무인항공기(드론) 운용

SECTION 03 **무인 멀티콥터의 조종 방법(Mode2)**

무인 멀티콥터를 조종하기 위해서는 조종기의 기능에 대해서 알고 있어야 한다. 한국에서는 일반적으로 조종기가 모드 2를 사용하기 때문에 모드 2번을 기준으로 설명하도록 한다.
모드 2번은 왼쪽 스틱(stick)이 러더(Rudder)와 스로틀(Throttle)을 조종하는 기능으로 사용되며 오른쪽에 있는 스틱은 에일러론(Aileron)과 엘리베이터(Elevator)를 조종하는데 사용된다.

■ 조종기 Mode 2 – 러더(Rudder)/스로틀(Throttle)이 왼쪽에 있고
　　　　　　　　　　에일러론(Aileron)/엘리베이터(Elevator)가 오른쪽에 있는 방식

1) 기체 조정

  **상승/하강** (스로틀 : Throttle) 좌측 컨트롤레버를 상하로 이동	  **좌회전/우회전** (러더 : Rudder) 좌측 컨트롤레버를 좌우로 이동	  **전진/후진** (엘리베이터 : Elevator) 우측 컨트롤레버를 상하로 이동	  **좌/우 이동** (에일러론 : Aileron) 우측 컨트롤레버를 좌우로 이동

2) 비행 모트 선택(수동 모드, ATT 모드, GPS 모드, 자동귀환 모드)

- 매뉴얼 모드(Manual mode)
  일반적으로 완전한 수동 모드로 모든 조종을 조종자가 직접 조작해야 하는 모드

- 에띠 모드(ATT mode)
  고도 유지 모드로 수평을 자동으로 유지하여 고도는 잡아주고 드론 비행은 수동으로 조작해야 하는 모드(바람에 따라 흐르게 됨)

- 지피에스 모드(GPS mode)
  고도 유지하면서 위성항법장치를 이용하여 비행하는 모드로 드론 스스로 호버링을 하여 정지하고 있으며 조작자가 쉽게 조작이 가능한 모드(바람이 불어도 지정 위치에 정지되어 있음)

- 알티에이치 모드(RTH mode)
  기체가 처음에 이륙한 위치로 자동으로 돌아오게 하는 모드

- 호버링
  드론이 비행할 때 일정한 높이에서 움직이지 않고 고도를 유지하고 있는 상태

SECTION 04 배터리 관리방법 및 점검

무인 멀티콥터에 사용되는 배터리는 리튬 폴리머(Li-Po)를 많이 사용하고 있으며 배터리를 사용할 때에는 주의를 하면서 사용해야 안전하게 사용할 수 있다. 리튬 폴리머는 관리를 잘못하거나 사용할 때 잘못 사용하게 되면 성능이 저하되고 화재나 폭발이 발생할 수 있기 때문에 안전하게 관리를

해야한다. 특히 배터리를 완전 방전하게 되면 다시는 사용이 불가능하기 때문에 완전 방전이 안 되도록 주의해야 한다. 또한 충격이나 높은 온도에서 보관 시에는 폭발하거나 화재가 발생할 수 있기 때문에 관리를 주의 깊게 하여야 한다. 그럼 배터리 사용 시 주의 사항에 대해서 알아보자.

1) 배터리 사용 시 주의 사항
- 배터리는 정격 용량을 사용하여야 한다.
- 배터리가 심한 충격을 받았을 경우에는 절대로 사용해서는 안 된다.
- 배터리를 비오는 곳이나 습기가 많은 장소에 보관해서는 안 된다.
- 배터리가 부풀어 있거나 손상되어서 전해질이 누수되면 사용해서는 안 된다.
- 배터리를 화재 및 폭발의 위험이 있는 장소에 보관해서는 안 된다.
- 배터리를 강제적으로 분해하거나 파손하면 안 된다.
- 배터리를 고온 기기에 넣어서는 안 된다.
- 배터리에서 누수된 전해질이 피부에 닿았을 경우에는 즉시 흐르는 물에 15분 이상 세척한 후에 의사에게 진찰을 받아야 한다.
- 배터리 커넥터를 청결하게 유지하여야 한다.
- 배터리는 전도성이 강한 물질 위에 놓고 보관해서는 안 된다.
- 배터리는 전원이 ON 상태에서 강제적으로 분리하면 안 된다.
- 비행 중에 배터리가 물속으로 추락하였을 경우에는 기체와 분리한 후에 안전한 거리를 유지하면서 완전히 건조될 때까지 기다린다.
- 배터리는 50°C 이상의 기온에서 사용해서는 안 된다.
- 배터리는 -10°C ~ 40°C의 온도에서 사용하도록 한다.
- 배터리는 -10°C 이하에서 사용하지 말아야 한다. 만약 사용 시 손상되어 사용이 불가할 수 있다.
- 배터리는 비행시 마다 만충하여 사용하여야 한다.
- 배터리 충전할 경우에는 정해진 모델의 충전기를 사용해야 한다.
- 비행중 저 전력 경고가 점등할 때는 즉시 복귀를 하여야 한다.

2) 배터리 충전 시 주의 사항
- 배터리 충전 시에는 항상 옆에서 모니터링을 하여야 한다.(방치할지 말 것)
- 배터리 충전이 완료되었을 경우에는 배터리를 충전기와 분리하여 보관한다.
- 배터리 충전시에는 불이 쉽게 발화될 수 있는 물체 주변에서는 충전해서는 안 된다.
- 정격 용량이 적합한 충전기를 이용하여 충전하여야 한다.
- 배터리 충전기가 손상되었을 경우에는 사용해서는 안 된다.
- 비행 직후에 배터리 온도가 높아진 상태에서 바로 충전하지 말아야 한다.

- 배터리의 온도가 높을 경우 상온까지 내려온 상태에서 충전을 하여야 한다.
- 배터리를 충전할 경우에는 0°C~40°C 내에서 충전하도록 한다.
- 배터리를 충전할 경우에 0°C~40°C 범위를 벗어난 온도에서 충전하지 말아야 한다.

3) 배터리 보관 시 주의 사항

- 배터리는 어린이가 접근할 수 있는 장소에 절대로 보관해서는 안 된다.
- 배터리를 고온의 열이 발생하는 장소에 보관해서는 안 된다.
- 배터리에 강한 충격이나 눌림이 있는 장소에 보관해서는 안 된다.
- 배터리를 더운 날씨에 차량에 보관해서는 안 된다.
- 배터리를 애완동물이 접근할 수 있는 장소에 보관해서는 안 된다.
- 배터리를 인위적으로 합선시키면 안 된다.
- 배터리를 22°C~28°C 의 온도에 보관하도록 한다.
- 배터리를 보관할 때는 금속 물체가 있는 주변에 보관해서는 안 된다.
- 배터리의 전원이 50% 이상 사용되었거나 손상되어 있는 상태에서 배송해서는 안 된다.
- 배터리를 10일 이상 장기간 보관할 경우에는 40%~65% 정도까지 방전한 후에 보관하도록 한다.
- 드론을 장기간 운영하지 않을 경우에는 배터리를 분리하여 보관한다.
- 배터리를 장시간 사용하지 않고 보관하게 되면 수명이 단축될 수 있으나, 보관을 잘하면 배터리 수명이 길어지게 된다.
- 과도하게 배터리가 방전되게 되면 셀이 손상되어 사용할 수 없게 된다.
- 배터리는 비행기 화물로 운송할 수 없다.
- 기내 화물로 용량에 따라서 2개까지는 보유할 수 있다.

4) 배터리 폐기 시 주의 사항

- 배터리를 폐기할 경우에는 일반 쓰레기통에 버려서는 절대로 안 된다.
- 배터리를 폐기할 경우에는 완전히 방전시킨 후에 특별하게 정해진 곳에 버린다.
- 배터리를 폐기할 경우에는 소금물에 담가 완전 방전시킨다.(반드시 밀폐된 공간이 아닌 야외에서 작업을 수행할 것)
- 배터리를 폐기할 때는 전압이 0V 인지를 확인해야 한다.

무인항공기(드론) 운용

SECTION 05 촬영용 무인항공기 운용 방법

국내나 국외에서 무인 항공기를 이용하여 동영상이나 정지영상을 촬영하는 분야가 활발하게 확대되고 있으며 방송국에서는 무인 항공기 촬영이 없으면 멋진 영상을 얻을 수 없을 정도로 무인항공기 활용도가 많다. 이러한 무인 항공기의 종류와 촬영시 주의 사항에 대해서 알아보자.

1. 촬영용 무인 항공기 종류

영상 촬영에 사용되는 무인 항공기는 촬영용 무인 헬리콥터와 무인 멀티콥터로 나눠지고 있다. 오래전부터 무인 헬리콥터를 이용하여 많이 사용하였으나 무인 멀티콥터가 활성화되면서 최근에는 무인 멀티콥터로 촬영하는 경우가 일반화되었으며 비전문가도 누구나 무인 멀티콥터를 활용하여 촬영하는 시대가 되었다. 각각에 대해서 살펴보자.

- 촬영용 무인 헬리콥터

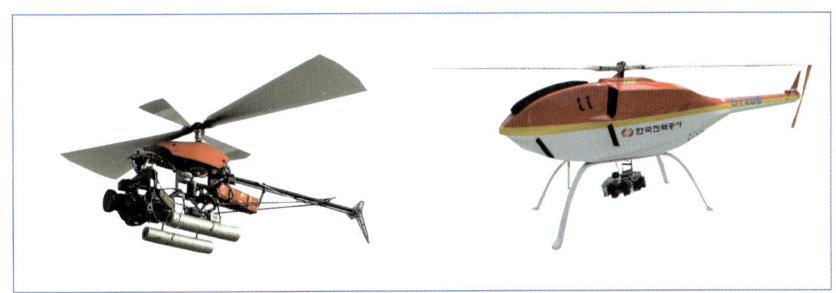

[영상촬영 헬기]　　　　　　　[한전 송전선로 감시 헬기]

- 촬영용 무인 멀티콥터

[DJI 인스파이어]　　　　　　　[EgaleOne 촬영드론]

[SPINOR 촬영 드론]　　　　　[헥사콥터 촬영 드론]

2. 무인항공 촬영 시 주의 사항

무인 항공기로 촬영할 때는 비행금지구역뿐만 아니라 사생활의 침해가 있는 지역에서는 촬영을 할 수 없으며 촬영할 경우에는 반드시 군의 허가를 받고 촬영을 수행하여야 한다.

SECTION 06 농업 방제용 무인항공기 운용 방법

1. 방제용 무인 항공기 종류

방제용 무인 항공기의 종류는 무인 헬리콥터와 무인 멀티콥터로 구분된다. 기존에는 무인 헬리콥터를 이용하여 넓은 지역을 쉽게 방제를 수행하였으나 조작이 어렵고 좁은 지역을 방제하는데 한계가 있었다. 최근에 무인 멀티콥터가 등장하면서 좁은 지역에서도 누구나 쉽게 방제를 수행할 수 있는 다양한 제품들이 출시가 되어서 무인 멀티콥터를 활용한 방제가 확산되고 있다. 각각의 무인 방제기에 대해서 살펴보자.

1) 농업 방제용 무인헬리콥터

[무인 방제용 헬리콥터]

무인항공기(드론) 운용

농업 방제용 무인 헬리콥터는 날개를 비행체에 고정하지 않고 회전하여 상승 비행할 수 있는 회전익 항공기다. 날개를 빨리 회전하여 양력을 발생하여 이륙하고 일정한 고도에서 정지 비행을 할 수 있다. 활주로 없이 이착륙이 가능하며 바람의 영향을 많이 받는 단점을 가지고 있다.

장 점	단 점
• 넓은 지역을 빠르게 방제 가능 • 일정한 고도에 정지 비행 가능 • 활주로 없이 이착륙이 가능	• 좁은 지역 방제가 어려움 • 관리 및 운용비용이 높음 • 바람의 영향을 많이 받음 • 조종이 어려움

2) 농업 방제용 무인 멀티콥터

멀티로터형 드론이 출시되면서 촬영용으로만 사용하던 기체에서 방제용 무인 멀티콥터까지 출시하여 기존에 방제용 무인 헬리콥터를 대치할 수 있는 기회가 되었다. 방제용 무인 멀티콥터도 프로펠러의 개수에 따라서 쿼드콥터, 헥사콥터, 옥타콥터 등 다양한 형태의 방제용 드론이 출시되고 있다. 국내 대부분의 방제용 드론은 중국에서 완제품으로 수입하거나 부품들을 수입해서 국내에서 조립하여 판매하고 있는 실정이다. 가능하면 제어기부터 부품까지 전 제품이 국산화되기를 희망한다. 국내에 사용되고 있는 방제용 드론은 5L, 10L, 20L의 방제용 드론이 일반적이기 때문에 사용하는 목적과 용도에 따라서 구입해서 사용하면 될 것이다. 다음은 방제용 멀티콥터의 외형을 보여주고 있다.

[방제용 멀티콥터]

장 점	단 점
• 넓은 지역뿐만 아니라 좁은 지역도 방제가 가능 • 일정한 고도에 정지 비행 가능 • 활주로 없이 이착륙이 가능 • 관리비용이 적게 들어감 • 누구나 쉽게 조종이 가능	• 배터리의 운영시간이 짧음(10분에서 15분) • 약제통의 용량이 적음

2. 무인 방제할 때 작업자 구성

무인 방제를 수행할 때 작업자는 조종자, 신호자, 보조자 총 3명을 한 팀으로 운영하도록 한다.

조종자	조종을 하는 사람
신호자	육안으로 장애물이나 작업의 끝부분들을 알려주고 조종자와 교대로 방제를 할 수 있는 사람
보조자	약제 준비 등 방제작업의 보조적인 작업을 수행하는 사람

3. 무인 방제를 수행하기 전에 점검 사항

무인 방제를 할 때 사전에 준비해야 할 사항과 점검해야 할 사항이 있다. 조종자는 비행 전에 반드시 다음 사항을 체크하고 준비해야 한다.

점검 사항	준비해야 할 사항
• 방제할 지역의 지형, 지물을 사전에 확인 • 기체의 외부 손상 여부를 검사 • 연료 및 배터리 만충 상태를 검사 • 전원을 인가하여 조종부위 작동 검사 • 방제 지역의 풍향과 풍속을 확인 • 방제 지역의 주변 환경 및 건물들 확인 • 살포지역의 장애물 위치를 확인(전선, 전신주 확인) • 운반 차량 상태 확인 • 비행 기록부 • 작업 면적 확인	• 방제용 무인 멀티콥터 세트 준비 • 살포할 약제 준비 • 헬멧 • 공구통 • 소화기 • 마스크 • 장갑 • 배터리 충전기 • 예비 배터리 • 조종기 예비 배터리

점검 사항	준비해야 할 사항
• 약제 확인 • 작업 순서 확인 • 살포 지역의 비행 계획	• 배터리 체커기 • 구급약 • 연료/펌프 • 무전기 • 깃발 및 인시기 • 물 • 조종기 목걸이 • 예비 약제통 • 풍속계

4. 방제용 무인 항공기의 방제 방법

일반적으로 방제용 무인 멀티콥터들은 자동 방제 기능을 가지고 있다. 수동으로 조작자가 조작해서 방제를 할 수 있지만 비행 포인트를 찍어서 자동으로 비행할 수 있는 기능을 내장하고 있다.

1) A-B 포인트 자동 스프레이 모드

사각형 평지 논의 방제를 수행할 때 A점과 B점을 설정하고 비행을 수행하면 자동으로 A점에서 B점으로 비행하면서 방제를 수행한다. B점에 도착했을 경우에 왼쪽이든 오른쪽이든 조종기의 방향 스틱을 조정하게 되면 지정된 거리만큼 이동한 후에 B포인트에서 A포인트로 다시 돌아오게 된다. 이런 방법으로 계속 방제를 수행하는 기능이 있다.

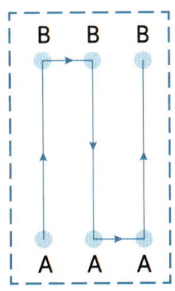

2) 반자동 스프레이 모드

사각형의 논이 아닌 변형되어 있는 평지 논에 방제 작업을 수행할 때 사용하는 모드가 반자동 스프레이 모드이다. 1번 시작점에서 2번에 도착하여 왼쪽이나 오른쪽으로 방향을 조정하게 되면 미리 설정한 거리만큼 왼쪽이나 오른쪽으로 이동(여기서는 오른쪽으로)한다.

호버링을 수행하게 되고 다시 4번 포인트에서 3번 방향으로 조작을 하게 되면 3번 포인트로 이동하게 된다. 3번 포인트에 도착여 5번 포인트로 움직이게 하면 5번 포인트에서 호버링하게 되고 전진을 수행하면 6번으로 이동하게 된다. 이런 식으로 반자동으로 조작하여 방제를 수행하게 하는 기능이 있다.

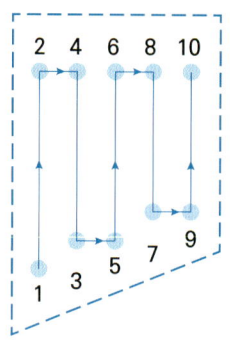

3) GCS 모드

GCS 모드는 PC나 스마트폰 어플에서 구글 지도상에서 해당하는 waypoint를 설정하여 자동으로 비행하면서 살포하게 하는 기능을 말한다. 이때 비행속도, 스프레이 폭, 비행 높이 등을 설정하여 자동으로 살포가 가능하다.

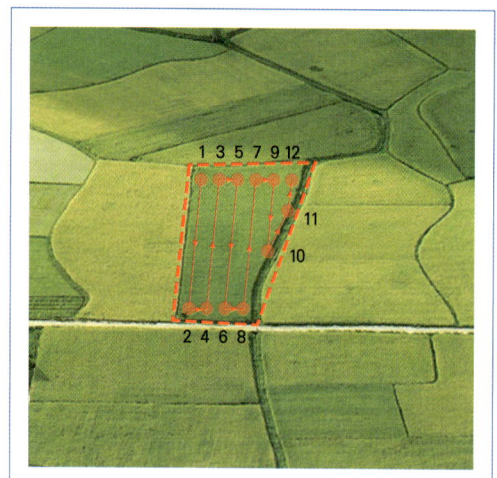

4) 경사지 살포

경사지 살포에는 등고선에 따라서 상승방향으로 살포하면서 비행을 수행하는 것이 좋다.

5. 무인항공 방제 시 주의 사항

무인 항공으로 방제 시 주의 사항에 대해서 살펴보도록 하자.

- 빈 용기는 지정된 안전한 장소에 버린다.
- 남은 농약은 논이나 밭에 버려서는 안 된다.
- 약제통과 살포장치는 잘 세척해서 보관한다.
- 남은 농약은 책임자가 안전하게 보관 장소에 놓는다.
- 얼굴, 손 등을 비누로 전체 샤워하고 입안을 닦는다.
- 농약 살포 시 경계 구역 내만 살포되도록 주의 한다.
- 농약의 혼합이 가능한 약제인지 확인한다.
- 농약 살포 시 살포 기준에 따라서 살포해야 한다.
- 보호 안경, 안전모, 마스크, 장갑 등을 착용한다.
- 조종기 목걸이를 착용한다.

SECTION 07 무인항공기 안전관리

1. 항공안전관리 프로그램 고시

항공기 안전관리를 위하여 항공안전법 제58조 항공안전프로그램을 고시하고, 항공안전 의무보고를 규정한다.

(1) 항공안전법 제58조(항공안전프로그램 등)

① 국토교통부장관은 다음 각 호의 사항이 포함된 항공안전프로그램을 마련하여 고시하여야 한다.
1. 국가의 항공안전에 관한 목표
2. 제1호의 목표를 달성하기 위한 항공기 운항, 항공교통업무, 항행시설 운영, 공항 운영 및 항공기 설계·제작·정비 등 세부 분야별 활동에 관한 사항
3. 항공기사고, 항공기준사고 및 항공안전장애 등에 대한 보고체계에 관한 사항
4. 항공안전을 위한 조사활동 및 안전 감독에 관한 사항
5. 잠재적인 항공안전 위해요인의 식별 및 개선조치의 이행에 관한 사항
6. 정기적인 안전평가에 관한 사항 등

② 다음 각 호의 어느 하나에 해당하는 자는 제작, 교육, 운항 또는 사업 등을 시작하기 전까지 제1항에 따른 항공안전프로그램에 따라 항공기사고 등의 예방 및 비행안전의 확보를 위한 항공안전관리시스템을 마련하고, 국토교통부장관의 승인을 받아 운영하여야 한다. 승인받은 사항 중 국토교통부령으로 정하는 중요사항을 변경할 때에도 또한 같다.

1. 형식증명, 부가형식증명, 제작증명, 기술표준품 형식승인 또는 부품 등 제작자증명을 받은 자
2. 제35조 제1호부터 제4호까지의 항공
3. 항공교통업무증명을 받은 자
4. 항공운송사업자, 항공기사용사업자 및 국외운항항공기 소유자 등
5. 항공기정비업자로서 제97조 제1항에 따른 정비조직인증을 받은 자
6. 「공항시설법」 제38조 제1항에 따라 공항운영증명을 받은 자
7. 「공항시설법」 제43조 제2항에 따라 항행안전시설을 설치한 자

③ 국토교통부장관은 제83조 제1항부터 제3항까지에 따라 국토교통부장관이 하는 업무를 체계적으로 수행하기 위하여 제1항에 따른 항공안전프로그램에 따라 그 업무에 관한 항공안전관리 시스템을 구축·운용하여야 한다.

④ 제1항부터 제3항까지에서 규정한 사항 외에 다음 각 호의 사항은 국토교통부령으로 정한다.

1. 제1항에 따른 항공안전프로그램의 마련에 필요한 사항
2. 제2항에 따른 항공안전관리시스템에 포함되어야 할 사항, 항공안전관리시스템의 승인기준 및 구축·운용에 필요한 사항
3. 제3항에 따른 업무에 관한 항공안전관리시스템의 구축·운용에 필요한 사항

(2) 항공안전법 제59조(항공안전 의무보고)

① 항공기사고, 항공기준사고 또는 항공안전장애를 발생시켰거나 항공기사고, 항공기준사고 또는 항공안전장애가 발생한 것을 알게 된 항공종사자 등 관계인은 국토교통부장관에게 그 사실을 보고하여야 한다.

② 제1항에 따른 항공종사자 등 관계인의 범위, 보고에 포함되어야 할 사항, 시기, 보고방법 및 절차 등은 국토교통부령으로 정한다.

2. 항공안전 자율보고 및 항공기의 비행 중 금지행위 고지

항공안전을 해치거나 해칠 우려가 있는 사건·상황·상태 등 발생 시 항공안전 자율보고를 해야 하고 항공기의 비행중 금지행위를 고지하여야 한다.

(1) 항공안전법 제61조(항공안전 자율보고)

① 항공안전을 해치거나 해칠 우려가 있는 사건·상황·상태 등(이하 "항공안전위해요인"이라 한다)을 발생시켰거나 항공안전위해요인이 발생한 것을 안 사람 또는 항공안전위해요인이 발생될 것이 예상된다고 판단하는 사람은 국토교통부장관에게 그 사실을 보고할 수 있다.

② 국토교통부장관은 제1항에 따른 보고(이하 "항공안전 자율보고"라 한다)를 한 사람의 의사에 반하여 보고자의 신분을 공개해서는 아니 되며, 항공안전 자율보고를 사고예방 및 항공안전 확보 목적 외의 다른 목적으로 사용해서는 아니 된다.

③ 누구든지 항공안전 자율보고를 한 사람에 대하여 이를 이유로 해고·전보·징계·부당한 대우 또는 그 밖에 신분이나 처우와 관련하여 불이익한 조치를 해서는 아니 된다.

④ 국토교통부장관은 항공안전위해요인을 발생시킨 사람이 그 항공안전위해요인이 발생한 날부터 10일 이내에 항공안전 자율보고를 한 경우에는 제43조 제1항에 따른 처분을 하지 아니할 수 있다. 다만, 고의 또는 중대한 과실로 항공안전위해요인을 발생시킨 경우와 항공기사고 및 항공기준사고에 해당하는 경우에는 그러하지 아니하다.

⑤ 제1항부터 제4항까지에서 규정한 사항 외에 항공안전 자율보고에 포함되어야 할 사항, 보고 방법 및 절차 등은 국토교통부령으로 정한다.

(2) 항공안전법 제68조(항공기의 비행 중 금지행위 등)

항공기를 운항하려는 사람은 생명과 재산을 보호하기 위하여 다음 각 호의 어느 하나에 해당하는 비행 또는 행위를 해서는 아니 된다. 다만, 국토교통부령으로 정하는 바에 따라 국토교통부 장관의 허가를 받은 경우에는 그러하지 아니하다.

1. 국토교통부령으로 정하는 최저비행고도(最低飛行高度) 아래에서의 비행
2. 물건의 투하(投下) 또는 살포
3. 낙하산 강하(降下)
4. 국토교통부령으로 정하는 구역에서 뒤집어서 비행하거나 옆으로 세워서 비행하는 등의 곡예비행
5. 무인항공기의 비행
6. 그 밖에 생명과 재산에 위해를 끼치거나 위해를 끼칠 우려가 있는 비행 또는 행위로서 국토교통부령으로 정하는 비행 또는 행위

3. 항공안전관리 시스템

(1) 항공안전관리 시스템의 승인

항공안전법 시행규칙 제130조(항공안전관리시스템의 승인 등)

① 법 제58조 제2항에 따라 항공안전관리시스템을 승인받으려는 자는 별지 제62호 서식의 항공안전관리시스템 승인 신청서에 다음 각 호의 서류를 첨부하여 사업·교육 또는 운항을 시작하기 30일 전까지 국토교통부장관 또는 지방항공청장에게 제출하여야 한다.

1. 항공안전관리시스템 매뉴얼 1부
2. 항공안전관리시스템 이행계획서 및 이행확약서 각 1부
3. 항공안전관리시스템 승인기준에 미달하는 사항이 있는 경우 이를 보완할 수 있는 대체운영 절차 1부

② 제1항에 따라 항공안전관리시스템 승인신청서를 받은 국토교통부장관 또는 지방항공청장은 해당 항공안전관리시스템이 별표 20에서 정한 항공안전관리시스템 승인기준 및 국토교통부장관이 고시한 운용조직의 규모 및 업무특성별 운용요건에 적합하다고 인정되는 경우에는 별지 제63호 서식의 항공안전관리시스템 승인서를 발급하여야 한다.

③ 법 제58조 제2항 후단에서 "국토교통부령으로 정하는 요사항"이란 다음 각 호의 사항을 말한다.
1. 안전 목표에 관한 사항
2. 안전조직에 관한 사항
3. 안전장애 등에 대한 보고체계에 관한 사항
4. 안전평가에 관한 사항

④ 제3항에서 정한 중요사항을 변경하려는 자는 별지 제64호 서식의 항공안전관리시스템 변경승인 신청서에 다음 각 호의 서류를 첨부하여 국토교통부장관 또는 지방항공청장에게 제출하여야 한다.
1. 변경된 항공안전관리시스템 매뉴얼 1부
2. 항공안전관리시스템 매뉴얼 신구대조표 1부

⑤ 국토교통부장관 또는 지방항공청장은 제4항에 따라 제출된 변경사항이 별표 20에서 정한 항공안전관리시스템 승인기준에 적합하다고 인정되는 경우 이를 승인하여야 한다.

SECTION 08 초경량 비행장치 사고와 보고

조종자는 초경량 비행 장치를 운용 중에 사고가 발생하였을 경우 조치 사항과 보고할 의무를 갖고 있다. 사고 발생 시 조치해야 할 절차와 보고 사항에 대해서 알아보자.

1) 초경량 비행장치 사고시 조치 사항

초경량 비행 장치를 운영 중에 사고발생 시 조치사항은 다음과 같다.

첫째, 인명구조를 최우선으로 처리
  사고 발생 시 최우선적으로 인명구조를 수행한다.

둘째, 사고 현장을 그대로 보존할 것
    사고 조사를 위해 기체와 현장 상황을 그대로 보존하여 유지하도록 한다.
셋째, 사고 현장을 사진 및 동영상 촬영할 것
    사고 현장 상황과 장비를 여러 각도로 사진을 촬영한다.
    사고 현장 상황과 장비를 동영상으로 촬영한다.
넷째, 사고 보상 조치를 수행할 것
    바로 가입 보험사의 보험 담당자에게 사고 발생 내역을 전달한다.
    사고 현장을 촬영한 사진과 동영상을 보험 담당자에게 전달한다.
    보험 담당자와 협의하여 보상 절차를 진행한다.

2) 초경량 비행장치 사고의 보고

초경량 비행장치 조종자는 중사고 발생 시 지체 없이 그 사실을 반드시 관할 항공청에 보고해야만 한다. 보고할 때는 다음과 같은 내용으로 보고한다.

- 초경량 비행장치 소유자의 성명 및 명칭
- 초경량 비행장치의 종류 및 신고 번호
- 사고 발생 지역 및 시간
- 사고의 경위
- 인명피해 및 물건 파손 정도
- 인명피해 인적사항

SECTION 09 보험 가입 종류

산업용 무인 비행장치 운영자는 모두 필수적으로 보험에 가입을 하여야 한다. 만일 피해가 발생할 경우에 대해서 필수적인 보험뿐만 아니라 본인이 필요한 조건의 보험들을 선택적으로 가입하는 것이 좋다. 특히, 약제 살포 작업을 위한 방제 드론 운영자는 대인/대물(배상책임보험)뿐만 아니라 기체 및 자손과 약해로 인한 배상책임까지 보험 상품이 있기 때문에 안전한 운영을 위해서 가입하는 것이 좋을 듯하다.

1) 모든 필수 사용사업자 보험 – 대인/대물(배상책임보험)

- 타인의 신체를 손상시키거나 재물에 손해를 가하게 되면 배상해주는 보험(배상책임)
- 보험 회사의 기준에 따라서 가입 금액 및 보상금액 등을 산정할 수 있다.

2) 교육기관 및 사용사업자 보험 – 자차보험(기체보험)
- 자신의 기체에 발생하는 사고에 대한 손해 배상 보험(기체보험)
- 교육 기관은 권유 보험
- 사용자업자는 선택 보험
- 보험 회사의 기준에 따라서 가입 금액 및 보상금액 등을 산정할 수 있다.

3) 교육기관 필수 및 사용사업자 선택 보험 – 자손보험(개인배상책임)
- 조종자의 자신에 손상이 있을 경우에 대한 손해 배상 보험(개인배상책임)
- 교육 기관은 필수 보험
- 사용자업자는 선택 보험
- 약제 중독 등 신체 손상 보험도 가능
- 보험 회사의 기준에 따라서 인원이나 기관에 따라서 차이가 있다.

4) 사용사업자 선택 보험 – 살포 보험(약제 살포시 배상 책임 보험)
- 잘못된 약제 살포 작업으로 농작물에 약해가 발생할 때 보상해주는 보험
- 사용자업자는 선택 보험
- 피해 발생 시 조종자나 계약자에게 손해 금액이 발생할 수 있다.
- 보험 회사의 기준에 따라서 차이가 있다.

DRONE
Drone Pilotless Aircraft
Unmanned Aerial Vehicle

무인항공기(드론) 운용
단원별 응용 문제풀이

응용문제 Key Point
1. 응용 문제풀이는 복습, 예습문제로 엮었습니다. WHY : 실제시험에도 순서에 관계없이 출제됩니다.
2. 예습 후 다음 장에 공부한 문제가 있으면 기억이 배가 됩니다.
3. 문제를 반복적으로 풀면서 암기하는 것이 합격의 지름길입니다.

01 무인 멀티콥터의 기체 구성품 중에 맞지 않는 것은?
① ESC 와 BLDC 모터
② 프로펠러
③ 클러치
④ FC

02 무인 멀티콥터들의 비행 모드가 아닌 것을 고르시오?
① Manual Mode(수동모드)
② RTH Mode(자동복귀모드)
③ GPS Mode(GPS모드)
④ Attitude Mode(고도제어 모드)

해설
Attitude Mode는 자세제어 모드이며 고도제어 모드는 없다.

03 3개 이상의 모터(프로펠러)가 있으면서 조종을 쉽게할 수 있는 비행체는?
① 틸트로터형 비행체   ② 무인 헬리콥터
③ 멀티콥터 비행체   ④ 고정익 비행체

04 다음은 틸트로터형 비행체에 대한 설명이다. 틀린 것은 ?
① 프로펠러/로터가 자유로워서 이착륙시 돌풍에 안전하다.
② 조종 및 제어가 다른 비행체보다 운용하기가 어렵다.
③ 회전익의 수직 이륙과 고정익의 고속 비행이 가능한 장점을 가지고 있다.
④ 단시간에 고속으로 임무를 수행하는데 장점을 가지고 있다.

05 무인 멀티콥터들의 비행모드에서 RTH Mode에 대한 설명이 틀린 것은?
① RTH Mode를 설정하면 이륙했던 장소로 돌아온다.
② 일반적으로 GPS 위성 숫자가 4개 이상으로 설정이 가능하다.
③ 이륙할 때 현재의 위치를 인식하고 있다
④ 이륙하기 전에 다른 RTH 장소를 설정할 수 없다.

06 모터 속도 제어기(ESC)에 대한 설명이 틀린 것은?
① 브러시 리스 모터의 코일에 전류를 세세하게 제어한다.
② 영어로는 Electric Speed Controller의 약자이다.
③ 모터의 용량이 높을 수록 낮은 ESC를 선택하여야 한다.
④ 배터리에서 보내오는 대전류를 제어신호에 따라서 제어하는 역할을 한다.

[정답] 01 ③   02 ④   03 ③   04 ①   05 ④   06 ③

07 멀티콥터 조종기의 조종 방법 중 Mode2에 대한 설명이 틀린 것은?

① 왼쪽의 스틱이 상승/하강을 제어한다.
② 왼쪽의 스틱은 Throttle로 설정된다.
③ 전진/후진은 오른쪽 스틱에 의해 조정된다.
④ 기체의 좌/우 회전은 오른쪽 스틱에 의해서 조정된다.

해설

조종기는 모드1, 모드2가 있으며 일반적으로 유럽방식은 모드 1을 사용하고 한국에서는 모드2를 사용하고 있다. 모드2는 왼쪽 스틱이 Throttle 가 설정되고 오른쪽 스틱은 에일러론, 엘리베이터의 기능이 설정되어 있다.

08 멀티콥터에서 사용되는 리튬폴리머(Li-Po) 배터리의 보관법에 대해 틀린 것은?

① 비가 오는 곳이나 습기가 많은 지역에는 절대로 보관해서는 안 된다.
② 배터리가 부풀었을 때는 사용해서는 안 된다.
③ 온도가 50℃ 이상 높은 곳에서는 사용해서는 안 된다.
④ 배터리의 1개의 셀이 고장 난 경우에는 수리해서 사용해도 된다.

해설

리튬폴리머(Li-Po)는 폭발 위험이 있기 때문에 관리상에 안전이 필요하다. 강한 충격으로 구겨지거나 여러 개의 셀중에 1개가 고장이 나면 사용할 수 없다. 그리고 배터리가 부풀어지는 현상이 발생할 수 있는데 이때는 절대로 사용해서는 안된다.

09 멀티콥터를 기수전환 하고자 한다. 어떤 스틱을 조작해야 하는가?

① 러더
② 엘리베이터
③ 에일러론
④ 스로틀

해설

- 스로틀 - 상승,하강 조정
- 러더 - 왼쪽 방향, 오른쪽 방향 회전 조정
- 엘리베이터 - 전진, 후진 조정
- 에일러론 - 왼쪽, 오른쪽 방향으로 조정

10 멀티콥터에 사용되는 배터리가 아닌 것은?

① 니켈아연(Ni-Zi)
② 니켈폴리머(Ni-Po)
③ 수소연료전지
④ 니켈 카드뮴(Ni-Cd)

해설

니켈 폴리머는 사용하지 않음

11 무선기기를 사용하는데 있어서 무선국 허가를 받을 필요가 없는 경우는?

① 멀티콥터를 이용하여 영상 송신시 5W 고출력을 사용하는 경우
② 멀티콥터 운용자가 고출력 무전기를 이용하여 서로 연락하는 경우
③ 방제용 드론 조종시 미약주파수 대역을 사용하여 가시권에서 조종하는 경우
④ 멀티콥터를 가시권 밖으로 멀리 조종이 필요한 경우

해설

고 출력으로 사용하는 무선 시스템은 어떠한 제품이라도 무선국 허가를 받아야 한다.

12 GPS 수신율 저하가 발생하는 원인이 맞는 것은?

① 위성 수신 숫자가 5개 이상인 곳
② 주변에 산이 없는 지역
③ 주변에 빌딩이 없는 지역
④ 타임 존의 신호 수신이 바뀌는 지역

[정답] 07 ④ 08 ④ 09 ① 10 ② 11 ③ 12 ④

> **해설**

GPS는 주변에 건물들이나 타임 존의 신호 수신이 바뀌는 지역에서는 수신율이 떨어지게 된다.

13 배터리의 사용법으로 틀린 것은?

① 배터리 수명이 끝났으면 쓰레기통에 버린다.
② 배터리 연결시 같은 색끼리 일치하여 연결한다.
③ 배터리는 매 사용시 충전 상태를 체크한다.
④ 배터리는 완전 방전되면 다시 충전해서 사용할 수 없다.

> **해설**

리튬 폴리머(Li-Po)는 폭발 위험성이 있기 때문에 수명이 끝났어도 아무 곳에나 버리면 안된다. 또한 완전 방전이 될 때까지 사용하게 되면 재 충전이 안되고 사용할 수 없으니 주의를 요한다.

14 비행 중 배터리가 없다는 신호가 수신 될 경우에 조치해야 할 사항은?

① 신호 수신한 바로 그 위치에서 착륙을 시도한다.
② 비행 시작한 위치로 돌아오게 하고 올 때까지 기다린다.
③ 빠르고 신속하게 안전한 장소를 찾아서 착륙을 한다.
④ 남아있는 배터리를 사용하고 방전직전에 착륙을 한다.

> **해설**

비행 중에 배터리가 없다는 신호를 수신하게 되면 안전한 장소를 찾아서 착륙시키고 교체 작업을 수행한다.

15 배터리 충전시 주의할 사항이 아닌 것은?

① 배터리 충전 시에는 항상 옆에서 모니터링을 할 필요가 없다.
② 정격 용량이 적합한 충전기를 이용하여 충전한다.
③ 비행 직후에 배터리 온도가 높아진 상태에서 충전하지 말아야 한다.
④ 배터리 충전기가 손상되었을 경우에는 사용해서는 안 된다.

> **해설**

배터리 충전할 때에는 정격용량이 적합한 충전기를 이용하여야 하며 비행 직후 배터리의 온도가 높아진 상태에서는 충전하지 말아야 한다. 또한 충전 시에는 항상 옆에서 모니터링을 하여야 한다.

16 배터리 충전시 주의할 사항으로 가장 가까운 것은?

① 충전할 때 폭발 위험이 있기 때문에 소방서 근처에서 충전한다.
② 충전할 때는 위험한 상황이 발생할 수 있기 때문에 자리를 지킨다.
③ 배터리 충전이 오래 걸리기 때문에 항상 야간에 충전한다.
④ 충전할 때 화재가 발생할 수 있기 때문에 소화기를 항상 준비하고 충전한다.

17 비행 중 조종기의 배터리 경고음과 진동이 발생한 경우에 조치해야 할 사항은?

① 경고음과 진동이 멈출 때까지 기다린다.
② 기체를 호버링하게 해 놓고 빨리 조종기 배터리를 교체한다.
③ 스로틀을 아래로 내려서 착륙시키고 엔진 시동을 정지한다.
④ 기체를 착륙시키고 전원이 켜 있는 상태에서 조종기 배터리를 빨리 교체한다.

> **해설**

안전한 위치를 찾아서 착륙시키고 시동을 정지한 후에 교체한다.

[정답] 13 ① 14 ③ 15 ① 16 ② 17 ③

18 산악지형과 같은 공간이 좁은 지역에서 이착륙이 가능한 비행체가 아닌 것은?

① 무인 헬리콥터　② Y6 멀티콥터
③ 틸트로터 비행기　④ 고정익 비행기

해설
산악 지역은 이착륙 공간이 좁기 때문에 멀티콥터형 기체의 사용이 효율적이다.

19 멀티콥터의 모터와 배터리를 연결하는 장치로서 모터의 회전을 조종하는 장치는?

① 비행 제어보드(FC)
② 전자속도 제어보드(ESC)
③ 리튬폴리머
④ 로터

해설
BLDC모터는 배터리와 직접 연결할 수 없으며 전자속도 제어보드(ESC)를 중간에 연결해야 한다.

20 비행 제어보드(FC)에 내장되어 있는 센서가 아닌 것은?

① 고도 센서　② 레이저 센서
③ 자이로 센서　④ 가속도 센서

해설
비행 제어보드(FC)에는 비행을 하는데 필요한 고도 감지센서, 자이로 센서, 가속도 센서가 내장되어 있으며 레이저 센서는 거리 감지를 위한 옵션 센서이다.

21 멀티콥터(Multicopter)의 분류에 속하지 않는 것은?

① 쿼드 콥터　② Y6 콥터
③ 헥사 콥터　④ 틸트로드

해설
Y6 콥터는 기체형태가 Y 이며 각 암대마다 2개의 모터가 상하로 고정되어 있어 총 6개의 모터로 구성되어 있는 멀티콥터이다.

22 배터리를 오래 효율적으로 사용하는 방법으로 적절한 것은?

① 장기간 보관할 경우에는 100% 만충해서 보관한다.
② 충전이 100% 만충되어 있어도 계속 충전기에 연결하여 방전을 방지한다.
③ 비행 직후에 배터리 온도가 높아진 상태에서 바로 충전하여 만충한다.
④ 비행할 때는 항상 배터리를 100%로 만충하여 사용해야 한다.

23 배터리를 폐기할 경우의 방법으로 적합하지 않은 것은?

① 배터리를 폐기할 경우에는 일반 쓰레기통에 버린다.
② 배터리를 폐기할 경우에는 완전히 방전시킨 후에 폐기한다.
③ 배터리를 폐기할 경우에는 소금물에 담가 완전 방전시킨다.
④ 배터리를 폐기할 때는 전압이 0V 인지를 확인해야 한다.

24 배터리에 대한 설명이다 틀린 것은?

① 배터리의 1셀(1S)의 공칭 전압은 3.7V이다.
② 배터리의 1셀(1S)의 완충 전압은 4.2V이다.
③ 배터리의 6셀(6S)의 공칭 전압은 22.2V 전압이다.
④ 배터리의 6셀(6S)의 완충 전압은 24.2V 전압이다.

[정답]　18 ④　19 ②　20 ②　21 ④　22 ④　23 ①　24 ④

25 리튬폴리머(LiPo) 배터리 보관 시 주의사항이 아닌 것은?

① 배터리를 보관할 때는 금속 물체가 있는 주변에 보관해서는 안 된다.
② 겨울철에 히터나 전열기 주변의 따뜻한 장소에 보관한다.
③ 50도 이상의 더운 날씨에 차량 내에 배터리를 보관하면 안 된다.
④ 배터리를 충격, 낙하, 분해하지 않는다.

26 비행 중 GPS 에러 경고등이 점등될 때 원인에 대한 설명으로 맞는 것은?

① 건물 근처에서는 발생하지 않는다.
② 사람들이 많은 주변에서는 발생하지 않는다.
③ 건물 내부에서는 절대로 발생하지 않는다.
④ GPS 신호는 안정적이고 재밍(Jamming)의 위험이 낮다.

해설
건물 근처에서는 GPS 신호가 차단될 수 있기 때문에 주의를 요한다. GPS 신호는 전파 세기가 약하기 때문에 재밍(Jamming)의 위험이 높다.

27 비행 중 GPS 에러 경고등이 점등될 때 취해야 할 조치가 맞는 것은?

① 바로 스로틀을 아래로 내려서 착륙한다.
② GPS 신호는 전파 세기가 강하여 재밍의 위험이 낮다.
③ GPS 신호가 다시 감지될 때까지 호버링 한다.
④ 조종자는 바로 자세제어모드 상태 변환하여 수동으로 조종하여 복귀해야 한다.

해설
GPS 에러가 감지되면 수동으로 조종하여 복귀한다.

28 조종기의 보관 방법이 맞는 것은?

① 차량의 내부에 세워서 보관하면 된다.
② 그늘지면서 습기가 적당한 곳에 세워서 보관하면 된다.
③ 하드케이스에 세워서 보관한다.
④ 구매할 때 제공된 포장 박스에 잘 눕혀서 보관한다.

29 비행 후 점검 사항이 아닌 것은?

① 모터의 고정 여부 검사
② 프로펠러 나사 조임 상태 검사
③ 랜딩기어의 깨짐 현상 검사
④ 송수신 거리를 검사

해설
비행 후 점검 사항은 기체의 모터, 프로펠러, 랜딩기어, GPS 고정여부, 약제통 고정여부의 검사가 필수적이다. 송수신 거리는 검사할 필요가 없다.

30 GPS의 특징에 대한 설명이다. 틀린 것은?

① 실내에서는 GPS 신호 감지가 어렵다.
② GPS 수신기를 여러 개 장착하여 수신하면 위치 정밀도가 높아진다.
③ GPS 수신기는 기온, 습도의 영향을 받으며 건물 사이에서는 영향이 없다.
④ 드론의 현재 위치를 인식하는데 꼭 필요한 장치다.

해설
GPS는 주변의 상황이나 태양의 활동 변화 등이 일어나면 일시적인 장애가 발생할 수 있다. 또한 장애가 발생하게 되면 드론 조종이 불가능하기 때문에 바로 수동모드로 전환해서 조종해야 한다.

31 조종자가 비행을 마친 후에 해야 할 일은?

[정답] 25 ② 26 ② 27 ④ 28 ③ 29 ④ 30 ③ 31 ①

① 바로 기체 점검을 수행한다.
② 기체를 분해하면서 이물질이 있으면 세척한다.
③ 배터리가 남아 있으면 다시 비행해서 방전시킨다.
④ 점검하지 않고 바로 창고에 잘 보관한다.

해설
조종자는 비행 종료 후 기체점검을 수행하여야 한다.

32 비행 후 무인 비행 장치를 장기간 보관하려고 할 때 맞는 것은?

① 기체에 배터리를 장착하여 보관한다.
② 장기간 보관하는데 방전되기 때문에 100% 충전하여 보관한다.
③ 기체의 관리를 위하여 분해한 후 정리하여 보관한다.
④ 배터리는 40~50% 정도 충전 한 후에 보관한다.

해설
장기간 무인 비행 장치를 보관하기 위해서는 배터리는 40~50% 정도 충전한 후에 보관해야 된다.

33 방제를 위하여 방제용 멀티콥터 이동시 적당한 방법은?

① 이동의 편리성을 위하여 암대를 분리한 후에 박스에 보관하여 이동한다.
② 진동에 취약하기 때문에 ESC, FC 등 전자 장비는 별도로 이동한다.
③ 차량의 내부에 움직이지 않도록 잘 고정한 후에 이동하도록 한다.
④ 이동할 때 프로펠러의 깨짐이 생기기 때문에 분리하여 이동한다.

34 무인항공기(드론)의 용어의 정의에 대해서 올바르지 않은 것은?

① 드론은 GPS 없이 원격 제어가 되는 무인 항공기를 말한다.
② 조종사가 탑승하지 않으면서 원격으로 자동/수동으로 제어하는 항공기를 말한다.
③ 자동 비행 장치가 내장되어 자동으로 비행할 수 있는 무인 항공기를 말한다.
④ 드론은 초기에 군사용으로 사용하다 민수용으로 확대되었다.

35 국제민간항공기구(ICAO)에서 대중적으로 사용한 초경량 비행장치(무인멀티콥터)의 명칭은?

① UAS (Unmanned Aircraft System)
② RPAS (Remoted Piloted Aircraft System)
③ UGV (Under Ground Vehicle)
④ Drone

해설
국제민간항공기구(ICAO)에서 대중적으로 사용한 초경량 비행장치(무인멀티콥터)의 공식명칭은 Drone 이다

36 조종자가 비행 전일이나 당일에 확인해야 할 것으로 옳지 않은 것은?

① 예비 배터리의 충전 상태를 확인한다.
② 드론의 기체 점검을 수행한다.
③ 비행체를 분해한 후 조립하여 이상 여부를 점검한다.
④ 배터리의 만충 상태를 확인한다.

해설
조종자는 비행체를 분해해서 점검하면 안 된다.

[정답] 32 ④ 33 ③ 34 ① 35 ④ 36 ③

37 기체를 장소에 따라 캘리브레이션하는 방법으로 틀린 것은?

① 건물이 많은 곳에서 멀리 떨어져서 한다.
② 자기장이 많이 있는 지역에서 멀리 떨어져서 한다.
③ 휴대폰 등 자성체가 있는 물건을 휴대한 상태에서 하면 안 된다.
④ 지속적으로 캘리브레이션이 실패할 경우에는 다른 장소로 이동하여 수행한다.

> **해설**
> 기체 내의 비행 제어장치에는 지자계센서가 내장되어 있기 때문에 주변에 자성체가 있거나 철 구조물이 있는 곳에서 캘리브레이션을 해서는 안 된다.

38 회전익 무인 비행장치의 이륙 절차로서 적절한 것은?

① 시동이 걸리면 바로 높은 고도로 상승시킨다.
② 이륙은 수직으로 바로 상승시킨다.
③ 제자리 비행을 하면서 전/후/좌/우 작동 검사를 한다.
④ 비행 전에는 각 조종부의 작동 점검을 할 필요가 없다.

> **해설**
> - 시동이 걸리면 GPS와 각종 센서들이 작동된 후에 이륙을 하여야 한다.
> - 이륙은 바로 수직 상승하지 말고 천천히 상승을 수행하여야 한다.
> - 비행 전에는 각 조종부의 작동 점검을 하여야만 한다.

39 드론 방제 작업을 수행할 때 필수 요원에 속하지 않는 사람은?

① 보조자　　② 조종자
③ 운전자　　④ 신호자

> **해설**
> 방제의 필수 인원은 총 3명으로 조종자, 신호자, 보조자가 있다.
> - 조종자는 조종을 하는 사람
> - 신호자는 육안으로 장애물이나 작업의 끝부분들을 알려주고 조종자와 교대로 방제를 할 수 있는 사람
> - 보조자는 약제 준비 등 방제작업의 보조적인 작업을 수행하는 사람

40 방제 작업 중 보조자의 역할이 맞지 않은 것은?

① 전적으로 조종자만 믿고 있으면서 위급상황에만 알려줘야 한다.
② 방제 중 장애물이 있을 경우에는 조종자에게 바로 알려야 한다.
③ 방제하기 전에 조종자와 연락할 수단을 준비해야만 한다.
④ 기체 방향과 방제 상황을 항상 집중하여 관찰한다.

41 드론 방제 중 사고 발생 시 신고기관은 어디인가?

① 가까운 경찰서　　② 관할 지방항공청
③ 가까운 119구조대　　④ 교통안전공단

42 드론 방제 중 부조종사의 역할이 맞는 것은?

① 조종사에게 지시하여 조종하게 한다.
② 농약 살포할 때 조종사에게 농약을 준비하게 한다.
③ 무전기 등으로 조종자와 수시로 연락한다.
④ 기체의 방향이나 방제 상황은 조종사가 알아서 하게 놓아둔다.

43 드론 방제할 때 적당한 것은?

① 약제의 혼합비는 조종사가 선택해서 살포한다.
② 방제 작업할 경우에는 항상 편한 반바지 복장으로 편하게 방제한다.
③ 약제의 준비는 조종사가 직접 준비해야 한다.
④ 살포할 약제의 혼용 상태를 확인한다.

[정답] 37 ④　38 ③　39 ③　40 ①　41 ②　42 ③　43 ④

44 방제 살포 후 물 세척시 주의 사항으로 틀린 것은?

① 메인바디로 튀지 않게 주의한다.
② 살포 확인 시 펌프가동은 최소한으로 한다.
③ 분해 세척시는 분실의 위험이 있으므로 주의하여 세척한다.
④ 살포 후 잔량은 하수구에 희석하여 버린다.

> **해설**
> 방제 후 약제 잔량을 아무 곳에나 버리면 안 된다.

45 비행 전에 계획 수립해야 하는 것으로 틀린 것은?

① 비행 당일의 기상 여건을 확인한다.
② 운전면허 유효기간을 확인한다.
③ 비행 통제 구역인지 확인한다.
④ 수행할 임무에 대해서 사전에 확인한다.

> **해설**
> 비행 전에 비행 계획을 수립할 때는 운전면허하고는 관계가 없다.

46 드론 방제할 때 안전한 운용을 위하여 최소 복장 요구 사항으로 틀린 것은?

① 조종기 목걸이를 착용한다.
② 안전모를 착용한다.
③ 시원하고 편리한 복장을 착용한다.
④ 보호 안경과 마스크를 착용한다.

47 드론 방제 작업을 수행할 때 약제 관련 주의할 점이 아닌 것은?

① 다 사용한 농약 빈 용기는 쓰레기통에 버린다.
② 농약의 혼합이 가능한 약제만 혼용한다.
③ 농약 살포시 살포지역 경계 구역 내만 살포되도록 주의한다.
④ 농약 살포시 살포 기준에 따라서 살포하도록 한다.

48 드론 방제 작업을 끝내고 조종자가 점검하고 취해야 할 행동으로 맞지 않는 것은?

① 방제 작업을 끝내면 세제로 몸 전체를 잘 씻고 양치질 한다.
② 드론 방제 장치는 다음에 다시 살포하기 때문에 세척하면 안 된다.
③ 다 사용한 농약 빈 용기는 지정된 안전한 장소에 수집하여 버린다.
④ 사용하다 남은 약제는 책임자가 안전한 장소에 모아서 보관한다.

49 드론 방제작업을 수행하기 전에 조종자가 점검해야 할 내용이 아닌 것은?

① 살포 지역의 풍향과 풍속을 확인한다.
② 살포 지역의 도로 상황 및 교통량을 확인한다.
③ 살포 지역의 주변 환경 및 건물들을 확인한다.
④ 살포 지역의 장애물의 위치를 확인한다.

50 드론 방제 작업하기 전에 점검해야 할 것으로 올바르지 않은 것은?

① 안전모, 마스크를 착용한다.
② 방제 작업을 하는 주변에 다른 기체들이 비행하는지 확인한다.
③ 현장을 사전에 확인하고 축적도를 준비한다.
④ 살포 작업을 의뢰한 주인만 배려하면서 방제 작업을 수행한다.

[정답] 44 ④ 45 ② 46 ③ 47 ① 48 ② 49 ② 50 ④

51 드론 방제기의 기체 외관을 점검하는데 맞는 것은?
① 기체를 점검할 때 나사 헐거워짐이 있을 경우 조인다.
② 프로펠러는 회전할 때 자동으로 조여지게 되어서 확인할 필요는 없다.
③ 기체의 메인 배터리만 확인하면 된다.
④ 모터는 외관만 이상이 없으면 동작과는 상관이 없다.

52 조종자가 드론 무인방제기를 이용하여 방제 작업을 할 때 위치가 맞는 것은?
① 조종자는 안전한 거리를 유지하면서 바람과 등지고 조종해야 한다.
② 조종자는 태양이 없는 서늘한 나무 밑에서 조종한다.
③ 조종자는 방제기 조종을 할 때는 가장 멀리 떨어져서 운영해야 한다.
④ 조종자는 드론 방제기 차량에서 앉아서 편하게 조종한다.

53 초경량 비행장치로 방제 작업시 보조적인 준비물이 아닌 것은?
① 깃발과 같은 수기 ② 카메라 짐벌 장치
③ 예비 배터리   ④ 무전기

> **해설**
> 방제할 때는 카메라와 관계가 없기 때문에 카메라 짐벌 장치는 필요가 없다.

54 방제 중 논이나 밭 사이에 차도가 있을 때 비행 방법은?
① 차량이 지나가지 않으면 건너편으로 빠르게 이동한다.
② 차량이 지나가도 차량 위로 진행할 수 있다.
③ 비행해서 지나가면 안 된다.
④ 차량이 지나갈 경우에는 기다렸다가 빠르게 진행한다.

55 방제 작업시 점검해야 할 사항으로 맞지 않는 것은?
① 연료 및 배터리 만충 상태
② 전원을 인가하여 조종부위 작동 검사
③ 기체의 외부 손상 여부 검사
④ 운반 차량의 정기 검사

56 고온인 여름철에 방제 작업을 수행하는데 올바른 행동은?
① 낮에는 덥기 때문에 일몰 후에 방제를 시작한다.
② 낮에는 덥기 때문에 일출 전에 방제를 시작한다.
③ 고온인 상태에도 방제를 계속 수행한 후에 휴식을 취한다.
④ 40도 이상이 되면 바람을 등지고 운용한다.

> **해설**
> 섭씨 40도 이상이 되면 보관에 주의해야 한다.

57 방제 작업시 점검해야 할 사항으로 맞지 않는 것은?
① 연료 및 배터리 상태를 확인한다.
② 조종기의 전원 상태를 검사한다.
③ 운반 차량의 상태를 확인한다.
④ 이전 비행 기록부와 비교해서 기체이력부를 확인할 필요는 없다.

[정답] 51 ① 52 ① 53 ② 54 ③ 55 ④ 56 ① 57 ④

58 GPS 수신율이 낮아지는 경우는 어떤 것인가?

① 타임 존에 따라서 신호 수신이 바뀌는 경우
② 배를 타고 바다에 있는 경우
③ 산이나 빌딩이 없는 경우
④ 호수가 있는 강 중심에 있는 경우

해설
타임 존에 따라서 GPS 신호 수신이 바뀌게 되면 수신율이 떨어지게 된다.

59 드론 방제작업을 할 때 발생할 수 있는 사고원인과 거리가 먼 것은?

① 조종사 자격증이 있어 혼자 방제
② 조종자와 신호자가 교대로 방제
③ 방제하는 장소를 사전에 확인할 필요가 없음
④ 바람을 등지고 40도의 고온에 방제

해설
방제를 할 때는 조종자와 신호자는 서로 교대하면서 방제할 수 있다.

60 드론 방제를 수행한 후에 조종자가 취해야 할 것이 아닌 것은?

① 얼굴, 손 등을 비누로 전체 샤워하고 입안을 닦는다.
② 빈 농약 용기는 지정된 곳에 버린다.
③ 남은 농약은 논이나 밭에 안전하게 버려서 처리한다.
④ 약제통과 살포장치를 잘 세척한다.

61 조종자가는 비행하기 전에 준비해야 할 것이 아닌 것은?

① 배터리가 100% 충전되어 있는지 확인한다.
② 비행 전 기체 점검을 수행한다.
③ 조종자의 비행 경력이 많으면 비행 계획이 없어도 된다.
④ 비행할 장소를 사전에 확인한다.

해설
비행 경력이 많아도 사전 비행 계획을 작성하고 비행하도록 해야 한다.

62 방제 중 전방에 전선이나 전신주가 있을 경우에 취해야 할 조종사의 행위는?

① 전선이 있는 위나 아래의 여유 공간으로 비행해서 피해간다.
② 전신주가 있는 위쪽으로 빨리 비행하여 피한다.
③ 전선은 전신주의 상단에 있기 때문에 무시하고 빨리 비행한다.
④ 신호자를 빨리 보내서 안전거리를 유지하면서 비행한다.

63 초경량 비행장치 드론이 이륙할 때 올바르지 않은 것은?

① 시동을 걸고 바로 상승시켜서 배터리 소모를 줄인다.
② 이륙을 할 경우에는 수직으로 상승시킨다.
③ 이륙 후에는 정지 상태에서 에일러론, 엘리베이터, 러더 동작을 확인한다.
④ 이륙 전에는 조종기의 스틱 및 스위치의 상태를 검사한다.

64 고랭지 산과 같은 계단식 밭에서의 방제 작업 방법으로 올바른 것은?

① 낮은 지형부터 높은 곳으로 방제 비행
② 높은 지형부터 낮은 곳으로 방제 비행

[정답] 58 ① 59 ② 60 ③ 61 ③ 62 ④ 63 ① 64 ②

③ GPS 수신 상태를 무시하고 비행
④ 조종자의 경험으로 편리한 방법으로 방제 비행

해설

계단식 고랭지 방제 작업은 높은 곳에서 낮은 곳으로 해야 하며 안전하게 이착륙할 수 있는 장소를 미리 확보하고 작업을 수행해야 한다. 또한 상황에 따라서 GPS의 수신 상태를 확인하고 기체의 캘리브레이션이 필요한 경우는 초기 설정을 수행하고 방제를 하여야 한다.

65 초경량 비행장치 조종자가 갖추어야 할 자격 요건이 아닌 것은?

① 자기만의 고집이 있는 성격
② 합리적인 정보처리 능력
③ 상황에 맞게 신속하고 빠른 판단 능력
④ 정신적 안정도

해설

조종사는 다른 사람의 의견을 청취할 수 있는 사람이 되어야 한다. 또한 문제 발생시 빠른 해결 능력을 갖추어야 한다.

66 초경량 비행 장치의 이착륙과 비행시 올바른 것은?

① 약간의 비가 와도 비행을 수행하였다.
② 착륙할 때에는 스로틀을 천천히 내려서 착륙한다.
③ 풍속이 5m/s이상일 때는 안전하게 비행을 수행하였다.
④ 이륙할 때는 시동을 걸고 바로 급상승 하였다.

해설

풍속이 5m/s이상일 때나 약간의 비와 안개가 있을 경우에는 비행을 하지 말아야 한다. 또한 이륙할 때는 시동을 걸고 GPS 검사가 완료된 상태에서 천천히 이륙하도록 한다.

67 초경량 비행 장치의 이착륙 지점으로 적합한 지역이 아닌 곳은?

① 평탄한 해안선
② 농작물이 없는 가급적 수평인 논 및 밭 지역
③ 사람이나 차량이 빈번한 지역
④ 경사면이 있어도 최대한 수평인 간헐 지역

해설

초경량 비행 장치가 이착륙지점으로는 해안선, 간헐지, 논과 같은 평탄한 지역이 안정적이다.

68 다음 중 비행 후 점검 사항이 아닌 것은?

① 기체를 안전한 곳으로 이동시킨다.
② 송신기를 끈다.
③ 열을 식힌 후에 해당 부위를 점검한다.
④ 수신기를 끈다.

69 초경량 비행장치의 비행 시 올바르지 않은 것은?

① 사전에 이착륙장을 확보하고 최대한 평평한 지역으로 선정한다.
② 비행시에는 안전모, 구급함, 공구박스, 소화기 등을 사전에 준비한다.
③ 여러 대의 드론을 동시에 비행해서는 안 된다.
④ 기체에 경고신호가 인지되면 바로 아무 곳이나 착륙을 한다.

해설

기체나 조종기에 경고신호가 발생하면 안전한 곳으로 이동하여 착륙을 해야 한다.

70 비행교관이 범하기 쉬운 과오가 아닌 것은?

① 자기감정의 자제
② 비정상적인 수정 조작
③ 과시욕
④ 비인격적인 대우

[정답] 65 ① 66 ② 67 ③ 68 ④ 69 ④ 70 ①

> **해설**

비행 교관이 범하기 쉬운 과오로는 과시욕, 비인격적인 대우, 과격한 언어(욕설), 구타, 비정상적인 수정 조작, 자기감정의 표출 등이 있으므로 항상 주의를 요한다.

71 항공법상에 약제 살포 작업을 할 때 가입해야 할 필수 보험은?

① 약제 배상 책임 보험
② 대인/대물 배상 책임 보험
③ 자손 보험
④ 기체 보험

> **해설**

현행 항공법상 배상 책임 보험(대인/대물) 가입만 필수 가입을 해야 한다. 추가로 기체 및 자손, 약해로 인한 배상 책임 보험에 가입하면 좋다.

[정답] 71 ②

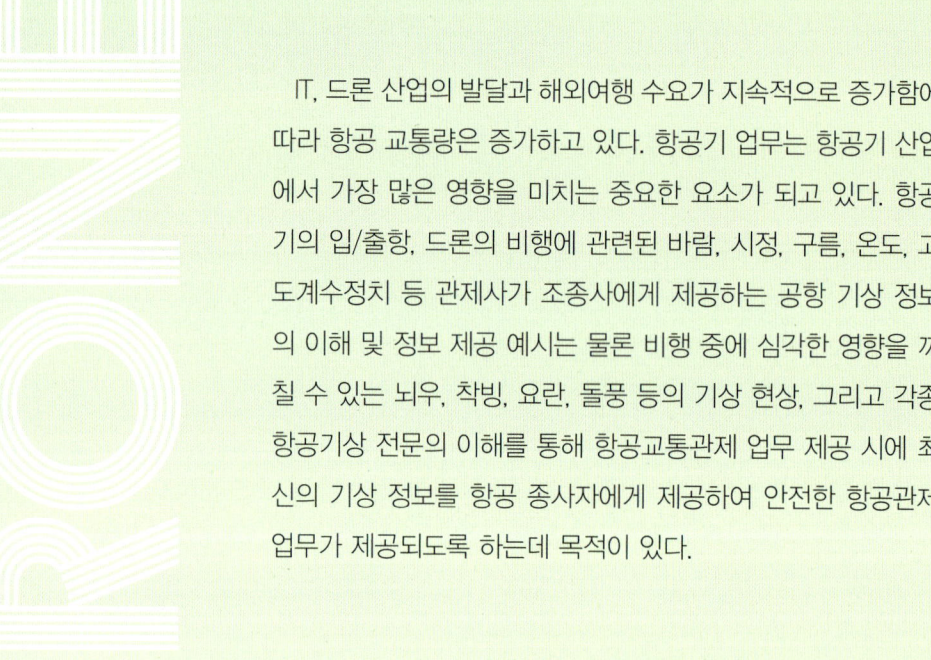

DRONE
Drone Pilotless Aircraft
Unmanned Aerial Vehicle

IT, 드론 산업의 발달과 해외여행 수요가 지속적으로 증가함에 따라 항공 교통량은 증가하고 있다. 항공기 업무는 항공기 산업에서 가장 많은 영향을 미치는 중요한 요소가 되고 있다. 항공기의 입/출항, 드론의 비행에 관련된 바람, 시정, 구름, 온도, 고도계수정치 등 관제사가 조종사에게 제공하는 공항 기상 정보의 이해 및 정보 제공 예시는 물론 비행 중에 심각한 영향을 끼칠 수 있는 뇌우, 착빙, 요란, 돌풍 등의 기상 현상, 그리고 각종 항공기상 전문의 이해를 통해 항공교통관제 업무 제공 시에 최신의 기상 정보를 항공 종사자에게 제공하여 안전한 항공관제 업무가 제공되도록 하는데 목적이 있다.

CHAPTER 02.
항공기상

SECTION 01   대기환경   68
SECTION 02   기온과 습도   73
SECTION 03   기압   76
SECTION 04   바람   80
SECTION 05   고기압과 저기압   97
SECTION 06   기단과 전선   101
SECTION 07   구름과 강수   110
SECTION 08   시정과 안개   119
SECTION 09   비행 중 주의해야 할 기상현상   122
EXERCISE   단원별 응용 문제풀이   150

SECTION 01 대기 환경

1. 대기의 구성과 구조

1) 대기의 구성

대기(Atmosphere)는 지구를 둘러싸고 있는 공간으로 지상에서 약 150Km까지의 거리를 말한다. 이 공간은 다양한 가스(gas)의 혼합물로 구성되어 있다.

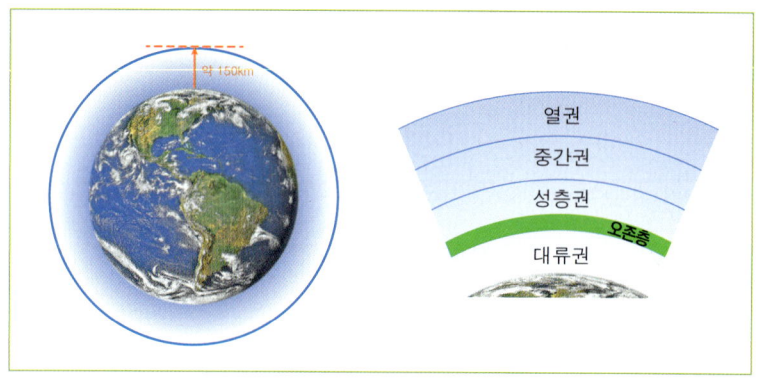

[대기권]

대기의 구성요소는 질소(78%), 산소(21%), 아르곤(0.93%), 이산화탄소(0.04%)로 구성되어 있으며 전체 질량의 99%가 지표면으로부터 약 40Km 이내에 집중되어 있다.

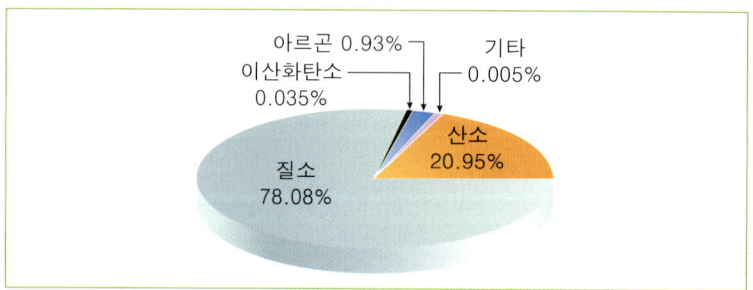

[대기의 구성]

2) 대기의 구조

대기권의 구분은 지표면으로부터 일정한 거리마다 대류권, 성층권, 중간권, 열권, 외기권으로 나누어진다. 각각의 대기권마다 태양열에너지에 의한 지표면의 불규칙한 가열 때문에 대기 순환이 이루어지게 된다.

항공기상

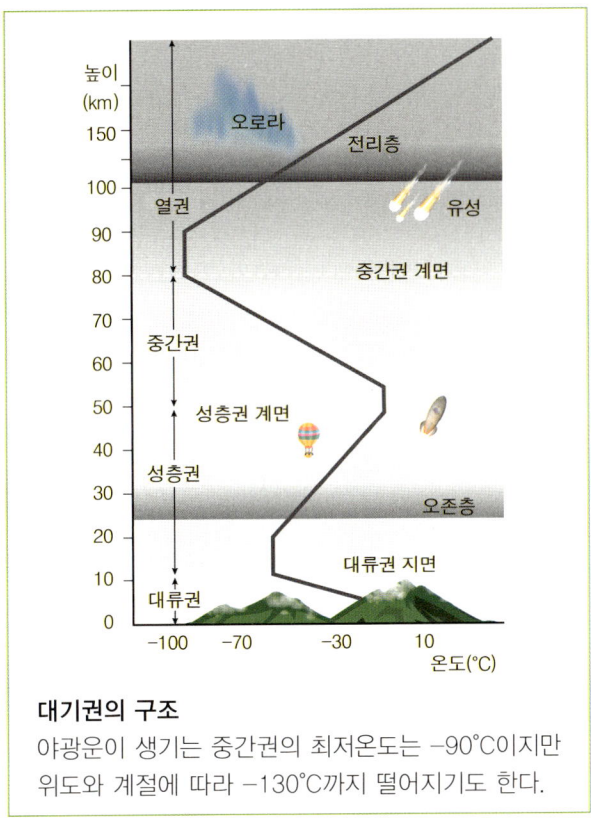

대기권의 구조
야광운이 생기는 중간권의 최저온도는 −90℃이지만 위도와 계절에 따라 −130℃까지 떨어지기도 한다.

[대기의 구조]

대류권	• 지표면에서 10Km 구간 • 전체 대기의 70 ~ 80 % 구간 • 올라갈수록 기온 하강(복사에너지 때문에) ➡ 대류현상 발생
성층권	• 10Km에서 50Km 구간 • 올라갈수록 온도 상승(오존층 때문에) • 비행기의 주항로(안정된 대기)
중간권	• 50Km에서 80Km 구간 • 높이 올라갈수록 기온 하강(복사에너지 미도달) • 대류현상이 일어나나 수증기의 부재로 기상현상 없음
열 권	• 80Km에서 500Km 구간 • 올라갈수록 기온 상승(태양의 전류와 지구의 전류와의 정전기 반응에 의함) • 일교차가 심함
외기권	• 500Km 이상부터 • 공기의 농도가 매우 엷은 층 • 지구 중력을 벗어남

2. 대기의 열운동

대기는 태양열에너지에 의해서 지표면에 불규칙한 가열 때문에 대기 순환이 이루어지는데 대기 순환이 이루어지려면 다음과 같은 열운동들이 발생하여야 한다.

1) 전도(Conduction)

가열하게 되면 분자에너지들이 빠르게 이동하는 방법으로 물질의 이동 없이 열이 물의 고온부에서 저온부로 이동해가는 현상을 말한다.

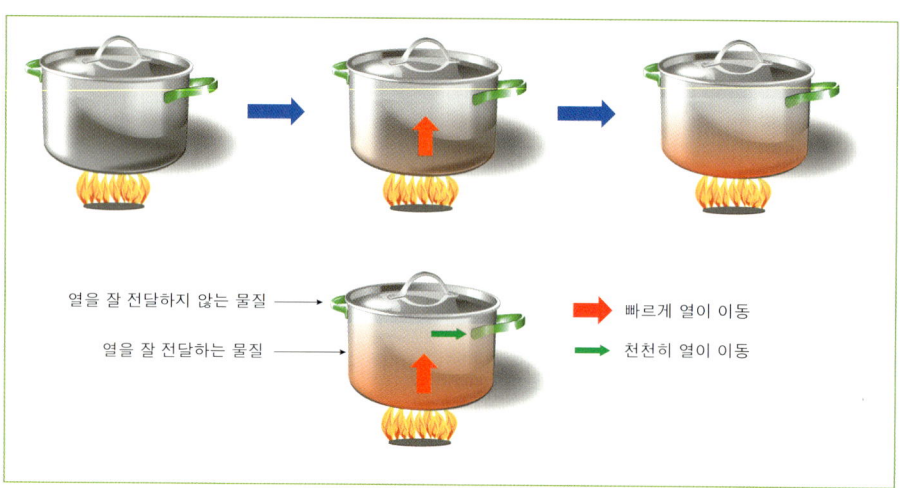

[열 전달의 예]

2) 대류(Convection)

대류는 유체 운동에서 에너지가 전달되는 방법이다. 유체에서 가열된 에너지는 위로 올라가고 차가운 것은 아래로 내려오면서 전체적으로 데워지는 현상을 말한다. 대류는 운동에 의한 에너지 전달 방법에 따라서 자유대류와 강제대류로 나누어진다.
- 자유대류는 유체의 부력에 의해 발생되는 대류
  : 유체 가열/냉각으로 수평방향의 밀도 차가 생겨 밀도가 작은 부분은 상승, 밀도가 큰 부분은 하강
- 강제대류는 유체에 기계적인 힘이 작용하여 발생하는 대류
  : 전선면 상의 따뜻한 공기 상승, 산의 사면을 따라 올라가는 상승류

항공기상

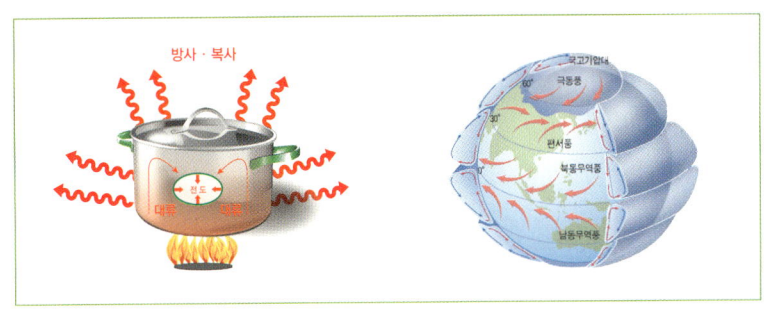

[대류,전도,복사 개념도]　　　　[대류풍]

3) 복사(Radiation)

복사란 주로 물체로부터 방출되는 전자파를 총칭하는 것으로서 에너지의 이동 매체가 필요 없다.

태양에너지가 복사형태로 우주공간을 지나오면서 지표면에 전달되게 된다. 이러한 형태의 에너지 전달이 복사이다.

4) 이류(Advection)

이류는 대류와는 다르게 수평 방향으로의 유체 운동이 발생하여 전송되게 된다. 매우 큰 공기덩어리가 수평으로 이동하여 위치를 바꾸는 것으로 수증기나 열에너지의 운반이 이루어지게 된다.

대류	연직방향으로의 유체 운동에 의한 수송이 우세한 경우
이류	수평방향으로의 유체 운동에 의한 수송이 우세한 경우

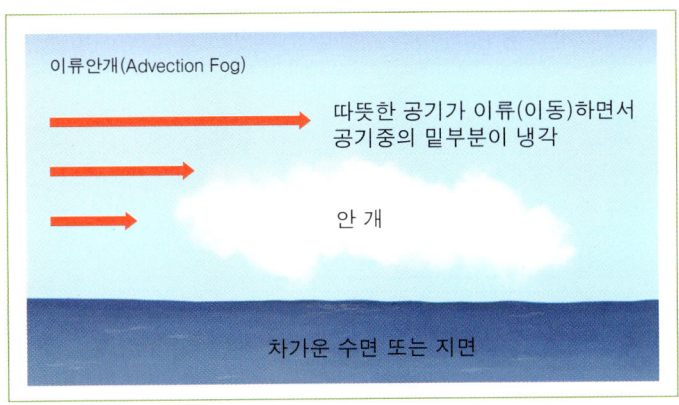

[이류 안개]

3. 대류의 일변화

태양에너지의 복사열에 의해서 기온은 일출과 일몰과 함께 주기적인 변화를 갖게 된다. 일출과 같이 지면은 태양열을 받아 가열되며 열을 공중으로 복사 방출하게 된다. 지면의 온도가 상승하면서 대기의 기온도 상승하게 된다. 또한 일몰을 하게 되면 일사량은 없어지게 된다. 그러나 지면 복사의 방출을 계속 하기 때문에 일출 전에 최저의 기온이 나타나게 된다.

일사량 최대	정오에 최대가 되고 지구 복사량은 이보다 늦은 오후 1 ~ 3시 사이 최대가 됨
일사량 최저	일몰 후에 일사량은 없으나 지면 복사 방출을 계속하기 때문에 일출전 최저가 됨

해안 지역에서 낮과 밤에 풍향이 변하는 현상도 기온의 일변화 영향에 의해서 나타나게 된다.
- 육지와 바다의 비열차이로 밤에는 육풍, 낮에는 해풍이 불게 됨

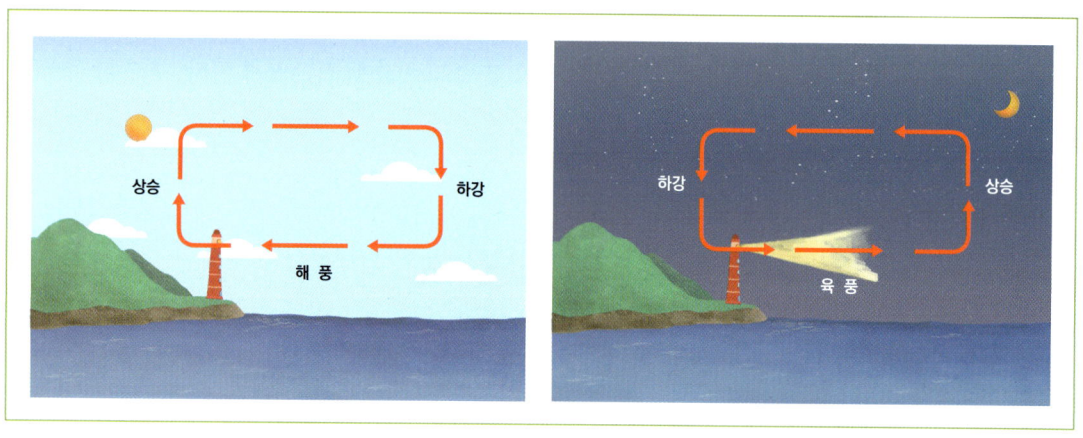

[해풍(낮)]　　　　　　　　　　[육풍(밤)]

4. 대기의 단열과정

기체가 외부로부터 열을 얻거나 빼앗기지 않고 온도가 변하는 현상을 단열변화라고 한다. 대기의 덩어리는 상당히 큰 반면 열의 출입은 표면에서만 일어나므로 공기덩어리의 온도 변화는 단열변화라고 할 수 있다.

단열팽창	공기가 상승하면 주위 기압이 낮아지면서 공기 덩어리가 점점 팽창하는 현상
단열압축	공기의 하강으로 인해 주위의 기압이 높아지면 공기 덩어리가 점점 압축하는 현상

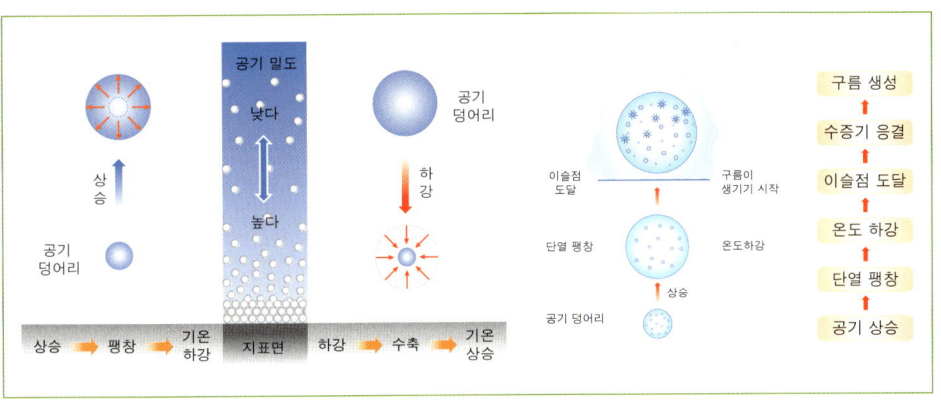

[단열변화]

SECTION 02 **기온과 습도**

1. 기온(온도)

온도는 물체의 차고 더운 정도를 수량적으로 표시한 것이다. 즉, 공기의 차고 더운 정도를 수량으로 나타낸 것이 기온이다.

1) 기온과 온도

- 기온은 지구를 둘러싸고 있는 공기, 즉 대기의 차고 더운 정도를 숫자로 표시한 것
  (기온은 시간과 장소에 따라서 달라짐)
- 온도는 물체의 차고 더운 정도를 숫자로 표시하는 것
  (지구가 태양 복사에너지를 받으면 복사열에 의한 대기의 기온 변화)

2) 기온의 단위

기온의 단위는 크게 3가지로 분류된다.

① 섭씨온도(Celsius, °C)
  표준 대기압(1기압)에서 물의 어는점(빙점)을 0°C로 하고 물이 끓는점(비등점)을 100°C로 한 온도(0°C~100°C 사이를 100등분한 온도, 단위 기호는 °C)

② 화씨온도(Fahrenheit, °F)
  표준 대기압(1기압)에서 가장 낮은 온도를 0°F(≒-18°C)로 정의하고 물의 어는점(빙점)을 32°F, 끓는점을 212°F로 표시(32°C~212°C 사이를 180등분한 온도, 단위 기호는 °F)

③ 절대온도(Kelvin, K)

캘빈(Kelvin) 온도라고 하며 열역학 제 2법칙에 따라 정해진 온도로서, 이론상 생각할 수 있는 최저 온도를 기준으로 하는 온도단위이다.

(온도의 최저점으로 0 켈빈의 온도를 의미하며 섭씨로는 -273.25℃에 해당하며, 화씨로는 -459.67°F에 해당)

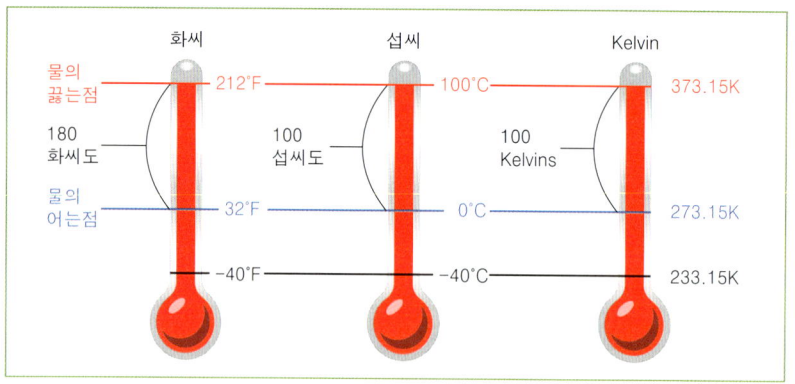

[섭씨, 화씨, 절대 온도 비교]

> **참고**
>
> **환산법**
> - 섭씨온도 ➡ 화씨온도 변환 : °F = (1.8 * ℃) + 32℃
> - 섭씨온도 ➡ 절대온도 변환 : K = ℃ + 273.15℃

2. 습도

습도(Humidity)는 수증기의 양이 공기 중에 얼마나 포함되어 있는지 나타내는 단위를 말한다. 일반적으로 물이 증발하여 기체 상태로 되어 있는 물을 말하기도 하며 비율로 표현하기도 한다. 습도는 여러 가지 정의가 있다.

항공기상

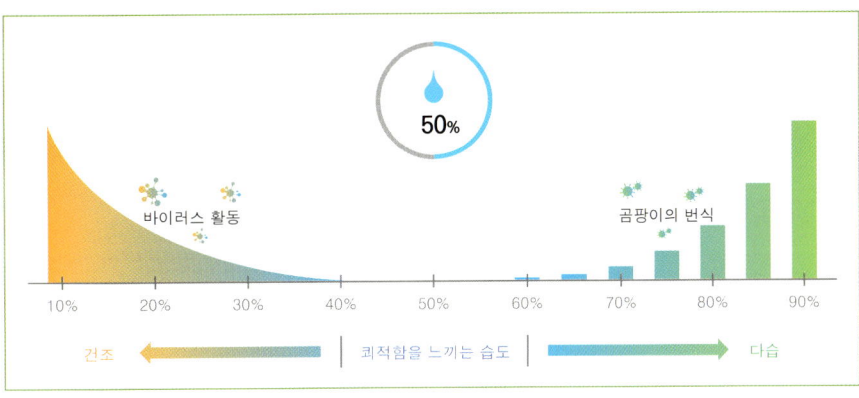

[습도의 범위와 상태]

1) 상대습도

상대습도(RH)는 현재 공기 중에 존재하는 수증기의 최대량(mw)과 이 온도에서의 포화 수증기량(mw max)의 비를 백분률로 나타내며 일반적으로 말하는 습도는 상대 습도를 말하고 있다.

상대습도는 수증기량에 영향을 받지만 온도에도 영향을 받게 된다. 기온이 높으면 상대 습도는 낮아지고 기온이 낮으면 상대 습도는 높아지게 된다.

- RH = 상대 습도
- mw = 공기 중의 수증기량 (g/m3)
- mw_max = 포화 수증기량 (g/m3)

$$RH = \frac{mw}{mw\_\max} \times 100\% \quad \text{or} \quad RH = \frac{공기 중의 수증기량}{포화수증기량} \times 100\%$$

💡 참고

- 포화 수증기 압력에 대한 현재 수증기 압력의 비 = 상대 습도
- 수증기의 양(중량 절대습도)을 그 온도의 포화 수증기량(중량 절대습도)으로 나눈 것
- 상대 습도는 건습구 습도계나 모발 습도계로 측정
- 상대 습도는 { 기온이 높으면 낮아짐 / 기온이 낮으면 높아짐

2) 절대 습도

- 절대 습도는 국제적으로 용적 절대 습도를 말한다.
- 절대 습도는 용적 절대습도와 중량 절대습도가 존재한다.

용적 절대습도(VH)	대기의 단위 용적($1m^3$)에 포함되는 수증기의 양이 중량(포화 수증기량) 기온이 변하면 공기가 팽창 또는 수축하여 절대 습도가 변함(kg/m^3)
중량 절대습도(SH)	건조 공기의 중량에 습윤 공기 중에 포함되는 수증기의 중량

SECTION 03 기압

기압은 대기의 압력을 말한다. 어떤 점의 기압은 그 점의 단위 면적($1cm^2$)위에 1,000km 높이의 공기 기둥 안의 공기 무게를 말한다. 기압의 단위는 헥토파스칼(hPa)로 표시한다. 공기뿐만 아니라 수은, 물로도 측정이 가능하다. 각각은 액체의 밀도가 다르기 때문에 기둥의 높이가 다르게 측정이 되게 된다.

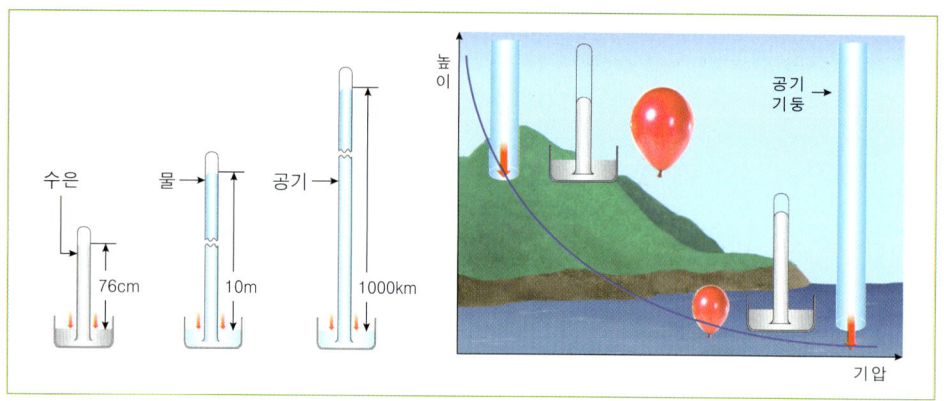

[단위면적($1cm^2$)에서 1기압의 높이]

1. 기압의 측정단위

- 기압의 단위는 헥토파스칼(hPa)이다.(소수 첫째 자리까지 측정)
- 표준 기압은 수은주 760mm의 높이에 해당하는 기압을 말한다.
- 1기압(atm)은 큰 압력을 측정하는 단위로 사용한다.
- 환산 : 국제단위계(SI)의 압력단위 1파스칼(Pa)은 $1m^3$ 당 1N의 힘으로 정의되어 있다.

항공기상

1hPa = 1mb = 10 − 3bar = 0.750062mmHg
1표준기압(atm) = 760mmHg = 1,013.25 hPa = 1,013.24mb

2. 기압의 특징

- 고도가 낮을 수록 기압은 높아진다.
- 고도가 높아지면 기압은 낮아진다.
- 대기의 기압은 기상 조건(온도, 고도, 습도, 밀도)에 따라 변한다.
- 기준기압이 평균 해수면을 기준으로 하여 지역의 기압을 측정한다.(표준 해수면 기압)
- 기온이 높은 지역은 공기의 팽창으로 기압 고도는 평균기온보다 높다.
- 더운 날씨에는 공기를 희박하게 하여 공기 밀도가 높다.
- 기온이 낮은 지역에서는 공기가 수축되어 평균기온보다 기압 고도가 낮다.
- 공기 밀도는 기압과 습도에 비례하고 온도에 반비례한다.

3. 해면기압

세계기상기구(WMO)에서는 높이가 다른 세계 여러 관측소의 측정 기압을 평균 해면 높이에서 측정된 값으로 환산하고 지상일기도에 해면 기압을 표현해서 기상 상태를 기록하게 하고 있다.

4. 높이(Height), 고도(Altitude), 비행고도

높이(Height)	특정한 기준으로부터 측정한 고도. 한 점 또는 한 점으로 간주되는 물체까지의 연직거리
고도(Altitude)	평균 해수면 높이로부터 측정된 높이. 한 점 또는 한 점으로 간주되는 어느 층까지의 연직거리
비행고도	특정 기압 1013.2hPa을 기준으로 하여 특정한 기압간격으로 분리된 일정한 기압 면(고도설정)

5. 지상일기도

지상일기도는 날씨 분석을 위한 기본 일기도로 날씨의 분포를 파악하고 앞으로 날씨 변화를 예측하는데 사용한다. 즉 기상상태를 분석하는 일기도를 말한다.

지상일기도의 특징

- 지상일기도는 해면기압의 분포, 지상기온, 풍향 및 풍속, 날씨, 구름의 종류와 높이 등으로 표시한다.
- 지상일기도는 등압선, 등온선, 구름 자료를 분석한다.
- 지상일기도에서 등압선은 1000hPa을 기준으로 하여 4hPa 간격으로 그린다.

1) 등압선

등압선은 기압이 같은 지점을 연결해 놓은 선을 말한다. 기압이 같은 점을 연결하기 위하여 지표면의 여러 관측소에서 측정한 기압 값을 해면 기압 값으로 보정한 후에 지도상의 각 관측소의 위치에 기입하게 된다.

- 1000hPa을 기준으로 하여 4hPa 간격으로 그린다.
- 선 간격이 넓은 곳에서는 2hPa의 점선을 표시하기도 한다.
- 등압선은 도중에 없어지거나 서로 교차하지 않는다.
- 등압선의 간격이 좁을수록 기압의 차가 크다(바람의 세기가 강함을 표기).

[등압선]

2) 기압 패턴

지상일기도의 등압선을 보고 기압패턴을 알 수 있는데 일반적으로 고기압, 저기압, 기압골, 기압마루로 구성되어 있다. 각각에 대해서 살펴보자.

① 고기압
- 주위보다 기압이 높은 곳
- 고기압권 내의 바람
    - 북반구에서는 고기압 중심 주위를 시계방향으로 회전
    - 남반구에서는 고기압 중심 주위를 반시계방향으로 회전
    - 고기압권 내에서는 전선이 형성되기 어려움

- 기압경도는 중심일수록 작고 풍속도 중심일수록 약함
- 고기압권 내의 일기
  - 상공에서 수렴된 공기가 하강기류가 되어 지표 부근으로 내려옴(구름이 있어도 소멸되어 일반적으로 날씨가 좋음)
  - 쇠약단계의 고기압 또는 고기압 후면에서 하층가열이 있을 때에는 대기가 불안정
  - 대류성 구름이 발생할 수 있음(심하면 소나기, 뇌우를 동반)

② 저기압
- 주위보다 기압이 상대적으로 낮은 곳
- 저기압 내의 바람
  - 주위보다 기압이 낮으므로 사방으로부터 바람이 불어 들어옴
  - 지구의 자전으로 지상에서 저기압의 바람은
    북반구에서는 저기압 중심을 향하여 반시계 방향으로 분다.
    남반구에서는 저기압 중심을 향하여 시계방향으로 분다.
- 저기압 중심부근의 상승기류에서는 단열냉각에 의해 구름이 만들어짐
- 비가 내려서 일반적으로 저기압 내에서는 비바람이 불고 날씨가 나쁨

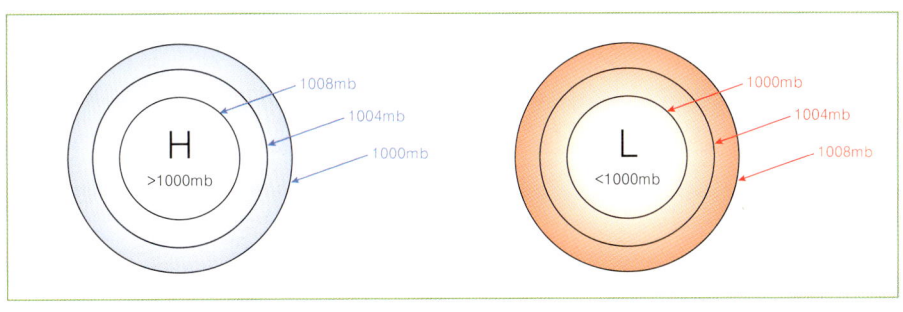

[고기압]   [저기압]

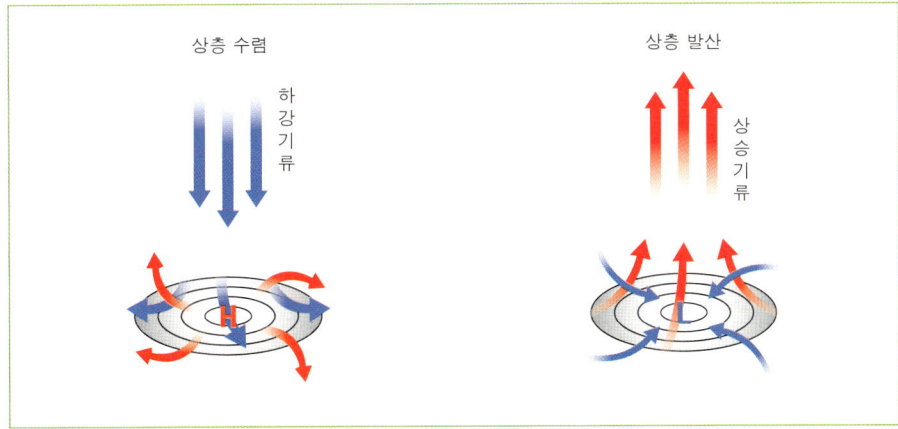

[고기압 모식도]   [저기압 모식도]

③ 기압골
- 지상일기도에서 등압선이 골짜기 모양으로 되어 있는 구역
- 고기압과 고기압 사이에 생김
- 지상일기도에서는 등압선이 가늘고 길게 뻗어 있다.

④ 기압마루(기압능)
- 대기 중의 같은 고도면에서 주위보다 기압이 상대적으로 높은 영역
- 일기도에서 고기압이 가장 높은 곳을 연결한 선
- 중심으로부터 길게 U자 혹은 ∩자 모양으로 뻗어 있음
- 날씨가 맑다.

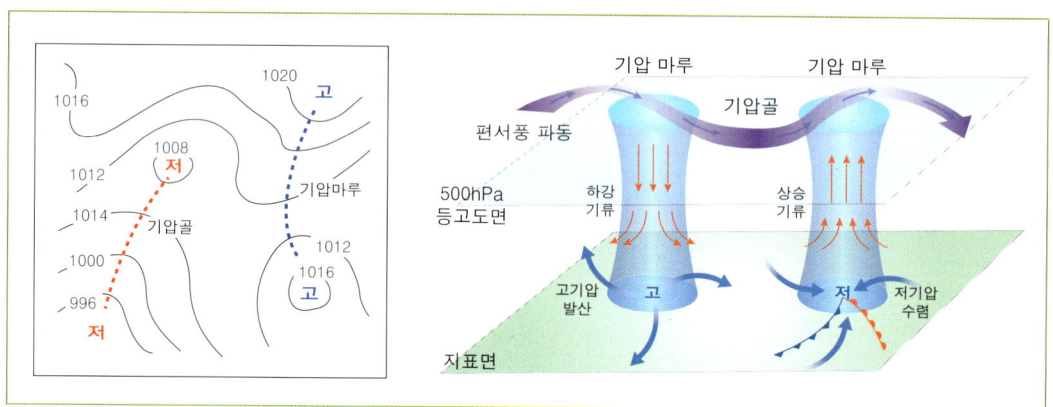

[기압골과 기압마루]

SECTION 04 바람

1. 바람의 원인

두 지점에 기압차가 생기게 되면 공기가 이동하게 되어 바람이 발생하게 된다. 이 한 지점의 공기 압력은 이 지점 위쪽의 공기 무게 때문에 발생하게 되며, 다른 지점의 공기 압력과 같다고 하면 두 지점의 기압이 같기 때문에 힘이 평행이 되어 공기 흐름이 발생하지 않게 된다. 그러나 두 지점의 기압이 다르면 평형이 깨지고 공기는 기압이 높은 곳에서 낮은 쪽으로 이동하게 되어 바람이 불게 된다.

항공기상

바람의 원인

- 기압의 차이는 바람을 일으키는 원인이다.
- 기압 차이가 클수록 바람은 강하게 된다.
- 기압이 높은 쪽에서 낮은 쪽으로 바람이 분다.
- 기압차가 나는 원인은 해풍과 육풍처럼 햇빛을 받았을 때 발생한다.
- 바다와 육지가 데워지는 정도 차이에 따라서 발생한다.
- 지구 자전에 의해 생기는 전향력이 공기에 작용해서 발생한다.
- 극지방과 적도지방의 기온차이에 따라서 발생한다.

주로 바람은 지표 부근에서는 등압선과 25~35°의 각도를 이루면서 불고 상공에서는 지균풍, 경도풍에 가까운 바람이 불게 되며 그 지역의 온도와 습도의 변화를 가져오게 된다.

> **참고**
> - 풍속의 수평성분이 수직성분보다 매우 커서 기상관측에서는 수평성분만을 대상으로 한다.
> - 바람의 세기를 나타내는 단위는 Knot나 MPS meter per second를 사용한다.

2. 바람의 방향(풍향)

풍향은 바람이 불어오는 방향을 말한다. 보통 풍향은 동(E), 서(W), 남(S), 북(N)의 4방향 사이를 4등분하고 각각의 방향을 16 방위로 표시하게 된다. 바람의 방향을 측정하는 방법은 풍향계로 측정하게 되며 풍향계가 향하는 방향을 읽어주면 된다.

[바람의 방향 측정 기구들]

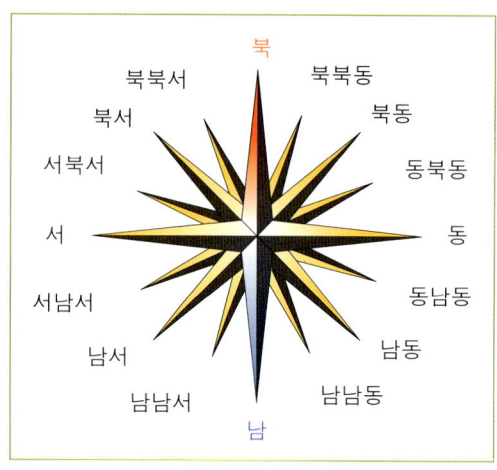

[바람의 방향 – 16방위]

> **참고**
> - 풍향은 0° ~ 360°까지 10° 간격으로 표시하고
>   - 기상대에서는 진북을 사용
>   - 관제탑(Tower)에서는 자북을 사용
> - 북쪽에서 남쪽으로 부는 바람을 북풍이라 함
> - 방위는 8방위 또는 16방위나 32방위, 36방위로 나타냄
> - 풍속이 0.2m/sec 이하일 때에는 "무풍"이라 함(풍향이 없음)

3. 바람의 세기(풍속)

풍속은 공기가 단위 시간에 이동한 거리로 바람의 세기를 말한다. 풍속의 단위는 일반적으로 m/s로 표현된다. 즉, 1초당 공기의 이동거리(m)로 표시된다. 또한 km/hr, mile/hr, knot를 이용할 때도 있으며 기상전보에서는 노트(knot)가 주로 사용된다. 1m/s는 1.96knot로 표시되며 대량 노트(knot)는 m/s의 2배로 계산하면 된다.

항공기상

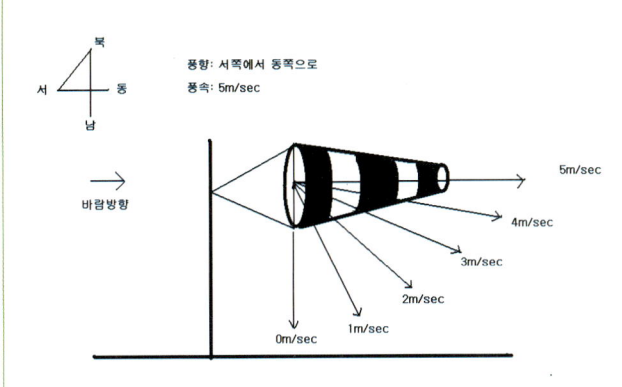

Wind Sock 각도	풍속(m/s)
0도	0m/sec
15~20도	1m/sec
30~40도	2m/sec
50~60도	3m/sec
70~80도	4m/sec
90도	5m/sec

[Wind sock 풍향 및 풍속]

[4m/sec의 풍속인 Wind sock 의 형태]

> **참고**
> - 풍속이 0.5m/s(1knot)이하일 경우 정온(calm)이라 함(바람이 약해서 풍향을 결정할 수 없음)
> - 풍향이 없는 것으로 하여 기록 할 때에는 '00'으로 표기

4. 수평 바람(수평풍) 발생의 힘

풍향은 어떤 힘에 의하여 변화될까? 기압경도력, 전향력, 마찰력의 세 힘이 작용하여 변화된다. 여기서 전향력은 코리올리의 힘이라고도 한다.

1) 기압경도력

두 지점 사이(A, B점)에 기압의 차이가 다르면 압력이 큰 쪽(고기압)에서 작은 쪽(저기압)으로 힘이 생기게 된다. 이 힘이 바람을 불게 하는 근본적인 원인이 되며 이것을 기압 경도력이라 한다.

- 바람이 불게 되는 근본적인 원인
- 고기압에서 저기압으로 힘이 작용
- 기압경도력은 기압차에 비례(기압차가 높으면 바람이 강함)
- 기압경도력은 거리에 반비례(등압선의 간격이 좁으면 바람이 감함)
- 등압선의 간격이 좁으면 바람이 강함

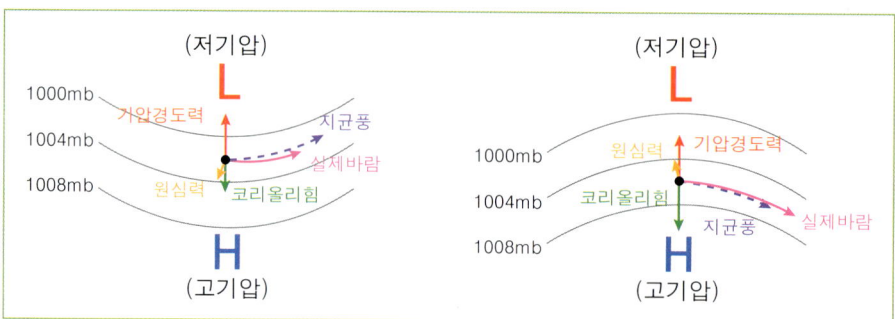

2) 전향력(코리올리 힘)

지구가 자전에 의해서 발생하는 힘으로 북반구(북극)와 남반구(남극)에 따라서 방향이 다르게 된다. 즉 북극에서 적도지방으로 물체를 발사하면 지구의 자전 때문에 오른쪽으로 이동하게 되며 남극에서 적도지방으로 물체를 발사하면 왼쪽으로 이동하게 된다.

- 북반구(북극)에서는 물체가 운동하는 방향의 오른쪽으로 전향력이 발생
- 남반구(남극)에서는 물체가 운동하는 방향의 왼쪽으로 전향력이 발생
- 고위도로 갈수록 크게 작용
- 적도에서는 전향력이 0 이며 극에서는 가장 크다.
- 회전하고 있는 물체 위에서 운동하는 물체에 발생하는 힘
- 실제 존재하는 힘이 아니며 지구의 자전 때문에 발생하는 것(가상적인 힘)

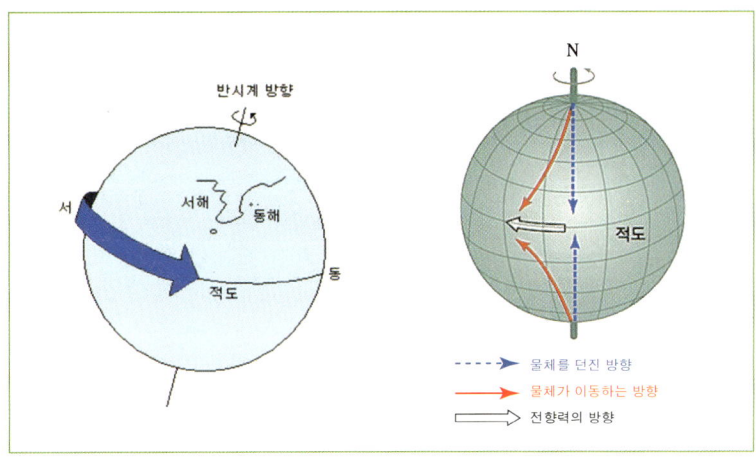

[지구의 자전과 전향력]

3) 지표마찰력

마찰력은 하나의 물체가 다른 물체와 접촉되어 있는 상태에서 움직일 때 발생하는 힘으로 물체의 움직임을 방해하는 힘을 말한다. 그래서 마찰력은 닿는 면적이 넓으면 커지며 접촉면이 매끄러우면 적어지게 되며 마찰이 발생하는 지역에는 열이 발생하게 된다. 그렇기 때문에 대기의 분자는 지면과 출동을 하면서 마찰을 일으키고 서로 충돌하면서도 마찰을 일으키면서 마찰열이 발생하게 되며 대부분 열에너지로 전환되게 된다. 이러한 마찰열은 대기의 운동을 복잡하게 만드는 원인이 되기도 한다.

- 마찰력은 닿는 면적이 넓으면 커진다.
- 마찰력은 접촉면이 매끄러우면 적어진다.
- 마찰력이 발생하는 지역에는 열이 발생하게 된다.
- 대기의 분자는 서로 충돌하면서 마찰을 일으킨다.
- 대기의 분자는 지면과도 마찰을 일으킨다.
- 마찰열은 대부분 열에너지로 전환된다.
- 마찰열은 대기의 운동을 복잡하게 만드는 원인이 된다.

◉ 참고

구심력

원 운동을 하는 물체에서 원의 중심 방향으로 일정한 크기의 힘이 작용하는데 이것을 구심력이라고 한다. 이에 반해 구심력의 반대 방향으로는 원심력이 발생하게 된다. 이와 같이 대기에서는 등압선이 곡선일 때 나타나는 힘이 된다.

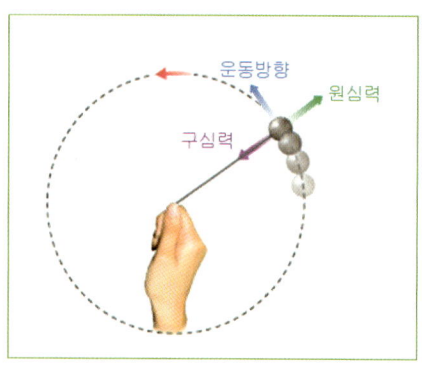

[구심력과 원심력]

> **참고**
>
> 바람을 발생시키는 힘 : 기압경도력
>
> 바람의 방향을 바꾸는 힘 : 전향력, 마찰력

5. 지상마찰로 발생하는 바람

바람은 발생하는 고도에 따라 상공풍과 지상풍으로 구분하고 일반적으로 고도 1km 이상에서 부는 바람을 상공풍이라 하고, 그 이하에서 부는 바람을 지상풍이라고 한다. 상공풍은 기압경도력과 전향력이, 지상풍은 기압경도력과 전향력에 지표나 해수면의 마찰력이 더해지면서 발생하게 된다. 지상 마찰로 발생하는 바람은 지상풍, 거스트(Gust, 돌풍), 스콜(Squall) 등이 있다.

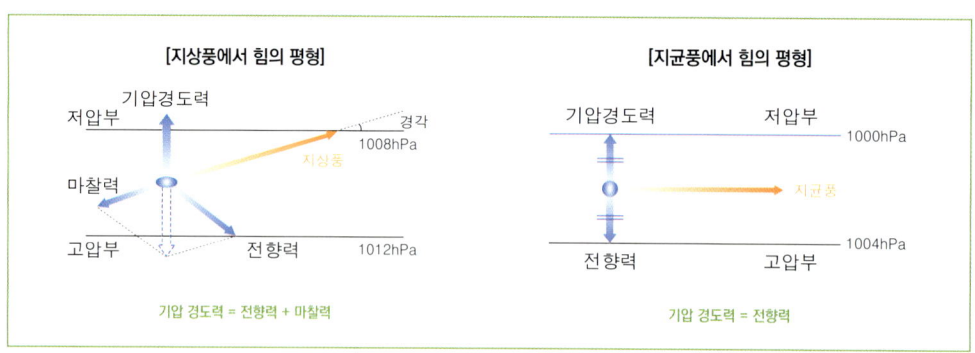

[지상풍과 지균풍]

> **참고**
> - 상공풍은 ┌ 직선의 등압선 사이에서 부는 지균풍
>   └ 원형의 등압선일 때 부는 경도풍으로 구분
> - 등압선 – 일기도에서 같은 기압의 점들을 이은 선

1) 지상풍

고도 1km 이하의 지표면(지상)에서 부는 바람으로 지표바람이라고도 하며 마찰의 영향을 받게 된다.

지상풍에서도 직선의 등압선인 경우, 원형의 등압선인 경우에 따라서 바람의 방향이 다르게 된다.

① 직선의 등압선인 경우 : 전향력과 마찰력의 합력이 기압경도력과 평형을 이루어 등압선과 각(θ)을 이루며 저기압 쪽으로 분다.

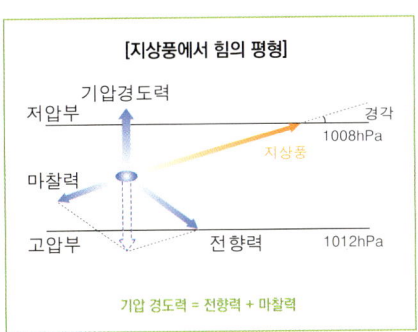

[직선의 등압선인 경우 저기압 쪽으로 지상풍이 불게 됨]

- 전향력과 마찰력의 합력이 기압경도력과 같은 경우에 나타난다.
  (기압경도력 = 전향력 + 마찰력)
- 등압선과 이루는 각(θ)은 마찰력에 비례하고 고도에 반비례한다.
- 해양은 대륙보다 마찰력이 작아 등압선과 이루는 각(θ)이 작다.
- 등압선과 이루는 각이 대륙은 15°, 해양은 45°이다.
- 전향력의 영향으로 북반구(북극)는 오른쪽으로 치우쳐 분다.
- 전향력의 영향으로 남반구(남극)는 왼쪽으로 치우쳐 분다.

② 원형의 등압선인 경우 : 지상풍으로 바람에 작용하는 기압경도력, 전향력, 원심력, 마찰력의 합력이 평행을 이루어 부는 바람이다.

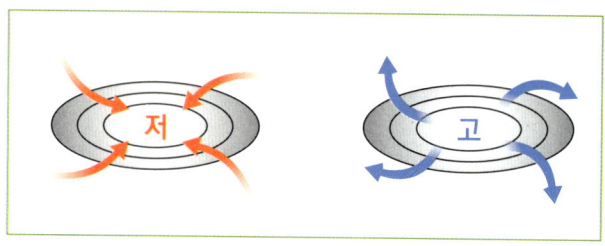

[북극(북반구)에서 등압선이 원형인 경우]

북극(북반구)에서 등압선이 원형인 경우

- 중심이 고기압인 경우 : 북반구에서 시계 방향으로 불어 나간다.
- 중심이 저기압인 경우 : 북반구에서 반시계 방향으로 불어 들어간다.

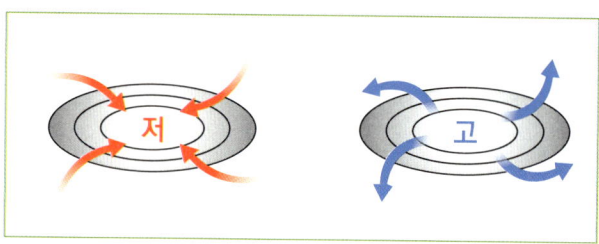

[남극(남반구)에서 등압선이 원형인 경우]

남극(남반구)에서 등압선이 원형인 경우

- 중심이 고기압인 경우 : 남반구에서 반시계 방향으로 불어 나간다.
- 중심이 저기압인 경우 : 남반구에서 시계 방향으로 불어 들어간다.

③ 항공기가 이,착륙할 때의 지상풍 영향

일반적으로 항공기에서는 항공기를 중심으로 바람의 방향을 붙이게 된다.(바람은 불어오는 방향에 따라 이름을 붙인다)

항공기상

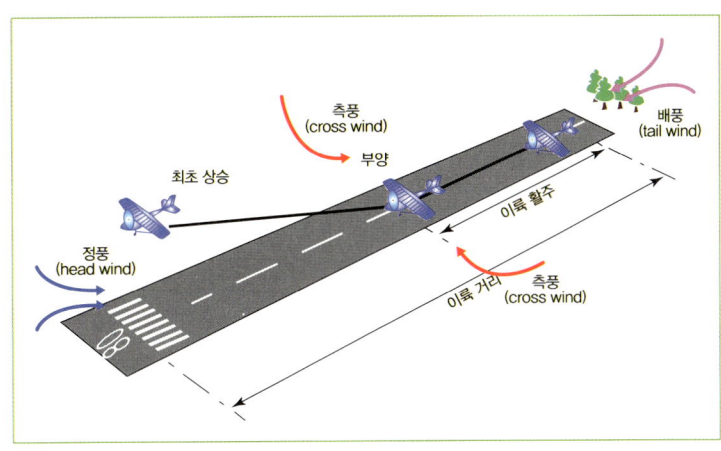

[항공기를 중심으로 한 바람 방향]

바람 방향	설 명
정풍(Head Wind)	항공기 전면에서 뒤쪽으로 부는 바람
배풍(Tail Wind)	항공기 뒤쪽에서 앞으로 부는 바람
측풍(Cross Wind)	측면에서 부는 바람
상승기류(Up-Draft)	지상에서 하늘 쪽으로 부는 상승풍
하강기류(Down-Draft)	하늘에서 지상 쪽으로 부는 하강풍

항공기는 특별한 상황을 빼고는 항상 바람을 안고(맞바람) 이착륙해야 한다.(이륙할 때는 빨리 부양력을 얻고, 착륙할 때는 조종사가 원하는 활주로에 착지할 수 있음)

2) 거스트(gust, 돌풍)

- 거스트(돌풍)는 항상 불던 평균풍속에 비해 갑자기 바람의 강도가 세지는 현상을 말한다.
- 평균풍속보다 최대풍속이 5m/s (10knot)이상일 때 돌풍이라 한다.(관측시간 10분 이내)
- 순간 최대 풍속이 17knot 이상의 강풍일 때 지속시간이 초 단위 일 때 돌풍이라고 한다.
- 돌풍일 때 풍향도 급변하게 된다.
- 천둥을 동반하기도 하며 수분에서 1시간 정도 계속될 수도 있다.
- 미국에서는 20초 이내에 갑자기 바람이 바뀌면 돌풍이라 하고 20초 이상일 경우를 스콜(squall)로 구분한다.
- 돌풍은 바람처럼 쉽게 발생한다.
- 돌풍이 커지는지의 여부는 기온의 수직방향의 체감률과 풍속의 차이에 의해서 결정된다.
- 건물들이 이룬 요철로 상공을 흐르는 기류에 혼란이 생길 때 발생하게 된다.

- 일기도상으로는 저기압에 따른 한랭전선에 동반되기도 한다.
- 온도 및 풍속의 수직방향의 변화율에 의해 수직 기류에 전복이 일어날 때 발생하게 된다.
- 적란운 등을 동반한다.

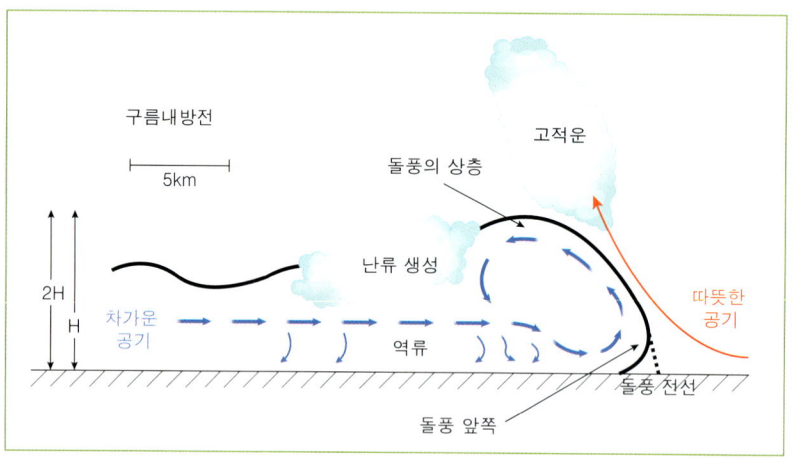

[거스트(돌풍)의 형태]

> **참고**
>
> 돌풍과는 반대로 갑자기 바람이 없는 상태가 되는 것을 정온이라 함

3) 스콜(squall)

- 갑자기 돌풍이 불기 시작하여 몇 분 동안 계속 바람이 불다가 멈추는 경우에 스콜이라 한다.(거스트와 차이는 바람이 부는 시간 차이로 구분)
- 미국에서는 20초 이내에 갑자기 바람이 바뀌면 돌풍이라 하고 20초 이상일 경우를 스콜(squall)로 구분한다.
- 풍향이 급변할 때가 많다.
- 세계기상기구에서 채택한 스콜의 기상학적 정의는 '풍속의 증가가 매초 8m 이상, 풍속이 매초 11m 이상에 달하고 적어도 1분 이상 그 상태가 지속되는 경우'를 말한다.
- 스콜은 특징 있는 모양의 구름이 나타나기도 하지만 구름이 전혀 없을 때도 있다.
- 스콜선이란 광범위하게 이동하는 선에 따라 나타나는 가상의 선을 말한다.
- 한랭전선 부근이나 적도무역풍대에서 발생하기 쉽다.
- 우리나라 한여름에 소나기가 내릴 때 스콜이 발생하기도 한다.
- 일반적으로는 낮에 강한 일사로 대류활동이 왕성하여 증발량이 많은 열대지방에서 자주 발생한다.

6. 국지풍

국지풍은 지방풍이라고도 하며 특수한 지형이나 수륙 분포 등으로 국지적으로 부는 바람을 말한다. 특정지역이 열/냉각이 규칙적으로 변하면서 생기게 된다. 주로 해안 지역에서 발생하는 해륙풍과 산간지역에서 발생하는 산곡풍들을 말하며, 알프스 산의 푄, 한국의 높새바람이 국지풍에 속한다.

1) 해륙풍과 산곡풍

① 해륙풍
- 태양 때문에 낮에는 육지가 바다보다 빨리 가열되어 육지의 상승 기류와 함께 저기압이 발생
- 밤에는 육지가 바다보다 빨리 냉각되어 하강기류와 함께 고기압이 발생

> 낮 : 바다 ➡ 육지로 공기 이동(해풍)
> 밤 : 육지 ➡ 바다로 공기 이동(육풍)

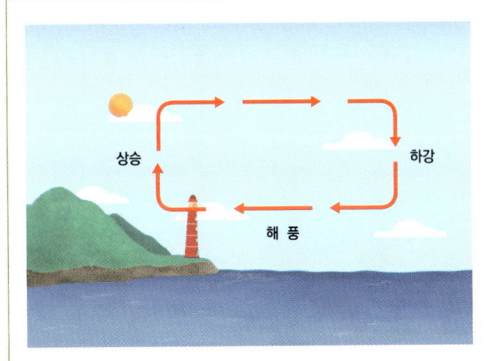
[해륙풍(낮)]

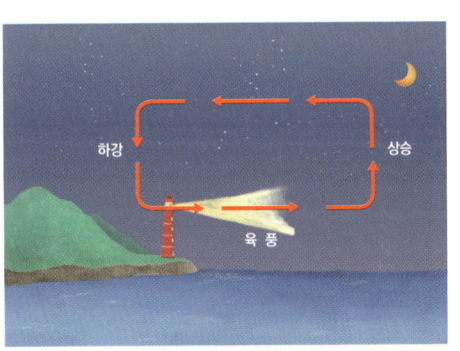
[육륙풍(밤)]

② 산곡풍
- 태양 때문에 낮에는 산 정상이 계곡보다 가열이 많이 되어 정상에서 공기가 발산됨(골바람)
- 밤에 산 정상이 주변보다 냉각이 빨라 주변에서 공기가 수렴하여 내려옴(산바람)

> 낮 : 골짜기 ➡ 산 정상으로 공기 이동(곡풍/골바람)
> 밤 : 산 정상 ➡ 산 아래로 공기 이동(산풍/산바람)

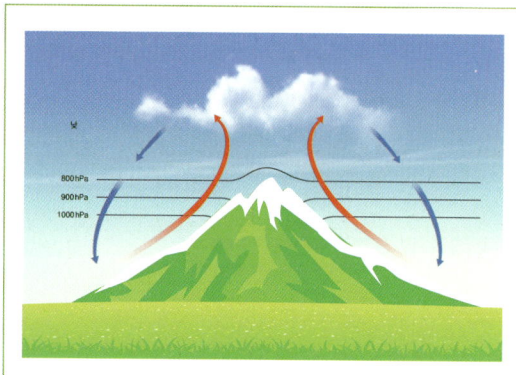

[산곡풍(낮)]　　　　　　　　[산곡풍(밤)]

2) 푄(Foehn), 치누크(chinook), 높새 바람

국지풍 및 지방풍으로 특정지역에서 부는 바람으로서 일반적으로 산맥에 부딪혀 내려오는 바람을 푄(fohn)현상이라 한다. 이 용어는 독일에서 사용되는 언어이며 한국에서는 태백산맥을 넘어 서쪽 사면으로 부는 북동계열 바람을 말하며 높새바람이라고 말한다. 또한 록키산맥의 동쪽 경사면을 따라 흐르는 것을 치누크(Chinooks)라고 말한다.

- 산기슭으로 불어 내려오는 고온 건조한 바람을 말한다.
- 습윤한 공기가 산맥을 넘을 경우 산허리를 따라 상승하게 되며 냉각응결되어 비를 내린다.
- 산을 넘어 산비탈면을 내려올 때 단열 압축하여 기온이 상승하고 습도가 감소된다.
- 우리나라는 동해 쪽에서 볼 수 있다.
- 현재는 간단하게 치누크라 한다.
- 치누크는 따듯하며 건조하다.
- 따듯하고 건조하기 때문에 공기 밀도가 낮아져서 자연적으로 가라앉지 않는다.
- 치누크는 대규모 바람과 기압분포에 의해 아래 방향으로 힘을 받는다.

7. 상층에서의 바람 형태

바람은 발생하는 고도에 따라 일반적으로 고도 1km 이상에서 부는 바람을 상공풍이라 하며 상공풍은 직선의 등압선 사이에서 부는 지균풍과 원형의 등압선일 때 부는 경도풍으로 구분이 된다. 이와 같은 상층에서의 바람의 형태들에 대해서 알아보자.

1) 지균풍

기압차에 의한 기압경도력이 작용하면 공기가 움직이기 시작한다.

→ 움직이기 시작하면 자전에 의한 전향력이 작용하여 북반구(남반구)에서 오른쪽(왼쪽)으로 휘게 된다.

→ 풍속이 증가하면 전향력도 커지므로 기압경도력과 전향력이 평형을 이루면 바람은 일정한 속도로 등압선과 나란하게 바람이 불게 되는데 이를 지균풍이라 한다. 지균풍은 등압선이 직선일 때 지상으로부터 1km이상에서 마찰력이 작용하지 않는 경우의 바람이다.

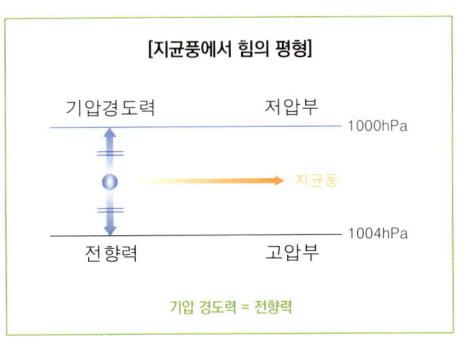

[지균풍]

2) 경도풍

등압선이 원형일 때 지상으로부터 1km이상에서 기압경도력, 전향력, 원심력의 세 힘이 균형을 이루어 부는 바람이다.

- 북반구(북극) 저기압 주변 : 전향력과 원심력의 합력이 기압경도력과 평형을 이루어 반시계방향으로 등압선과 나란하게 분다.
- 북반구(북극) 고기압 주변 : 기압경도력과 원심력의 합력이 전향력과 평형을 이루어 시계방향으로 등압선과 나란하게 분다.

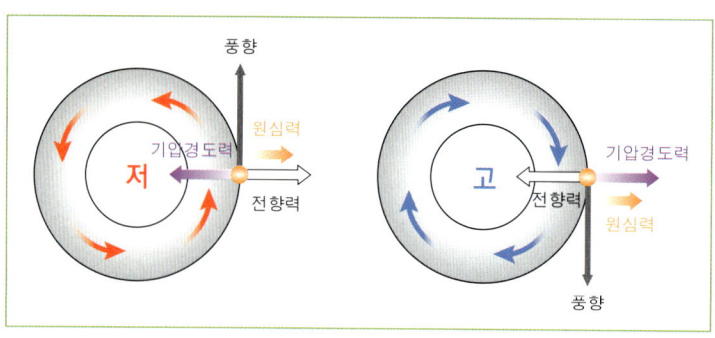

[북반구에서]

- 남반구 저기압 주변 : 전향력과 원심력의 합력이 기압경도력과 평형을 이루어 시계방향으로 등압선과 나란하게 분다.
- 남반구 고기압 주변 : 기압경도력과 원심력의 합력이 전향력과 평형을 이루어 반시계방향으로 등압선과 나란하게 분다.

3) 온도풍

온도풍은 풍향과 풍속이 높은 고도에서 변하고 고도에 따른 지균풍의 온도 차이를 말한다. 즉, 대기의 온도차의 원인으로 발생하는 고도가 다른 두 점 사이의 바람 속도 벡터차이다.

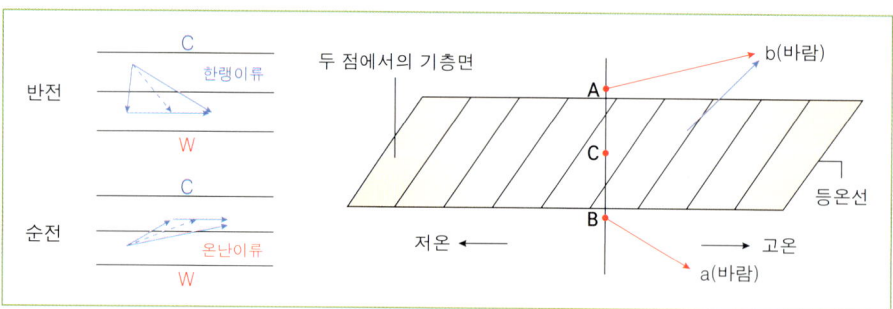

[기층간의 온도풍 표시법]

4) 제트기류

제트기류는 지구의 대류권 상부나 상층권의 위쪽으로부터 나타나는 빠르고 좁은 공기의 흐름을 말한다.

세계 기상 기구(WMO)에서는 '제트류는 상부 대류권 또는 성층권에서 거의 수평축에 따라 집중적으로 부는 좁고 강한 기류이며, 연직 또는 양측 방향으로 강한 바람의 풍속차(shear)를 가지고, 하나 또는 둘 이상의 풍속 극대가 있는 것'이라고 정의하고 있다.

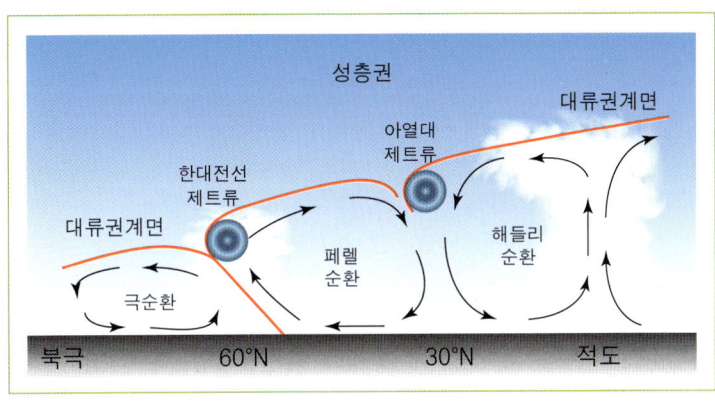

[제트류의 위치]

① 발생원인

30° 지역 상공은 온도차에 의해 같은 높이의 60° 지역 보다 기압이 높게 된다. 따라서 30° 지역 상공 대류권계면 부근에서 60° 지역과 기압차가 크게 발생하여 빠른 흐름이 발생하게 된다. 이를 제트기류라 한다.(남북 간의 온도차가 큰 겨울철에 빠르게 나타남)

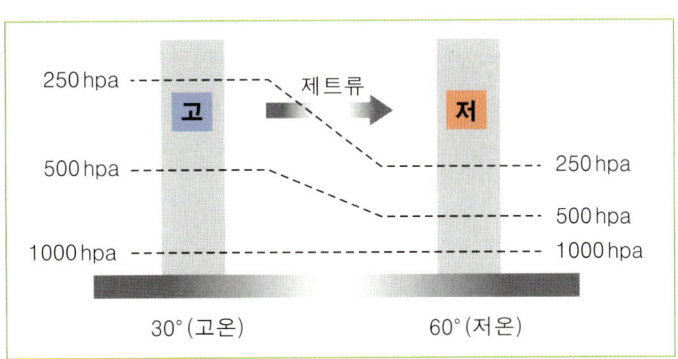

[제트기류의 발생]

② 제트기류의 특징
- 길이가 2,000~3,000Km, 폭은 수백 Km, 두께는 수Km의 강한 바람이다.
- 풍속 차는 수직방향으로 1Km마다 5~10m/s 정도, 수평 방향으로 100Km에 5~10m/s 정도
- 겨울에는 최대풍속이 100m/s에 달하기도 한다.
- 북반구에서는 겨울이 여름보다 강하다.

- 남북의 기온 경도가 여름과 겨울이 크게 다르기 때문에 위치가 남으로 내려간다.

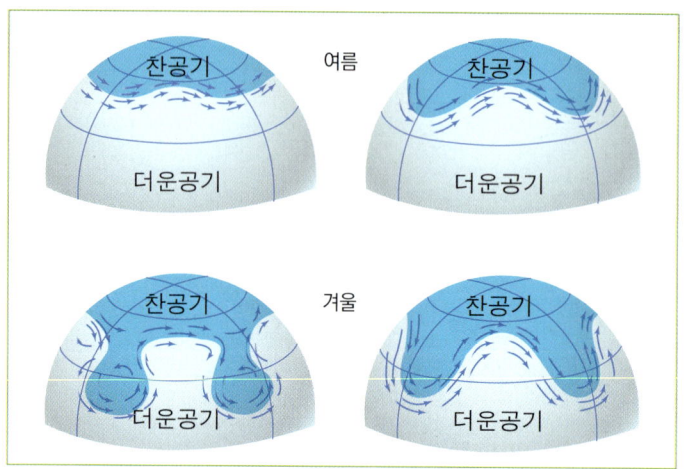

[제트류의 변화하는 모습]

5) 계절풍

계절이 변하면서 바람의 방향이 변화를 갖게 되는데 겨울에는 대륙에서 해양으로, 여름에는 해양에서 대륙으로 불어오는 바람을 계절풍이라고 한다.

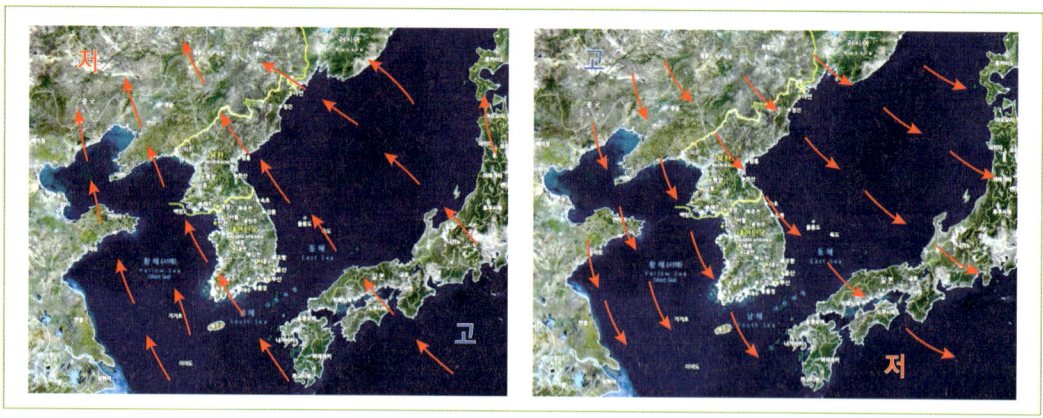

[여름철 : 남동 계절풍]   [겨울철 : 북서 계절풍]

> 겨울철 - 겨울엔 해양이 금방 뜨거워지므로 해양에서 상승기류가 발생
> 여름철 - 대륙이 금방 뜨거워지므로 대륙에서 상승기류가 발생

6) 관성풍(inertial wind)

관성풍은 마찰이 없는 상태에서 기압장이 수평적으로 균일하여 기압경도력이 없는 경우에 일어나는 바람을 말한다. 해양에서는 해면에 가로질러 부는 바람으로 인하여 해류의 흐름이 형성되기 때문에 관성풍이 발생한다.

- 대기에서는 어느 정도의 기압경도력이 항상 존재 → 기압분포가 균일한 형태를 갖추기가 어려움 : 관성풍이 발생하기 어려움

SECTION 05 고기압과 저기압

1. 고기압

1) 고기압 이란?

주위보다 상대적으로 기압이 높은 곳을 말한다. 기호는 "H"로 표시하며 고기압권에서는 보통 하강 기류가 발생해서 날씨가 맑다. 기압의 성질에 따라서 대륙성 고기압, 해양성 고기압, 이동성 고기압, 지형성 고기압 등으로 나뉘게 된다.

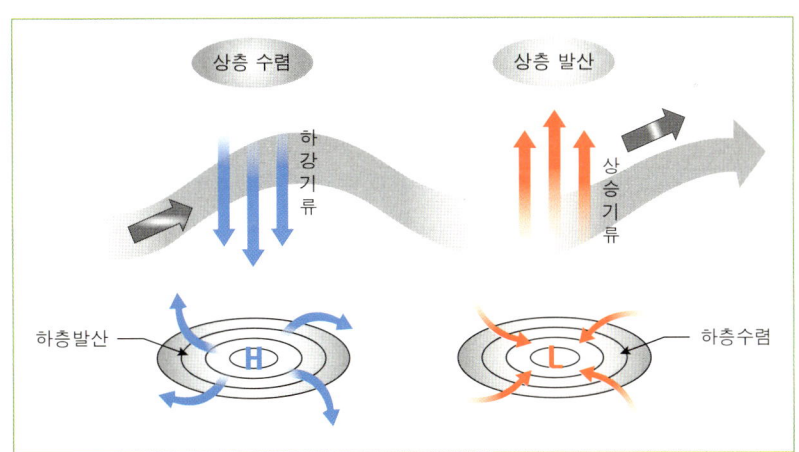

[고기압과 저기압의 바람구조]

2) 고기압의 특성

- 고기압권 내의 바람은 북반구에서는 고기압 중심 주위를 시계방향으로 회전하며 불어나간다.

- 남반구에서는 반시계방향으로 회전하면서 불어나간다.
- 고기압권에서는 전선이 형성되기 어렵다.
- 등압선과 풍향이 이루는 각은 해상에서는 약 15°
- 육상에서는 지형이나 풍속에 의해 약 25~35°로 해상보다 크게 나타난다.
- 닫힌 등압선의 가장 바깥쪽 직경이 1,000km보다 작은 것은 드물다.
- 기압경도가 중심으로 갈수록 작아지므로 풍속도 중심으로 갈수록 약하다.

3) 고기압의 분류

① 온난고기압

온난고기압은 같은 고도에서 기온이 주위보다 상대적으로 높은 고기압을 말한다. 이 고기압권 내에서는 하강기류가 발생하기 때문에 날씨가 온난하다.

- 중위도 고압대에 발달하는 고기압으로 중심 온도가 높고 키가 크다.
- 상층에서 기압능이 발달하면 저지 현상을 일으키게 된다.
- 우리나라의 여름철에 영향을 주는 북태평양 고기압이 대표적이다.
- 아조레스 고기압과 같이 아열대 고기압이 이에 속한다.

② 한랭고기압

한랭고기압은 등압면에서 기온이 주위보다 상대적으로 낮은 고기압을 말한다. 고위도 지방의 대륙에서 지표면의 복사냉각으로 공기 밀도가 커져서 발생하는 고기압으로 한랭해서 발생하게 된다.

- 대륙의 복사냉각으로 지표면 부근의 공기가 냉각되어 형성된다.
- 3km 상공에서 고기압 성질이 없어 키가 작은 고기압이라고 한다.
- 상층에 저기압이 있기 때문에 일기가 좋지 않다.
- 겨울철 대륙이 냉각되어 만들어진다.
- 매우 차갑고 건조한 날씨가 유지된다.
- 시베리아 고기압, 이동성 고기압, 오호츠크해 고기압등이 대표적이다.

> **참고**
>
> 기압능 (Ridge)- 대기 중의 같은 고도면에서 주위보다 기압이 상대적으로 높은 영역

2. 저기압

1) 저기압이란?

주위보다 상대적으로 기압이 낮은 곳을 말하며 일기도 상에서 주위가 막힌 등압선으로 둘러싸여 주위보다 기압이 낮게 표현되어 있는 곳을 말한다. 기호는 "L"로 표시하며 저기압권에서는 보통 상승 기류가 발생하게 된다.

2) 저기압의 특성

- 지상에서의 바람은 북반구에서 저기압 중심을 향하여 반시계 방향으로 분다.
- 지상에서의 바람은 남반구에서 저기압 중심을 향하여 시계방향으로 불어 들어온다.
- 저기압에 동반된 한랭전선은 저기압 중심에서 남서쪽으로 뻗어 있다.
- 저기압에 동반된 온난전선은 저기압 중심에서 남동쪽으로 뻗어 있다.
- 대부분 저기압에서는 한랭전선이 동반되지만, 온난전선은 가끔 동반되지 않는 경우도 있다.
- 상승 기류가 생기면서 흐리고 눈, 비가 내리기 쉽다.

3) 저기압의 분류

저기압은 전선의 유무에 따라 전선 저기압과, 비전선성 저기압, 구조에 따라 한랭저기압과 온난저기압으로 분류된다. 또한, 발생 지역에 따라 온대저기압과 열대저기압으로 분류할 수 있다. 전선 저기압은 전선을 동반한 저기압을 말하는데, 기압경도가 큰 온대와 한대의 경계에서 주로 발생하며 온대저기압의 대부분은 전선저기압이다. 반면, 비전선성 저기압은 전선을 동반하지 않으며, 열대저기압, 지형저기압, 열저기압 등이 있다.

① 열대성 저기압(태풍)
- 열대 지방에서 발생하는 저기압으로 중심 기압이 960hpa 이하이다.
- 중심 부근에 맹렬한 폭풍권이 있다.
- 전선을 동반하지 않는다.
- 발생하는 지역에 따라 다른 이름으로 불리는데
    - 북서태평양에서는 태풍,
    - 북중미에서는 허리케인,
    - 인도양에서는 사이클론이라고 한다.
- 적도를 사이에 둔 남북 5도 이내에서는 거의 발생하지 않는다.
- 주로 여름과 가을에 걸쳐 많이 발생한다.
- 열대저기압의 에너지원으로 숨은 열 및 현열은 수온 27도 이상의 해면으로부터 얻어진다.

② 온대 저기압
- 중위도나 고위도 지방에서 주로 발생한다.
- 한국에서 저기압 중 적지 않은 수가 이 온대저기압이다.
- 따뜻한 기단이 찬 기단을 만날 때 발생한다.
- 전선을 반드시 동반한다.
- 비교적 피해가 적지만 간혹 강풍과 호우를 동반하여 큰 피해를 줄 경우가 있다.

성질	온대저기압	열대저기압 (태풍)
발생장소	온대지방 (편서풍대)	열대해상 (적도부근에서는 발생하지 않음)
발생원인	찬 공기와 더운 공기가 만나 발생	열대수렴대의 더운 공기 수렴으로 발생
전선	있다	없다
등압선	타원형	동심원
등압선 간격	넓다	좁다
이동방향	서 → 동	북상하다 동쪽으로 편향 (포물선 경로)
에너지원	기층의 위치에너지	수증기의 잠열 (숨은열)

③ 한랭저기압
- 등압면에서 저기압 중심 부근의 기온이 주위보다 상대적으로 낮은 저기압을 말한다.
- 온난저기압에 비하여 키가 크다
- 저기압성 순환은 상층으로 갈수록 더 뚜렷하게 나타난다.
- 이 저기압 주변의 대기안정도는 일반적으로 불안정하다.
- 동해 해상이나 일본 홋카이도 부근에서 잘 발달한다.
- 심한 폭풍과 해일 현상도 일어난다.

④ 온난저기압
- 온대지방에서 발생하는 저기압이다.
- 온대지방에서는 일반적으로 고압대가 동서로 형성되어 있다.
- 고기압의 북쪽에는 한대전선이 있어서 보통 한대전선 상에서 발생한다.
- 중심을 둘러싼 등압선의 모양이 일그러져 있으며 등압선 간격은 일정하다.
- 동일한 고도에서 저기압 중심 부근의 기온이 주위보다 온난하다.
- 기온감률이 완만하다.
- 상층으로 갈수록 저기압성 순환이 약화, 소멸되어 오히려 고기압성 순환이 생긴다.
- 키가 작고 이동 속도도 빠르다.
- 초기의 온대 저기압, 열 저기압 등이 이에 속한다.

항공기상

SECTION 06 **기단과 전선**

1. 기단

기단은 대륙이나 바다와 같은 지표면에 대기가 접촉되어 있으면서 열이나 수증기를 교환해서 거대한 공기의 덩어리가 형성되는 것을 말한다. 대기가 지표면과 접촉이 오래되려면 바람이 약해야 하며 고기압권에 있어야 한다. 이러한 기단은 시베리아 기단, 북태평양 기단, 오호츠크해 기단, 양쯔강 기단 등으로 구성되어 있다.

- 기단의 성질 : 온난, 한랭, 습윤, 건조를 조합
- 해상의 기단은 습윤
- 대륙의 기단은 건조

[한반도에 영향을 주는 기단]

1) 기단의 변질

기단은 발원지에 머물러 있는 것이 아니라 기상 상황에 따라서 다른 지역으로 이동하게 된다. 차가운 기단이 따뜻한 지역을 이동하면 하층부터 따뜻하게 되기 때문에 점차적으로 상층까지 불안정해지게 된다.

① 대륙성 한대기단이 따뜻한 해면으로 이동시
- 하층에서 열을 흡수하여 불안정해진다.
- 다량의 수증기도 흡수하여 습도가 높아진다.
- 적운형 구름이 발생한다.

② 겨울에 시베리아 기단이 남동쪽으로 이동하여 한반도 부근 해상에 도착
- 시베리아 기단 원래의 찬 성질을 잃어 버린다.
- 비교적 따뜻한 기단으로 변질된다.

③ 오호츠크해 기단도 남하할 때
- 하층부터 따뜻해진다.
- 시베리아 기단처럼 급격하게 변하지는 않는다.
- 초여름 날씨에 영향을 준다.(건기 원인)

④ 따뜻한 기단이 차가운 지역으로 이동하는 경우
- 하층에서부터 냉각되어 안정을 유지한다.
- 기단 상층까지는 급격하게 변질되지 않는다.
- 층운형 구름이 많이 발생한다.

⑤ 여름에 태평양의 아열대 기단이 수온이 낮은 한반도 동해상으로 북상하면
- 하층에서 점차 냉각되어 종종 짙은 안개가 발생한다.
- 7월~8월경 남동해상에서 발생하는 바다안개(해무)의 원인이 된다.

⑥ 양쯔강 기단이 북상할 때
- 우리나라 봄, 가을 날씨에 영향을 준다.
- 날씨가 대체로 맑다.
- 이동성 고기압이다.

2) 기단의 특성

① 시베리아 기단
- 바이칼호를 중심으로 하는 시베리아 대륙에서 발생
- 한랭 건조하다.
- 시베리아 기단 원래의 찬 성질을 잃어버린다.

- 비교적 따뜻한 기단으로 변질된다.
- 대륙성 한대기단
- 우리나라 겨울철에 영향을 준다.
- 일반적으로 날씨가 맑다.
- 서해의 열과 수분을 공급받는다.
- 많은 눈을 내린다.

② 오호츠크해 기단
- 오호츠크해에서 발생한다.
- 한랭습윤하다.
- 해양성 한대기단
- 하층부터 따듯해진다.
- 시베리아 기단처럼 급격하게 변하지는 않는다.
- 초여름 날씨에 영향을 준다.(건기 원인)
- 남쪽의 북태평양 기단과 정체 전선을 형성한다.
- 늦봄, 초여름 높새 바람 영향

③ 북태평양 기단
- 북태평양에서 형성된다.
- 고온다습하다.
- 해양성 열대기단
- 수온이 낮은 한반도 동해상으로 북상한다.
- 하층에서 점차 냉각되어 종종 짙은 안개가 발생한다.
- 7월~8월경 남동해상에서 발생하는 바다안개(해무)의 원인이 된다.
- 여름 계절풍이 발생한다.

④ 양쯔강 기단
- 중국 양쯔강 유역, 티베트 고원의 아열대 지역에서 형성
- 봄, 가을에 발생한다.
- 고온건조하다
- 대륙성 열대기단
- 날씨가 대체로 맑다.
- 이동성 고기압이다.

2. 전선

전선은 지표면과 전선면이 만나는 선을 말하며 기단이 발생한 곳을 이동하여 다른 기단과 만나게 된 두 개 기단의 경계면을 전선면이라고 한다. 전선이나 전선면은 기하학적인 선이나 면이 아니라 두께를 가지고 있는 기층을 말한다. 그래서 한 기단의 성질이 다른 기단의 성질로 변해가는 것을 말하게 된다.

- 기단의 성질 : 등온면은 기하학적인 전선면일 경우에는 불연속적으로 변화
  전이층인 경우에는 구부러지게 됨
- 전선 : 전선이 선으로 간주될 정도의 폭
- 전선대 : 선으로 나타내기에 너무 넓은 폭
- 찬 기단과 더운 기단은 밀도 차이 때문에 찬 기단은 더운 기단 아래로 파고 들어감
- 더운 기단은 찬 기단 위로 올라가게 되어 안전한 상태
- 위치에너지가 최소가 되기 때문에 위치에너지가 감소
- 단기간 상승에 의한 단열냉각으로 수증기가 응결되어 강수현상이 나타남
- 방출된 잠열로 상승한 공기는 부력을 받아 상승이 촉진됨
- 방출된 열의 일부는 운동에너지, 즉 바람으로 변환된다.
- 경계층이 지면과 만나는 대역을 전선대
- 보통 전선을 형성하는 두 기단은 기온차로 구분

전선은 주로 기단의 성질과 운동에 의해 분류

- 온난전선
- 폐색전선
- 한랭전선
- 정체전선

1) 온난전선

온난전선은 따뜻한 기단이 차가운 기단 쪽으로 이동하는 전선을 말하며 두 기단이 만나 따뜻한 기단이 찬 기단 위로 올라가게 된다.

- 온난한 공기가 한랭한 공기 쪽으로 이동해 가는 전선을 말한다.
- 두 기단의 경계면의 경사는 완만하다.
- 전선을 경계로 풍향, 풍속, 기온, 습도 등의 기상 요소가 바뀐다.
- 따뜻한 공기가 상승하면 냉각되어 구름을 생성, 비 또는 눈이 내린다.
- 가는 비가 오랫동안 내린다.
- 온난전선이 지나가면 기압은 감소하고 기온은 높아진다.
- 권층운, 고층운 등이 나타나고 난층운이 와서 비나 눈이 오게 된다.

항공기상

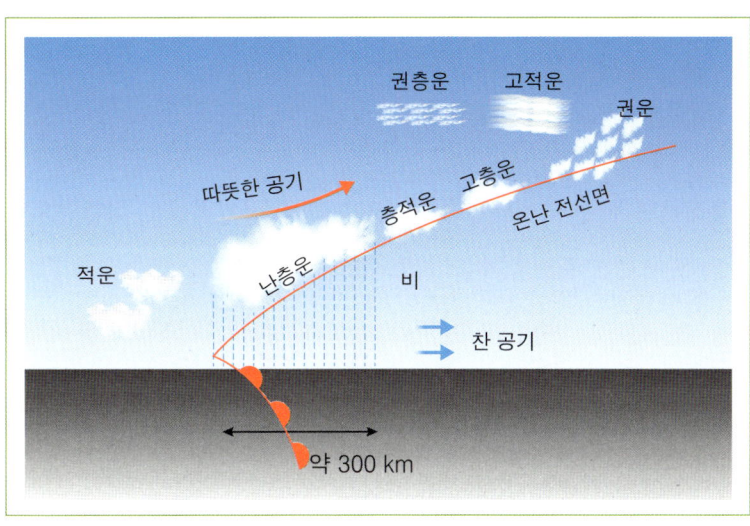

[온난전선 모식도]

① 온난전선 이동에 따른 지상 일기의 변화(온난전선에 동반되는 전형적인 기상상태)

기상 요소	온난전선 이동 전	온난전선 이동중	온난전선 이동 후
기압	점차 하강	하강 멈춤	약간 상승 후 하강
풍속	증가	감소	거의 일정
온도	서늘한 후 따뜻	서서히 상승	따뜻한 후 일정
구름	권운, 권층운, 고층운, 난층운, 층운 순으로 발생	낮은 난층운, 층운	가끔 층적운 또는 적란운(여름)
날씨	계속적 비 또는 눈	이슬비	강수 없음

2) 한랭전선

한랭전선은 인접한 두 기단 중에 찬 기단이 따뜻한 기단 밑으로 들어가면서 밀어내는 전선을 말한다. 찬 공기가 따뜻한 공기 속을 파고들기 때문에 따뜻한 공기는 찬 공기 위를 차고 올라가게 된다. 이때 소나기, 우박, 뇌우 등 궂은 날씨가 동반되며 가끔은 돌풍도 발생하게 된다.

- 온난전선보다 기울기가 크다.
- 좁은 지역에서 강수가 나타나며 강수강도가 세다.
- 적운 또는 적란운이 발생하게 된다.
- 소나기성 비가 내린다.

- 뇌우를 동반하는 경우가 많다.
- 강수폭은 전선 전면과 후면의 폭 80~150km 정도에 이른다.
- 한랭전선의 전면에는 상승기류가 있어 전선이 가까이 오면 기압은 하강하며 돌풍을 일으킨다.
- 전선이 통과하면 한랭기단 내에 들어가서 기온이 급강하고 이슬점온도가 떨어진다.
- 풍향, 풍속의 급변과 함께 기압이 상승한다.
- 한랭전선은 여름철의 대기불안정으로 생기는 적란운과 비슷하다.
- 이 전선은 회오리바람을 일으킬 때가 많고 적란운과 조금 다른 점도 있다.

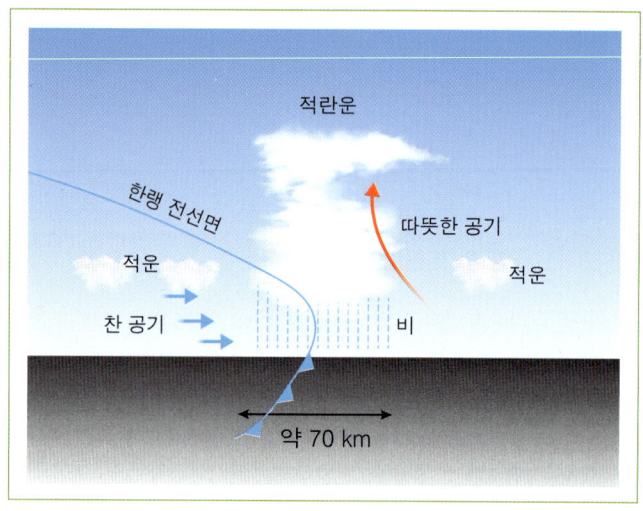

[한랭전선 모식도]

① 한랭전선 이동에 따른 지상 일기의 변화(한랭전선에 동반되는 전형적인 기상상태)

기상 요소	한랭전선 이동 전	한랭전선 이동중	한랭전선 이동 후
기압	서서히 하강	갑자기 상승	서서히 상승
풍속	증가, 돌풍화	돌풍화	돌풍 후 일정
온도	온난	갑자기 하강	낮은 상태로 일정
구름	권운, 권층운 증가 후 충적운	적란운	소나기 강도 약화 후 갬
날씨	소나기(가끔 뇌우)	호우(가끔 뇌우, 우박)	호우 후 갬

> 참고

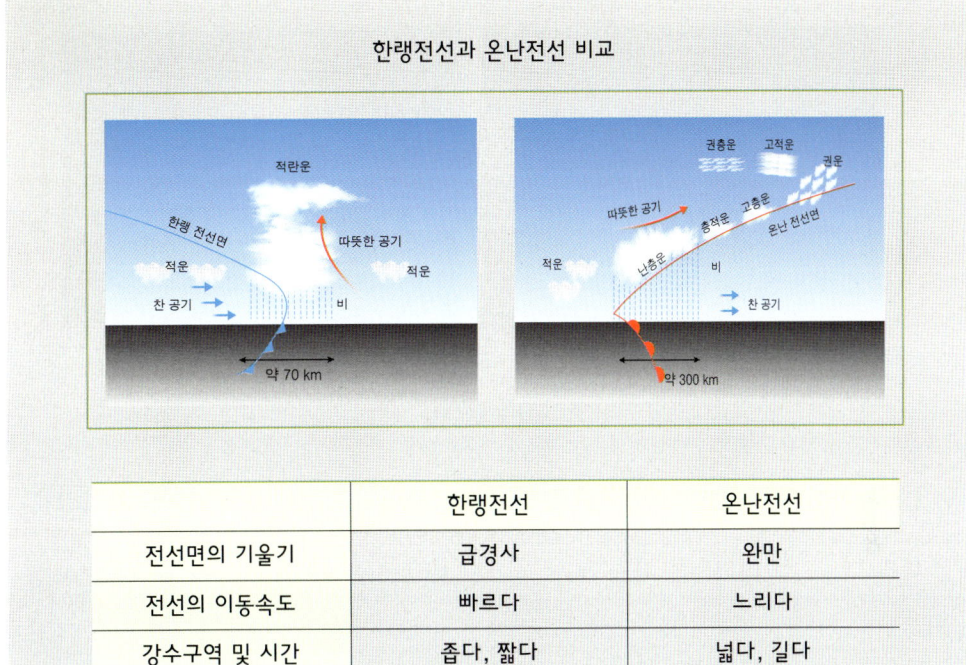

한랭전선과 온난전선 비교

	한랭전선	온난전선
전선면의 기울기	급경사	완만
전선의 이동속도	빠르다	느리다
강수구역 및 시간	좁다, 짧다	넓다, 길다
구름 및 강수 형태	적란운, 소나기, 뇌우	층운, 이슬비
구름형태	적란운	층운

② 한랭전선에서 나타나는 항공기 운항에 위험한 기상

조종사가 한랭전선 부근을 비행할 때, 만나는 위험한 기상현상은 전선 앞 스콜선(Squall Line)이나 전선을 따라 나타나는 적운형 구름이다. 이러한 위험 기상현상은 심한 요란, 바람쉬어, 뇌우, 번개, 심한 소나기, 우박, 착빙, 토네이도 등을 동반한다. 또 다른 위험 기상현상은 뇌우 주위나 뇌우 하부와 지표면 부근에서 나타나는 강하고 변화가 심한 돌풍이다.

3) 폐색전선

폐색전선은 이동속도가 빠른 한랭 전선이 이동속도가 느린 온난전선을 따라잡아 두 개의 전선이 겹쳐질 때 발생하게 된다.

- 한랭전선 후면의 찬 공기가 온난전선 전면의 찬 공기보다 차면 한랭형 폐색전선이 발생
- 한랭전선 후면의 찬 공기가 온난전선 전면의 찬 공기보다 덜 차면 온난형 폐색전선이 발생

• 우리나라는 겨울철에는 한랭형이, 여름철에는 중립형이나 온난형 폐색전선이 발생하게 된다.

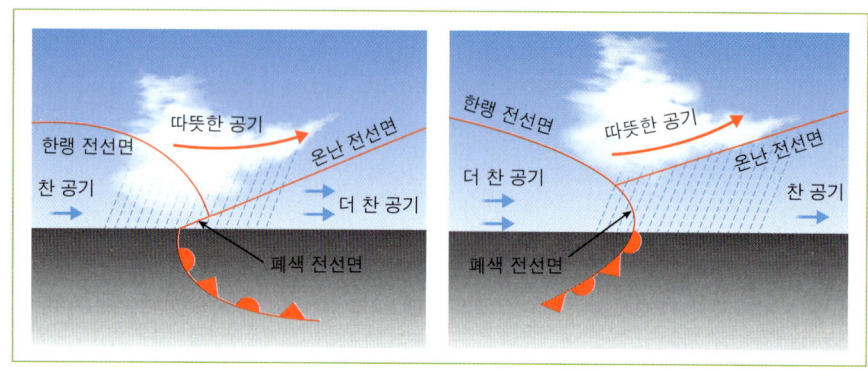

[폐색전선]

① 폐색전선 이동에 따른 지상 일기 변화(폐색전선에 동반되는 전형적인 기상상태)

기상 요소		폐색전선 이동 전	폐색전선 이동중	폐색전선 이동 후
기압		하강	갑자기 상승	서서히 상승
온도	한랭형	증가, 돌풍화	돌풍화	돌풍 후 일정
	온난형	온난	갑자기 하강	낮은 상태로 일정
구름		권운, 권층운 증가 후 충적운	적란운	소나기 강도 약화 후 갬
날씨		소나기(가끔 뇌우)	호우(가끔 뇌우, 우박)	단기간 호우 후 갬

② 폐색전선의 구조

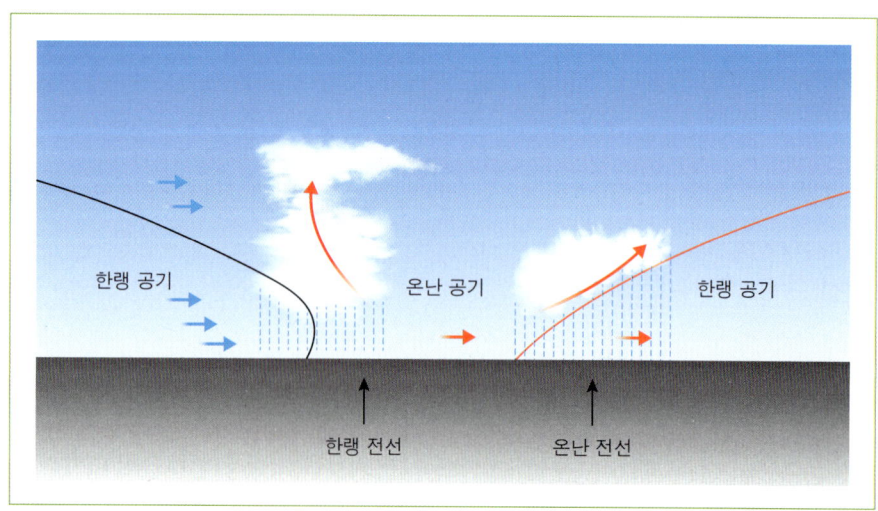

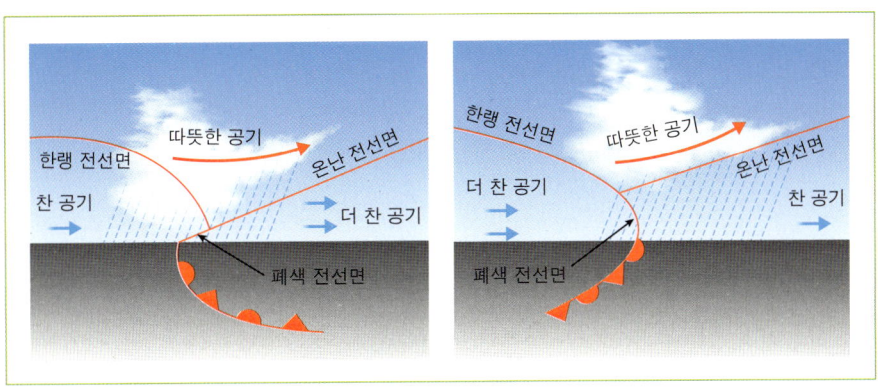

[온난형 폐색전선 모식도]   [한랭형 폐색전선 모식도]

③ 폐색전선에서 나타나는 항공기 운항에 위험한 기상

폐색전선에서는 한랭전선(스콜선, 뇌우)과 온난전선(낮은 실링)의 기상현상이 겹쳐서 나타나게 된다.

폐색전선에는 스콜선, 뇌우와 낮은 실링이 발생하며 북쪽 끝에 있는 강한 저기압 주위에서 강한 바람이 나타난다.

4) 정체전선 (Stationary front)

정체전선은 찬 기단과 따뜻한 기단이 만나 움직이지 않고 머물러 있거나 매우 느리게 움직여서 만들어진 전선을 의미한다. 대표적인 전선으로 장마전선이 있다.

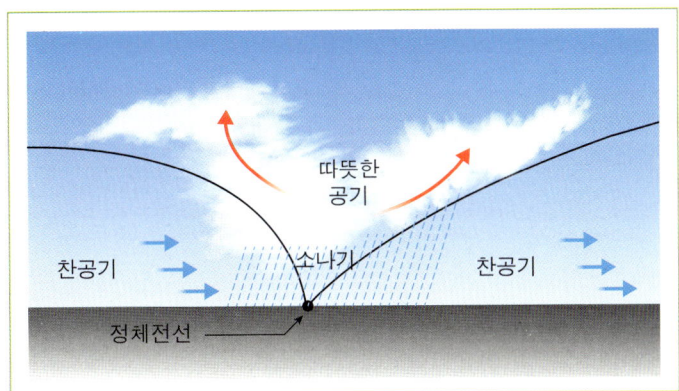

[정체전선 모식도]

- 정체전선에 동반된 날씨는 온난전선과 비슷하여 한랭기단 쪽이 나쁘고 대체로 그 강도는 약하다.

- 정체전선 상에는 약한 저기압이 여러 개 연결되어 있는 일이 많다.
- 나쁜 날씨가 지속되어 있게 된다.
- 온난전선과 한랭전선이 대립하여 장마전선이 형성된다.

SECTION 07 구름과 강수

1. 구름(Cloud)

1) 구름이란?

구름은 대기에 떠다니는 작은 물방울이나 작은 얼음 알갱이들을 말한다. 지구상의 구름은 대부분이 수증기로 형성되고 작은 물방울들이 모여 구름으로 관측되게 된다.

- 구름은 어는점보다 높은 온도를 가진 물방울이나 낮은 온도를 가진 물방울(과냉각 물방울), 빙정들로 구성
- 과냉각 물방울은 어는점보다 높은 온도(수증기 → 물방울 응결 → 더 차가운 구역으로 운반, 생성)
- 대류권 상층에서 형성된 구름은 대부분 빙정으로 구성
- 빙점은 기온이 어는점보다 낮으면 발생

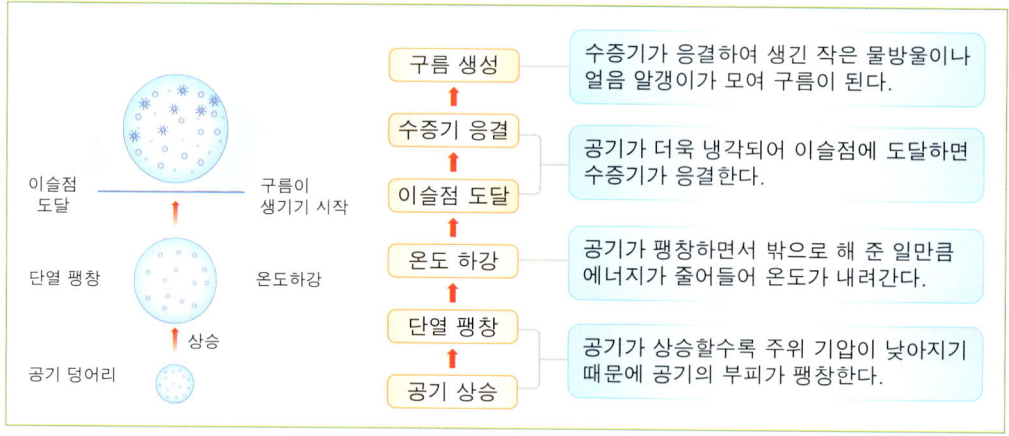

2) 구름의 형성

따뜻한 공기가 차가운 지면(수면)위에 있으면 접촉면의 공기가 냉각되며 포화상태가 되면 안개 또는 층운이 발생하게 된다. 또한 공기가 상승하여 단열냉각에 의해 포화에 이르러 수증기가 응결 또는 빙결됨에 따라 구름이 형성되게 된다.

항공기상

공기를 상승시키는 원인은 대류상승, 지형적인 상승, 전선에 의한 상승, 공기 수렴에 의한 상승으로 발생하게 된다.

- 대류상승 : 지표면이 국지적으로 가열되면 대류가 일어나 공기가 상승하게 됨
- 지형적인 상승 : 온난 다습한 공기가 산의 경사면을 따라 상승한 후, 단열팽창 냉각되어 응결고도에 이르게 되면 구름이 생성
- 전선에 의한 상승 : 밀도가 서로 다른 두 개의 공기덩어리(기단)가 만나게 되면 경계가 생기며 이 선을 전선이라 한다. 온난전선 상에서의 공기의 상승과 한랭전선 상에서의 공기 상승이 발생하여 공기가 응결고도에 이르게 되면 응결이 시작되어 구름이 발생
- 공기의 수렴에 의한 상승 : 지표면 부근에서 공기가 수렴하게 됨에 따라 공기가 상승하여 구름이 형성

3) 구름의 종류

구름의 종류는 세계기상기구(WMO)에서 구름이 떠 있는 높이에 따라 10종류로 구분하고 상층운, 중층운, 하층운으로 부르고 있다.

- 수직으로 된 구름과 빙정으로 된 구름은 형성고도가 다르며 모양이나 색깔도 다르다.
- 구름의 수직 발달 정도는 기층의 안정도에 따라 다르다.
    - 불안정한 기층에서는 구름의 두께가 수직으로 두꺼운 적운형의 구름이 발달
    - 안정한 기층에서는 수직발달이 제한되어 비교적 얇은 층운형의 구름이 발달

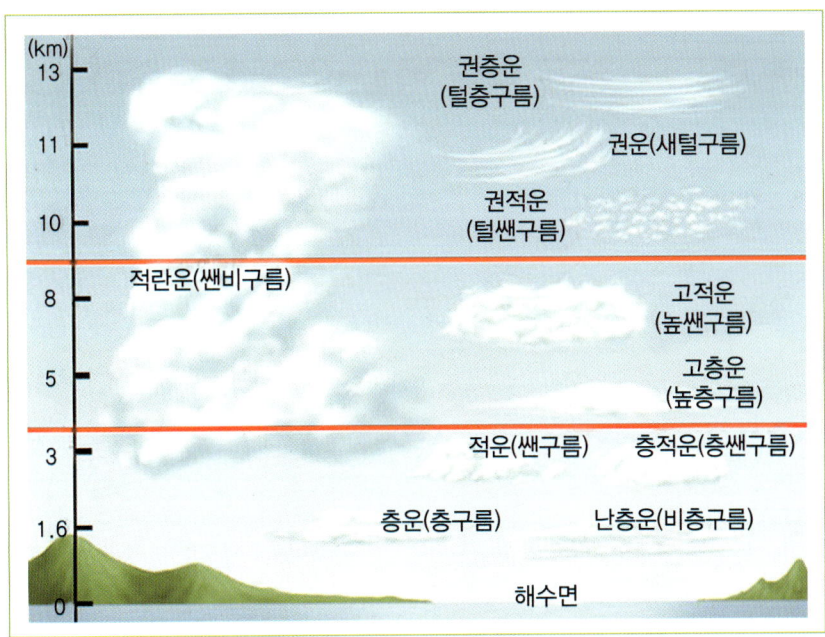

[구름의 종류와 형태]

DRONE

[구름의 10 종류]

운저고도	명칭(국제명)	기호	높이(Km)	특징
상층운 (6~15km)	권운(Cirrus)	Ci	11~12	• 털실이나 새털 모양의 흰 구름 • 날씨가 좋다가 나빠지는 초기에 나타남
	권층운(Cirrocumulus)	Cs	9~10	• 달무리나 햇무리가 생김 • 온난전선과 저기압의 전면에 나타남 • 비가 올 전조임
	권적운(cirrostratus)	Cc	6~9	• 생선 비닐이나 흰 조개 같은 구름 • 흰색의 조그마한 구름덩어리 • 온난전선과 저기압의 전면에 나타남 • 비가 올 전조
중층운 (2~6km)	고적운(Altocumulus)	Ac	5~9	• 양떼 같은 구름 • 흰색 또는 엷은 회색의 둥그런 모양
	고층운(Altostratus)	As	3~4	• 회색 또는 진한 회색의 장막 모양 구름 • 날씨가 악화되는 도중
하층운 (2km 미만)	난층운(Nimbostratus)	Ns	2~3	• 안개와 비슷한 구름(비구름) • 강수가 있음 • 어두운 회색의 구름
	층적운(stratocumulus)	Sc	1~2	• 진한 회색으로 지속적인 비나 눈이 내림 • 비오기 전후에 등장 • 가장 많이 눈에 띄는 구름
	층운(Stratus)	St	0.1~0.5	• 회색 두루마리 모양의 구름 • 안개나 연기 같은 구름의 층 • 안개 구름이라 함
수직운 (3km이내)	적운(Cumulus)	Cu	1~2	• 여름철 발생하는 뭉게구름(적운) • 날씨가 좋은 봄, 가을에 볼 수 있음 • 위에는 둥글고 밑에는 평평한 구름
	적란운(Cumulonimbus)	Cb	1~10	• 아주 높게 솟은 구름 • 번개 및 소낙비, 우박 동반 구름 • 웅대하고 진한 구름

① 상층운(high-level clouds)
- 상층운은 운저고도가 보통 5km 이상
- 주위의 온도가 매우 낮고 건조
- 상층운은 거의 빙정으로 이루어져 있음
- 두께도 아주 얇음
- 권운(Cirrus), 권적운(Cirrocumulus), 권층운(Cirrostratus)이 있음

	권운 CI
	• 털실이나 새털 모양의 흰 구름 • 새털 구름이라 함 • 붓으로 그린 듯한 모양 • 날씨가 좋다가 나빠지는 초기에 나타남

	권층운 CS
	• 면사포 구름이라 함 • 온 하늘을 뒤덮는 구름 • 햇무리, 달무리 현상이 일어나는 구름 • 온난전선과 저기압의 전면에 나타남 • 비가 올 전조임

	권적운 CC
	• 조약돌을 배열하여 놓은 것 같은 구름조각들이 모인 것 • 생선 비닐이나 흰 조개 같은 구름 덩어리 • 작고 하얀 덩어리의 구름 • 고공에서 기층이 서서히 상승할 때 발생 • 권운, 권적운의 구름이 합쳐져 어우러진 것도 있음 • 온난전선과 저기압의 전면에 나타남 • 비가 올 전조

② 중층운(medium-level clouds)
- 중층운은 중위도 지방에서는 대체로 지면에서부터 2~7km 상공에서 생김
- 과냉각된 물방울로 구성되어 비를 내리는 구름
- 회색 또는 흰색의 줄무늬 형태로 발달
- 고적운(Altocumulus), 고층운(Altostratus)으로 구성

	고적운 AC
	• 양떼 같은 구름 • 얇은 판이나 둥그스름한 덩어리 구름 조각들이 모여서 된 백색이나 회색 구름 • 빗방울로 되어 있으나 저온일 때 미세한 얼음으로 형성되기도 함 • 대기권 중층에서 난기류나 대류현상으로 발생 • 얇은 부분에서 코로나, 채운현상도 있음
	고층운 AS
	• 회색 또는 진한 회색의 장막 모양 구름 • 고층운은 광범위하게 퍼져있고 두께도 두껍게 구성됨 • 무늬가 있거나 줄무늬로 된 회색 또는 엷은 검정색의 구름 • 날씨가 악화되는 도중 • 물방울 또는 미세한 얼음으로 되어 있음 • 강수 현상을 동반하지만 중간에서 증발되는 경우가 많음

③ 하층운(low-level clouds)
- 하층운은 중위도 지방에서는 운저고도가 2km 미만
- 과냉각된 물로 이루어져 있음
- 추운 날씨에는 빙편과 눈을 포함하기도 함.
- 난층운(Nimbostratus), 층적운(Stratocumulus), 층운(Stratus)으로 구성

	난층운(비구름)
	• 안개와 비슷한 구름(비구름) • 강수가 있음 • 어두운 회색의 구름층으로 되어 있음 • 연속적인 비 또는 눈을 내림 • 물방울, 빗방울, 미세한 얼음 눈송이가 형성

	측정운 SC
	• 비오기 전후에 등장 • 엷은 판 모양의 둥글둥글한 구름조각들이 모여서 형성된 구름 • 보통 회색과 엷은 검정색을 띤 구름 • 진한 회색으로 지속적인 비나 눈이 내림(물방울, 빗방울, 싸락눈 또는 미세한 얼음 눈송이) • 코로나 또는 무지개 현상이 생김 • 가장 많이 눈에 띄는 구름
	층운 ST
	• 회색 두루마리 모양의 구름 • 안개나 연기 같은 구름의 층 • 회색의 구름으로 통상 물방울로 되어 있음 • 아주 저온일 때는 미세한 얼음 가루눈이 들어 있음 • 안개 구름이라 함 • 지면 가열 혹은 풍속 증가로 인해 안개층이 상승하면서 형성

④ 수직운(convective clouds)
- 하층운의 고도로부터 상층운의 고도에까지 수직으로 발달되어 있는 구름
- 대기의 불안정 때문에 수직으로 발달
- 구름 주위에는 소나기성 강우, 요란기류 등 기상 변화가 많음(주의를 요함)
- 적운(Cumulus), 적란운(Cumulonimbus)으로 구성

	적운 CU
	• 여름철 발생하는 뭉게구름(적운) • 날씨가 좋은 봄, 가을에 볼 수 있음 • 주로 물방울로 되어 있고 기온이 낮은 곳은 미세한 얼음으로 형성 • 위에는 둥글고 밑에는 평평한 구름이 수직으로 올라온 상태
	적란운 CB
	• 수직방향으로 아주 높게 솟은 구름(짙은 검은색, 회색 구름) • 거대한 탑 모양이나 산봉우리 모양으로 형성 • 물방울 또는 미세한 얼음으로 되어 있음 • 번개 및 소낙비, 뇌우, 뇌전, 싸락우박, 우박 동반 구름 • 웅대하고 진한 구름

2. 강수(Precipitation)

1) 강수란?

강수(눈, 비, 우박)란 대기 중에서 지상에 떨어져 물이 될 수 있는 모든 현상을 말한다. 대기에서 일어나는 강수현상은 비, 눈, 진눈깨비, 우박 등이 있으며 대기 중의 온도에 따라서 다양한 형태로 떨어지게 된다.

- 비 : 물방울의 크기가 대부분 0.5mm 보다 큰 경우의 강수현상
- 우박 : 눈이 내리면서 눈 결정 주변의 차가운 물방울들이 얼어붙어 커져서 떨어지는 덩어리

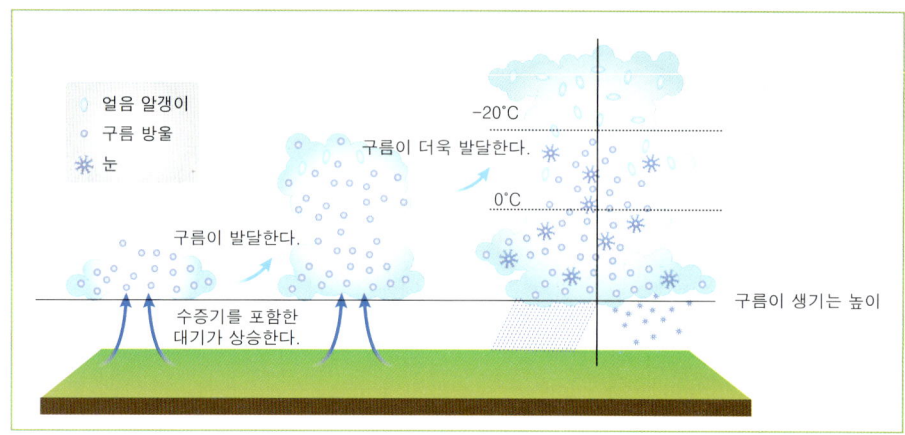

[강수 현상]

2) 강수의 형성

강수의 형성을 위해서는 5가지의 조건이 있어야 한다. 그 5가지 조건은 냉각, 응결핵, 응축, 물방울 체적증가, 충분한 수분이다. 그리고 강수입자의 형성 과정에 있어 공기 상승, 단열팽창, 포화상태도달, 빙정과정, 충돌·병합 과정이 필요하다.

- 강수형성을 위한 5가지 조건

    - 냉각 : 대기가 이슬점 이하로 충분히 냉각
    - 응결핵 : 대기 중에 응결핵이 존재
    - 응축 : 응결핵으로 응축 발생
    - 물방울 체적 증가 : 물방울 입자들의 크기가 충분히 증가
    - 충분한 수분 : 빗방울로 내리기 위한 충분한 양의 수분

- 강수형성 과정

    - 수증기를 포함한 공기의 상승
    - 단열팽창 및 기온 하강(단열냉각)
    - 포화상태 도달

- 응결핵 중심으로 응축하여 작은 구름입자 형성
- 빙정과정 및 버거론 과정
- 충돌·병합 과정

① 빙정과정

구름 밑면의 온도는 0°C보다 높거나 낮게 되지만 최상부의 온도가 0°C보다 낮게 있는 구름을 찬 구름(cold cloud)이라고 한다. 찬 구름의 내부에서 빙정 주위의 수증기가 빙정 면에 침적되면서 빙정 성장과정이 발생하며 이때, 눈의 결정이 형성되게 된다.

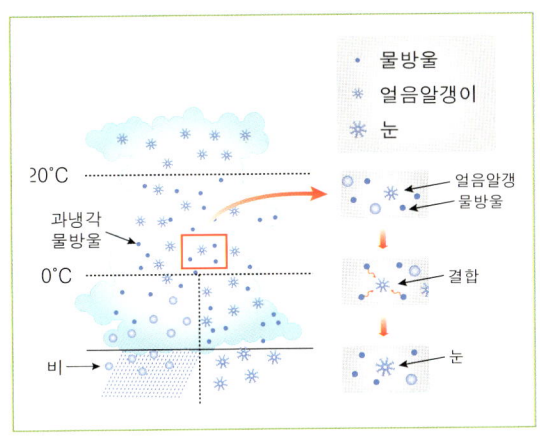

[빙정 과정]

② 충돌·병합 과정

대기에 형성된 구름의 최상부 온도가 0°C이상인 따뜻한 구름에서 발생하며 열대 지방이나 여름철 중위도 지방에서 형성되는 구름들이 수직으로 형성되게 된다. 강수 입자들은 구름 내부에서 충돌·병합에 의해 형성되게 된다. 이런 과정을 통해 비가 형성되고 이러한 비를 따뜻한 비라고 한다.

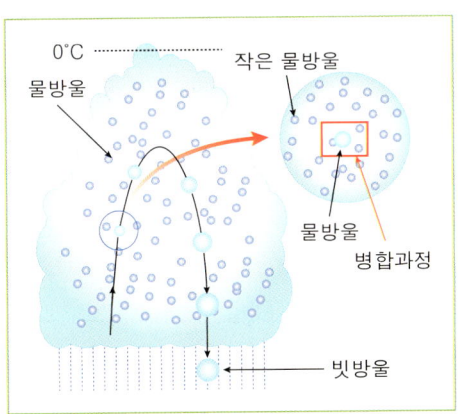

[충돌·병합 과정]

3) 강수의 종류

- 강수의 형성을 위해
    - 박무
    - 안개비
    - 어는 이슬비, 어는 비
    - 비얼음
    - 눈
    - 씨락눈
    - 이슬비
    - 소나기
    - 진눈깨비
    - 상고대
    - 우박

4) 강수에 의한 항공기 운항 확인

항공기가 운항하는데 강수가 미치는 영향은 아주 크다고 할 수 있다. 공항 주변의 구름과 같은 기상 조건과 이착륙할 공항의 상태를 알 수 있는 운항 계획서를 확인하여 수시로 확인하여야 한다. 또한 활주로의 표면 상태에 대한 정보나 강수에 따라 발생할 수 있는 문제들에 대하여 사전에 확인해야 한다.

① 운항계획
- 기장 또는 운항관리자가 운항계획 작성
    - 출발공항과 목적지공항 및 교체공항에 실황과 예보를 통해 확인
    - 경로상의 구름상태에 대해 수시로 확인

② 최저기상조건
- 구름상태로 항공기 이착륙 최저기상조건을 결정
- 이착륙 유도시설의 기능에 따라 구름 높이의 최저기상조건이 규정

③ 활주로 표면의 강수 영향
- 비, 눈, 우박 등이 항공기에 영향을 주기 때문에 확인
- 항공기 착빙의 발생 원인 확인

④ 활주로 표면상태 정보 확인
- SNOWTAM : 항공기 이동지역의 눈, 얼음이 녹은 상태의 위험을 제거하기 위하여 사전 통보
- 활주로 상태 군을 METAR/SPECI를 통해 보고

④ 수막현상 주의
- 활주로 또는 노면이 젖어서 타이어가 지표면에서 미끄러지는 현상
- 조향 및 제동 성능이 현저하게 감소

SECTION 08 시정과 안개

1. 시정(Visibility)

1) 시정이란?
주간에는 불빛이 없는 물체를, 야간에는 적절한 불빛이 있는 물체를 보고 식별할 수 있는 상태를 말한다. 기상학에서는 물체나 빛이 선명하게 보이는 최대의 거리를 측정하는 기준으로 사용하고 있다.

① 시정의 단위
- 보통 Km로 표시한다.
- 짧은 거리는 m로 표시하기도 한다.

② 시정의 원인 : 안개, 연무, 먼지, 연기, 화산재, 황사, 강수, 하층운 등

③ 주의 : 항공기의 이착륙에 결정적인 영향을 주게 됨

2) 시정의 종류
① 우정시(관제탑 시정)
기상 관측자(관제탑 요원)가 반쪽 수평선(이상)을 통해서 볼 수 있는 최대 거리를 말한다.

② 활주로 가시거리
활주로(보통 접지대)에서의 수평가시거리를 말한다.

③ 활주로 시정(치)
보통 특정 활주로에 대한 활주로 외의 비행장 구역내 시정측정기를 설치하여 시정측정 AMOS와 기상 관측자에 의한 활주로 수평시정을 말한다.

④ 접근시정(사면시정)
착륙을 위해 접근 중인 항공기의 조종사가 지상의 목표물을 확인할 수 있는 최대거리(사선거리)를 말한다.

3) 실링(Ceiling)
① 지상 또는 수면으로부터 하늘의 절반을 초과하는 가장 낮은 구름층의 높이
② 운저의 높이를 나타내는 요소로서 운량이 5/8 이상일 때 다음과 같은 구름의 운저 높이
- 구름이 한 층일 때는 그 구름의 높이

- 구름이 두 층 이상 있을 때에는 운층마다의 운량을 낮은 곳으로부터 순차로 합해서 운량이 5/8 이상 될 때의 구름 높이
- 안개나 연무 때문에 상공이 보이지 않을 때, 강수로 인해 운저가 보이지 않을 때는 수직시정을 실링으로 함

③ 지구표면에서 가장 낮은 구름층의 높이로 덮인 현상을 보고하는 3가지
Broken, Overcast, Obscuration 이지만 Thin 이나 Partial로는 분류하지 않는다.(USA)

2. 안개(Fog)

1) 안개란?

대기 중의 수증기가 응결하여 지표면 가까이에 작은 물방울로 떠 있는 현상으로 관측자의 가시거리를 1km 미만으로 감소시킬 때 안개라고 한다.
- 구름과 안개의 차이 : 각 지형에서 관측자의 위치에 따라서 구름이기도 하고 안개이기도 함

2) 안개 발생 조건
- 대기중에 수증기가 다량으로 함유 : 대기상층이 안정(고기압권)-기온역전층
- 공기가 노점온도 이하로 냉각 : 바람이 없을 것
- 대기중에 응결을 촉진시키는 응결핵 존재 : 공기중 수증기/응결핵 충분히
- 외부에서 많은 수증기의 공급 : 냉각 작용

3) 안개 소산 조건
- 지표 부근의 강한 바람(안정된 대기해소)
- 지표 부근의 기온역전 해소
- 차고 밀도 큰 공기의 유입
    - 노점온도차 5 도 이하시 이슬/안개 예상
    - 안개 기준고도 : 지표에서 51 ft 미만(51 ft 이상은 구름)

4) 안개 생성 원인별 구분
- 공기의 냉각 : 복사안개(무), 이류안개(무), 활승안개(무), 이류복사무
- 증발 : 증기안개(무), 전선안개

5) 공기 냉각에 의해 형성된 안개

지면과 접해 있는 공기층의 온도가 이슬점 이하가 되면 안개가 발생하게 되며 이렇게 발생된 안개에는 복사안개, 이류안개, 활승안개, 이류복사안개가 있다.

① 복사안개(radiation fog)
- 맑고 바람이 없는 야간에 복사 냉각 작용에 의해 발생하고 야간이나 새벽에 주로 발생한다.
- 가을/겨울에 빈번하며 한밤중에서 이른 아침, 일출전후 가장 짙다.
- 복사안개는 지면에서만 발생하기 때문에 지면안개라고 한다.(땅안개라고도 함)
- 역전층 고도 온도까지 지표면 온도가 상승하면 안개는 완전히 소산된다.

② 이류안개(advection fog)
- 찬 지표면 위로 습하고 무더운 공기가 이동하여 발생하고 해안지역을 따라 주로 형성된다.(해무)
- 습윤하고 온난한 공기가 한랭한 육지나 수면으로 이동해 하층부터 냉각되어 안개 형성된다.
- 주/야간 어느 때고 광범위한 지역에 걸쳐 발생하고 구름, 약 15kts의 바람과 함께 발생한다.

③ 활승안개(upslope fog)
- 습윤하고 안정된 공기가 지형(산)의 경사면을 따라 위로 올라가면서 단열적으로 하층부터 냉각(단열냉각)되어 발생한다.
- 통산 바람이 멈추면 안개도 소멸된다.
- 산안개(Mountain fog)는 대부분이 활승안개이며 바람이 강해도 형성된다.

6) 증발에 의해 형성된 안개

- 증발은 수면이나 전선근처에서 주로 일어난다.
- 온난한 수면에서 찬 공기가 이동하면 수증기가 증발하여 안개가 발생하며 이를 증발안개라고 한다.
- 전선이 통과하면서 일시적으로 발생하는 전선통과 안개

위와 같이 증발에 의해 생성되는 안개에는 전선안개와 증기안개가 있다.

① 전선안개
- 전선근처, 강수중 또는 지면 도달 후 증발시 포화된 공기가 한랭한 지면 통과시 과포화로 발생한다.

② 증기 안개(무)
- 따뜻한 수면 위를 한랭한 공기가 이동시 수면에서 수증기가 냉각되어 발생한다.
- 불안정한 상태에서 발생되는 유일한 안개이다.
- 하층에서부터 가열되어 발생한다.
- 겨울철 서해안에서 잘 발생한다.

SECTION 09 비행 중 주의해야 할 기상현상

1. 난류

1) 난류란?

난류(turbulence)는 상승기류와 하강기류에 의해서 발생하는 것으로 항공기가 비행 중 요동치는 현상을 말한다. 지표면의 부등 가열과 건물, 수목 등에 의해서 생긴 회전기류와 바람이 급변하게 불어서 불규칙한 변동을 하게 하는 대류의 흐름이다.

- ■ 난류 규모
  - 바람이 부는 날에 운동장이나 건물 사이에서 맴도는 조그만 소용돌이
  - 대기 상층의 수십 km에 달하는 난류가 있음
  - 시간적으로 수 초에서 수 시간까지 분포함
  - 윈드시어(Wind shear)가 유도되고 소용돌이가 발생
  - 역학적 요인과 열역학적 요인

- ■ 지상에는 난류
  스콜(squall)이나 돌풍(gust) 등에서 나타남

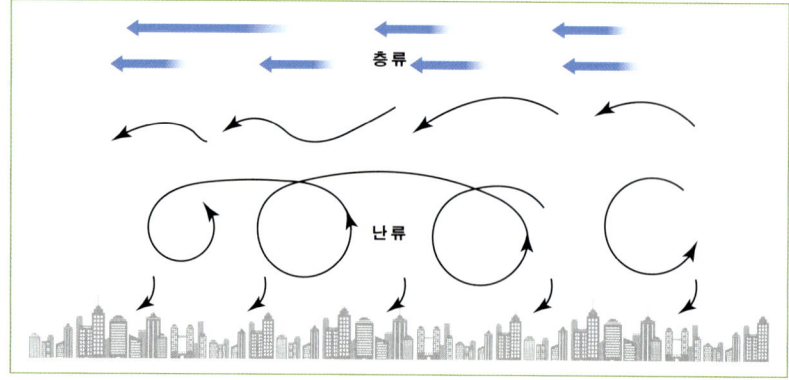

[난류와 층류]

2) 난류의 강도

난류의 강도는 약함, 보통, 심함, 극히 심함인 4개의 단계로 나누며 수직방향의 가속도의 정도를 중력가속도(g)로 이용하여 판단하게 된다. 즉, 비행기의 속도, 크기, 중량, 안정도 등으로 비행기가 받는 충격을 나타내게 된다.

구분/가속도(g)	내 용	풍속의 변동폭	연직풍속 (ft/sec)
약정도(light) (0.1~0.3G)	• 약간의 순간적으로 불규칙한 고도 및 자세변환 • 약간의 동요 느낌 • Food Service 가능, 걷는데 지장 없음	15kts이하	5
중정도(moderate) (0.4~0.8G)	• 약간의 규칙적인 고도 및 자세 변환 • 항공기 조종은 확실히 할 수 있으나 보통 IAS를 변화시킴 • 불안정한 물체는 움직이고, Food Service와 걷기가 어렵다. • 좌석 Belt 땡기는 느낌	15~25	15
심한정도(severe) (0.9~1.2G)	• 많고 급격한 고도 및 자세 변환의 요인 • 많은 IAS의 변환, 항공기는 순간적으로 조종 불능 • 불안정한 물체는 몹시 흔들리고, Food ,Service 와 걷기가 어렵다	25이상	25
극심한정도(extreme) (1.2G 이상)	• 항공기가 갑작스럽게 튕겨 오르고, 실질적으로 조종 불능 및 기체구조 손상을 입힘 • 사실상 조종 불가능		30이상

3) 난류의 분류

난류는 생성되는 원인에 따라서 분류하게 된다.

분류	설명
대류에 의한 난류(convective turbulence) = 마이크로 버스트(microburst)	대류활동 약/중 정도 강도, 저기압 전선 구름내부 10,000 ~ 15,000ft고도, 5,000ft 빙결고도에서 심한 난류
기계적 난류(mechanical turbulence) = 산악파	지형/장애물의 마찰, 원인은 윈드시어(wind shear) 일련의 소용돌이 eddy
윈드시어(wind shear)에 의한 난류	바람경도에 의한 것, 대표적인 것 : CAT(청천난류) 청천난류가 대류권계면 고도 → 상층 윈드시어

분류	설명
항적에 의한 난류(vortex wake turbulence)	비행체 후면 발생 소용돌이(이착륙 직후)
청천난류(CAT, Clear Air Turbulence)	맑은 하늘에서 수평 또는 수직 윈드시어로 인해 발생하는 난류

① 대류에 의한 난류(convective turbulence)
- 대류권 하층의 기온상승으로 대류가 일어나 더운 공기는 상승하고, 수직기류가 발달하면서 난류가 만들어지게 된다.
- 대류활동에 의한 난류는 두 가지가 있다.
  - 첫째, 고기압 하에 있거나 바람이 약하고 일사가 많은 여름날 오후에 지표면 대기가 가열되면서 불안정한 대기가 만들어져 연직기류가 발생하면서 난류가 만들어진다. (항공기에 어려움 줌)
  - 둘째, 저기압이나 전선에 의한 뇌우로 만들어지는 난류로 가장 위험한 형태이다. 구름의 내부, 10,000~15,000ft 고도, 5,000ft의 빙결고도에서 심한 난류의 가능성이 있다. 전선면에서도 물리적 성질이 다른 두 기단이 만나서 난류가 발생하게 된다.

② 기계적 난류(mechanical turbulence)
- 불규칙한 지형, 지물과 대기가 마찰하면서 풍향이나 풍속이 급변하여 발생
- 바람이 산, 언덕, 건물 등을 넘어 불면서 생기는 소용돌이(eddy)
- 풍속, 지표면의 상태, 대기의 안정도에 따라 난류 강도가 결정됨
- 지표면이 거칠고 풍속이 강하면 난류는 강해짐
- 불안정한 대기일수록 규모가 큰 난류가 발생함
- 안정한 대기에서 바람이 강할 때 산악파가 생겨서 높은 고도에서도 발생

[기계적 난류]

③ 윈드시어(wind shear)에 의한 난류
- 모든 난류가 윈드시어와 관계가 있음
- 직접적인 원인으로 제트기류 주위의 바람 차이에 의해 발생
- 바람경도로 인한 시어인 청천난류(CAT)가 있다. 청천난류가 대류권계면 고도에서 생기는 상층윈드시어(high-level wind shear)이다.
- 낮은 고도에서의 난류로서 하층윈드시어(low-level wind shear)가 있음
- 전선면에서도 풍향이 다르기 때문에 난류가 생김
- 지표면에 기온역전층이 생겼을 때, 상층은 하층의 안정층에 비해 비교적 풍속이 크기 때문에 풍속차로 난류가 발생
- 항공기가 역전층을 통과할 때 이착륙시 항속의 요동이 생기면 실속이 발생할 수 있음

④ 항적에 의한 난류(vortex wake turbulence)
- 비행중인 비행체의 후면에서 발생하는 소용돌이
- 인공 난류라고 함
- 대형 항공기의 이착륙 직후의 활주로에는 많은 소용돌이가 발생(소형 항공기는 그 영향을 받게 됨)
- 소홀히 여길 수 있으나 큰 위험을 갖고 있음
- 바람이 적은 날 생기기 쉽고 대체로 5분 정도 지속됨
- 기온이 역전되고 대기가 안정할 경우에는 오래 지속되게 됨

⑤ 청천난류(CAT, Clear Air Turbulence)
- 맑은 하늘에서 수평 또는 수직 윈드시어로 인해 발생
- 대류성 구름이나 열적인 요인과 무관
- 저층 지물의 영향, 산악파, 뇌운 등이 난류의 주원인
- 항공기의 비행고도가 높으며 비행시 구름 없는 고공에서 난류가 발생(청천난류)

청천난류의 발생	- 상하의 바람속도가 클 때 발생 - 강한 기류가 산맥을 넘어 아래쪽에 강한 회오리바람이 생겨 발생 - 평균적으로 CAT는 15,000ft이상에서 발견됨 - 제트기류와 관련한 청천난류는 두께가 얇다는 것이 특징 - 아열대 제트기류와 한대 제트기류가 근접할 때 발생빈도가 높음 - 청천난류는 반드시 제트기류와 관련되어 있는 것은 아님 - 상하층간의 공기의 온도나 밀도차가 존재할 때 발생

청천난류의 영향	• 추풍령상공 부근에 자주 발생 • 갑작스런 난기류로 항공기가 요동(약 3초 이내로 난기류를 통과하면 별 문제 없음. 그러나 4초 정도 또는 그 이상으로 계속되면 불쾌감을 느끼게 됨) • 난기류에서 항공기는 가속도를 받음 • 항공기가 견딜 수 있는 가속도는 −1.5g ~ +2.5g로 설계되어 있음 • 4g ~ 5g 이상의 가속도를 받으면 항공기는 파괴될 수 있음 • 항공기 탑승 인원에게는 아주 위험한 존재임 • 항공기는 중력을 잃거나 강한 힘을 받아 전복될 수 있음

4) 항공기가 난류를 만나면

- 비행 고도를 유지한다.
- 적절한 추력을 유지한다.
- 안전벨트를 착용하고 쪼인다.
- 항법장치 계기를 관찰한다.
- 엔진 지시계를 관찰한다.
- 기상 레이더를 관찰한다.
- 타 항공기 조언 등을 듣고 난기류 지역을 회피한다.
- 난기류 지역의 폭을 분석하고 난기류 지역을 회피한다.
- 필요할 경우 항로나 고도를 수정한다.

5) 산악파

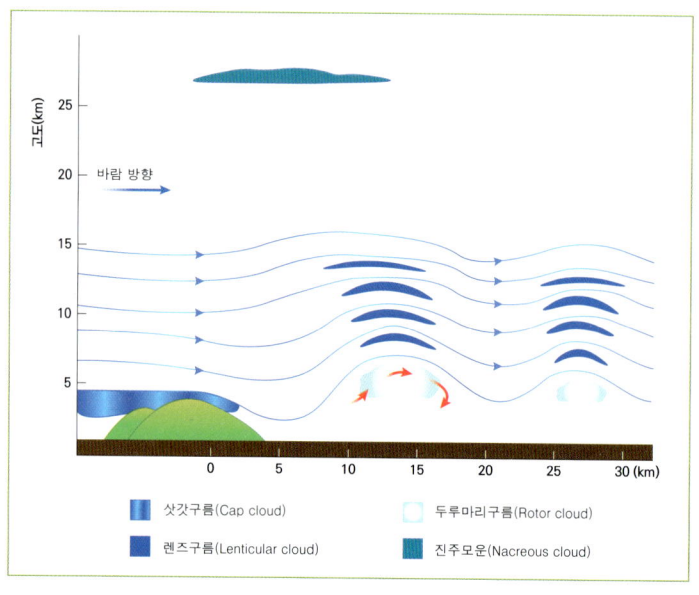

[산악파]

항공기상

- 산악파는 크게 보면 난류의 범주 안에 들어간다.
- 산이라는 물체에 부딪혀 생기는 기계적 난류의 일종이다.
- 산악파는 바람이 산맥을 넘을 때 산맥의 영향으로 풍하측에 생기는 파동으로 인하여 상승·하강 기류에 의해서 난류가 발생하게 된다.
- 산맥이 클수록, 풍속이 강할수록 산악파의 형성이 잘 만들어진다.
- 풍속이 25kt 이상은 되어야 발생한다.
- 연직방향으로 전파되어 대류권계면까지 도달되기도 한다. 때론 70,000ft까지 상승하기도 한다.
- 수평거리는 산마루에서 풍속이 50kt 이상일 때, 30~150mile까지 이른다.
- 산악파는 정상파라서 구름이 생기면 정체한 것처럼 보이게 된다.

① 산악파의 발생 조건

- 산맥이 클수록
- 풍속이 강할수록(25kt 이상)
- 산정을 지나는 풍속의 수직 성분이 25kt 이상이어야 함
- 바람이 산맥에 직각에 가깝게 불 때
- 풍향이 산맥의 축에 45° 이내로 불 때
- 산정의 상부에 안정층이 존재할 때

② 산악파의 종류

산악파를 감지할 수 있는 좋은 방법은 구름이다. 산악파에 의해 생긴 구름은 정체하는 모습으로 보인다. 산악파는 정상파이며 위치에 따라 3가지 구름으로 구분된다.

모자구름	• 산맥 바로 정상에서 형성되는 구름 • 기류가 상층하여 응결되어 생김 • 모자구름은 산마루를 은폐시키기 때문에 비행 중 항상 피해야 함 • 산맥의 풍하면은 매우 위험한 지역
말린구름	• 풍하층에 일렬로 위치하여 있고 적운처럼 보임 • 상승기류로 형성되며 하강기류로 소산되는 과정을 반복하게 됨 • 말린 구름 내부 혹은 하층. 말린 구름의 풍하층의 하강기류 역영의 산악파 지역에서 가장 위험함 • 거의 정체
렌즈구름	• 말린구름보다 고고도인 20,000ft 이상에서 형성 • 끝이 거칠다면 요란이 있다는 의미이므로 더욱 위험 • 거의 정체

③ 산악파의 예측
- 산악파 발생구역 인근 200hPa 고도의 기온이 -70℃ 이하일 때 발생
- 산정을 지나는 풍속의 수직 성분이 25kt 이상이어야 함
- 말린 구름보다 고고도인 20,000ft 이상에서 형성
- 풍하측 최대 지상풍이 산맥과 직각에 가깝게 불 때
- 산맥 풍하층의 강한 기류와 말린구름이 존재할 때
- 높은 고도의 렌즈구름이 끝이 거칠고 요란이 있을 때
- 산맥이 클수록
- 풍향이 산맥의 축에 45° 이내로 불 때
- 산정의 상부에 안정층이 존재할 때

2. 뇌우

1) 뇌우란?

천둥과 번개를 동반하면서 내리는 비로, 주로 여름철 지표면의 불균등 가열로 발생하는 적란운이나 적운 등에 나타나게 된다. 뇌우가 내리기 전에는 강한 바람이 불고 기온이 낮아지기도 한다. 또한 폭우, 우박, 돌풍, 번개 등을 동반하여 짧은 시간에 많은 피해를 주기도 한다.

- 열대지방에서는 연중 뇌우가 발생
- 우리나라 중위도 지방에서는 봄과 여름부터 가을까지 뇌우 발생
- 한랭전선이 빠르게 통과하면 겨울에도 뇌우가 발생할 수 있음
- 극지방에서는 여름에 매우 드물게 뇌우가 발생

2) 뇌우의 형성조건

뇌우가 형성되려면 아래의 3가지 조건을 모두 만족해야 한다.
- 높은 습도 : 충분한 수증기(습도)
- 상승운동 : 강한 상승 운동
- 불안정 대기 : 조건부 대기의 불안정 상태
- 상승(500hpa 고도)에 -35℃에서 -50℃ 사이의 강력한 콜드코어가 있는 경우

① 불안정 대기
- 불안정한 공기가 따뜻해지는 고도까지 상승하여 대기가 불안정한 상태
- 조건부 불안정이나 대류 불안정이 요구

② 상승운동
- 상승작용이 일어나야 지표 부근의 따뜻한 공기가 자유롭게 상승하는 고도에 도달.
- 상승작용은
    - 대류에 의한 일사,
    - 지형에 의한 강제상승,
    - 전선상에서의 온난공기의 상승,
    - 저기압성 수렴,
    - 상층 냉각에 의한 대기 불안정

③ 높은 습도
- 공기가 상승해 수증기가 응결하면서 구름이 생김
- 공기덩어리는 대기 중의 수증기량이 많을수록 더 쉽게 자유대류고도에 도달
- 많은 수증기의 존재는 열역학적인 불안정을 유발
- 수증기가 물방울이 되어 구름이 형성되면 잠열이 방출(공기는 더욱 불안정 상태)

3) 뇌우의 발달 과정

① 발달기(적운)
- 강한 상승기류 존재
- 구름의 내부 온도는 주위 온도보다 높음(잠열 방출)
- 측면에서 구름 속으로 공기의 유입, 강수는 아직 없다.
- 강수 시작과 함께 이 단계는 종료

② 성숙기
- 우적이 커지고 빗방울 형성되어 낙하
    - 마찰력으로 상승기류 약해지면서 하강기류로 바뀜(동시존재)
    - 지상에서 강한 돌풍 형태의 지상풍 형성
- 구름 평균고도는 25,000ft
- 강수, 우박, 번개, 강풍(보통 15 ~ 30분 지속)

③ 소멸기
- 하강기류만 존재
- 구름 속의 온도는 주위보다 낮아져 이 저온층은 아래쪽으로 확대
- 강수 끝나고 하강 기류 소멸

4) 뇌우 회피 요령

① 뇌우 회피 요령
- 접근하는 뇌우를 맞대고 착륙하거나 이륙하지 말 것
- 뇌우 아래 비행금지
- 구름 속에 숨어 있는 뇌우 속을 기상 레이더 없이 비행하지 말 것
- 20마일 이상 회피(우박이 20마일까지 날아감)
- 비행구역의 6/10을 뇌우가 덮고 있다면 전 구역을 우회할 것

② 뇌우, 번개 통과가 필요한 경우
- 조명은 최대한 밝게, 안전벨트를 쪼인다.
- 고도 및 일정한 자세 유지
- 적정한 속도 유지를 위한 고정
- 경로는 최단 거리 선택
- 적정한 고도 유지
- 모루구름 아래, 빙결고도 부근의 고도 회피
- 진입 이후에는 되돌아가지 말고 최단 경로 선택하여 통과
- 뇌우로 인한 권운층 회피
- 강수, 구름 속으로 장시간 비행 지양
- 편대비행 금지, 단기접근 추천

3. 착빙(icing)

1) 착빙이란?

착빙(icing)은 항공기나 물체의 표면에 얼음이 달라붙거나 덮여지는 현상으로 항공기 표면(날개, 동체)의 대기온도가 0℃ 미만으로 과냉각 물방울(과냉각 수적)이나 구름 입자들이 충돌하여 얼어붙어 발생하게 된다.(항공기 속도 비례)

- 대기 중에 과냉각 물방울이 존재하여야 한다.
- 항공기에 발생하는 착빙은 비행안전에 있어서의 중요한 장애요인
- 상대습도가 높고 영하의 기온
- 과냉각 물방울은 0℃ ~ -20℃에서 가장 자주 관측
- 심한 착빙은 보통 0℃ ~ -10℃에서 발생
- 드물게 -40℃인 저온에서도 착빙이 발생 가능

- 운중 온도가 -20℃ 미만이 되면 실제로 착빙은 잘 일어나지 않음(물방울이 이미 결정형태로 빙결되어 있기 때문)

> **참고**
> - 착빙 형성의 조건 { 대기 중에 과냉각 물방울이 존재해야 함 / 항공기 표면의 자유대기 온도가 0℃ 미만
> - 착빙 강도는 물체의 단위면적에 부착된 얼음의 실제량과 물체가 대기 중에 노출되었던 시간과의 비로 표시

2) 착빙의 형태와 원인

대기 중에 과냉각 물방울이 존재해야 하며 대기가 찬 표면과 접촉, 단열 팽창, 증발 등으로 영하 이하로 냉각되어 만들어지는 착빙은 구조 착빙과 흡입 착빙으로 나눠지게 된다. 구조착빙은 항공기 외부구조에 형성되는 것이고 흡입착빙은 항공기의 공기흡입구나 기화기, 피토관 등에 형성되어 동력장치에 영향을 주는 착빙을 말한다.

> **참고**
> - 착빙 가능성은 항공기의 형태와 속도에 영향
> - 보통 제트 항공기에서 착빙 형성이 적다.(강한 추력으로 착빙의 임계 온도 영역을 벗어남)
> - 작은 왕복 기관의 항공기에서 착빙 형성이 많다.(주로 습하고 낮은 고도 비행 때문)
> - 헬리콥터에서는 회전 날개에서 착빙 가능성이 가장 높게 된다.

① 구조 착빙

항공기의 날개, 프로펠러, 무선 안테나, 방향타 등등 표면에 얼음이 쌓이거나 덮여져서 양력의 손실, 무게의 증가로 조종성이 떨어지는 착빙을 말한다. 구조 착빙은 구름 속의 수적 크기, 개수 및 온도에 따라 3가지의 착빙으로 구분된다. 즉 거친 착빙(rime icing), 맑은 착빙(clear icing), 혼합 착빙(mixed icing)이다.

> **참고**
> 착빙은 주로 항공기의 운항 효율을 감소시켜 항공기 실속을 유발한다.

ⓐ 거친 착빙(Rime icing)
- 백색 우유빛으로 불투명하고 부서지기 쉽다.
- 수적이 작고 주위 온도가 -10℃ 이하에서 잘 발생(-10℃ ~ -20℃), 급속히 얼어붙는다.
- 층운구름이나 과냉각 물방울이 항공기 표면에 부딪치며 급속 냉각하여 발생
- 구조상 입자 모양의 집합체, 기포가 많다.
- 구름입자나 안개입자 중에서 비교적 작은 과냉각 수적이 부딪혀 생성된다.
- 0℃ 이하의 모든 온도에서 형성되거나 기온이 낮을 때(약 -10℃ 이하에서) 잘 발생한다.(-10℃ ~ -20℃)
- 맑은 착빙보다 덜 위험, 제빙 장치로 쉽게 제거가 가능.
- Leading edge 부분에 생성되어 공기흐름을 방해하여 양력을 감소시키게 됨

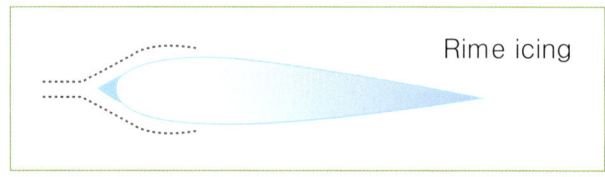

ⓑ 맑은 착빙(clear icing)
- 비교적 투명 또는 반투명하고 견고한 얼음막의 형태
- 0℃ ~ -10℃에서 잘 발생하고, 서서히 얼어붙는다.
- 대체로 얼음처럼 매끄럽다.
- 안개비나 빗방울 중에서 비교적 크며 과냉각 수적이 부딪혀 생성된다.
- 0℃ 보다 약간 낮은 온도에서(0℃ ~ -10℃ 사이) 잘 발생하고 적운이나 언 강수 현상이 있을 때 자주 나타난다.
- 맑은 착빙은 충돌간격이 물방울 동결보다 빠를 때 발생한다.(거친 착빙은 반대)
- 매우 단단하고 무겁기 때문에 제거하기가 어렵고 위험하다.
- 구조 착빙 중에 가장 위험한 형태이다.

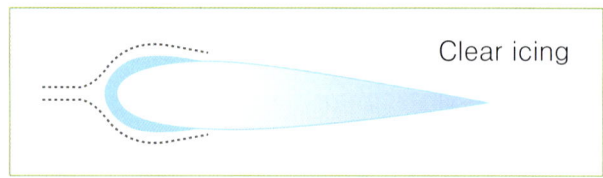

ⓒ 혼합 착빙(mixed icing)
맑은 착빙과 거친 착빙의 혼합형태로 과냉각 물방울이 다양한 크기로 형성된 것을 말한다. 눈 또는 얼음입자가 맑은 착빙 속에 묻혀서 울퉁불퉁하게 쌓여 형성된다. 온도가 -10℃ ~ -15℃ 사이의 적운형 구름 속에서 자주 발생한다.

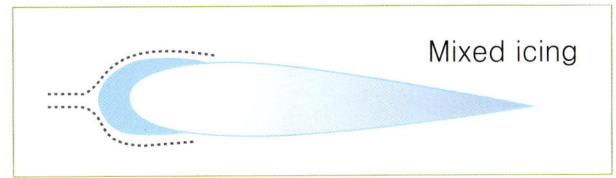

구조착빙은 항공기 외부구조에 형성되는 것이고 흡입착빙은 항공기의 공기흡입구나 기화기, 피토관 등에 형성되어 동력장치에 영향을 주는 착빙을 말한다.

② 흡입 착빙

흡입 착빙은 항공기의 공기흡입구나 기화기, 피토관등에 형성되어 동력장치에 영향을 주는 착빙이다.

- 흡입구 착빙 : 주로 엔진으로 들어가는 공기를 차단시켜 동력을 감소
- 기화기 착빙 : 외부 온도에 관계없이 기화기 안으로 유입되는 습운 공기가 냉각되어 발생.(22℃ ~ -10℃의 넓은 기온 영역에서 관측) 엔진을 완전하게 정지시킬 수 있음

3) 항공기 영향(비행시 영향을 미치는 요소)

- 날개 Icing 시 유선이 흐트러지기 때문에 항력 증가, 양력 감소가 발생
- 엔진 공기 흡입구 착빙은 외부이물손상(FOD : Foreign Obgect Damage) 원인과 공기 공급을 차단(항공기 성능 저하 및 출력 감소)
- 착빙에 의한 증량이 증가한다.
- 표면 Icing 시 지상에서 움직일 때 항공기 조작에 영향을 미친다
- 시계방해(무선통신 장애)를 발생시킨다.
- 안테나의 착빙은 그 기능을 저하시킨다.

4) 우박

① 우박이란?

우박은 상류기류를 타고 발달된 적운이나 적란운의 꼭대기가 5℃ ~ 10℃ 까지 이르러 빙점이 생기고 습도가 높은 구름에서 눈의 결정이 형성되고, 눈의 결정 주위에 차가운 물방울들이 얼어붙고 점차 커지면서 낙하속도가 증가하여 지상에 떨어지는 얼음 덩어리를 말한다.(직경이 2cm 이상)

주로 강한 상승기류를 타고 적운이나 적란운에서 발생하며 천둥번개와 함께 비를 동반하기도 한다. 처음에는 눈의 결정 형태로 떨어지다가 과냉각된 구름 알갱이가 충돌하여 얼어붙고, 점차 커지면서 낙하속도가 증가하여 지상에 이르게 된다. 일반적으로 몇 분 정도면 그치지만, 때로는 30분 이상 내리는 경우도 있다

② 우박의 형성

- 우박은 적란운으로 뇌우가 내리면서 뇌우 속에서 강한 상류 기류가 발생하면서 높은 고도로 이동
- 이동되는 얼음 입자에 과냉각 물방울과 충돌하면서 더 높은 고도로 이동하면서 상승
- 과냉각 물방울은 온도가 −20℃ 정도로 매우 낮아짐
- 이런 과냉각 수적과 충돌을 계속하면서 흡착 과정으로 빙정 입자가 커지게 됨
- 빙정 입자가 상당한 크기로 성장하여 우박이 만들어지게 됨
- 지상으로 떨어질 정도로 커지면서 성장하게 됨
- 적란운 정상 부분에서 적란운 밖으로 떨어짐
- 떨어지면서 지상에 우박으로 도착하게 됨

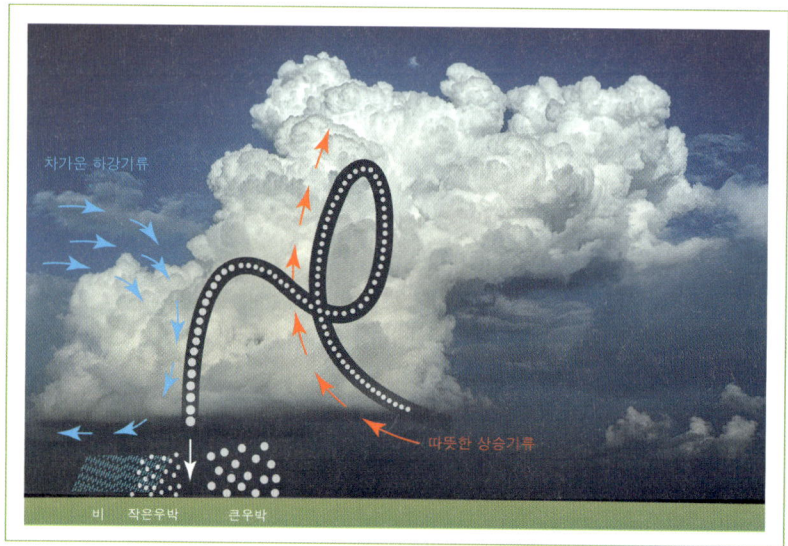

[뇌운 속에서 우박의 성장]

4. 번개와 천둥

1) 번개

먹구름이 발생하고 흐린 하늘에 "번쩍"하고 번개가 친 후에 "우르르쾅"하는 천둥소리가 들리게 된다. 또한 잠시 후에 굵은 빗방울이 떨어지기도 한다. 이와 같이 천둥과 번개를 동반한 폭풍우를 뇌우라고 한다. 천둥은 번개에 의해서 만들어지기고 두 개가 같이 발생하게 된다.

① 번개란?

번개는 적란운이 발달하면서 번개구름 속에서 분리 축적된 음전하와 양전하 사이에서 또는 구름 속의 음전하와 지면에 유도되는 양전하 사이에서 발생하는 방전으로 짧은 시간에 일어나는 전기적 방출을 말한다. 번개가 발생하여 방전을 하게 되면서 소리가 발생하게 되는데 이를 천둥이라고 한다.

[번개와 천둥]

② 번개의 발생 및 방전
- 번개는 적란운 상부에는 양전하가, 하부에는 음전하가 축적되면서 지면에 양전하가 유도되게 됨
- 지면의 양전하와 적란운 하부의 음전하 사이에 전하차가 생기게 되고 계속 증가하게 됨
- 계속 전하차가 증가하면 구름 하부와 지면 사이 전기방전이 발생하면서 낙뢰나 벼락이 발생

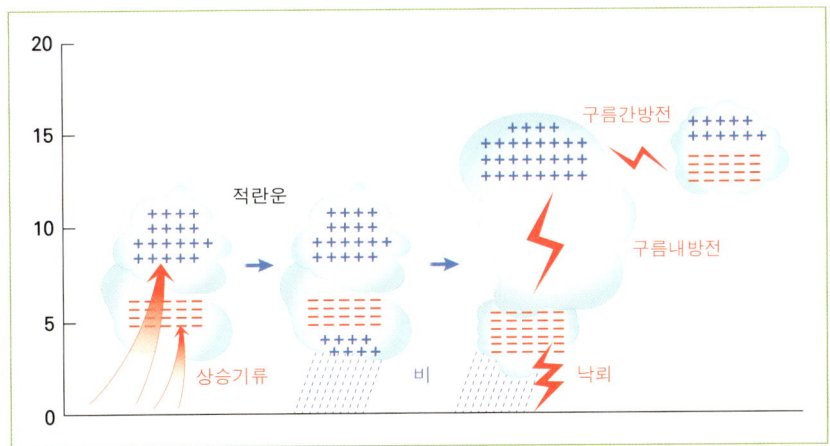

[뇌운의 형성과 낙뢰 발생(뇌운과 지표면 간의 높은 전위차에 의한 방전)]

2) 천둥

- 천둥은 번개에 의해서 만들어지고 두 개가 같이 발생하게 된다.
- 번개가 지나가는 경로에 방전 통로의 공기를 순식간에 10,000℃ 이상(15,000℃ ~ 20,000℃이상) 가열하여 공기가 폭발적으로 팽창
- 이런 팽창에 의해 만들어진 충격파가 퍼져 가면서 음파 발생
- 음파의 소리가 우리에게는 천둥으로 들리는 것임
- 번개는 눈으로 바로 보게 되고 음파는 빛의 속도보다 느리기 때문에 조금 있다 들리게 됨

5. 하강 돌풍(downburst)

뇌우 발달 과정은 다음 3단계로 구성된다.

- 오직 상승 기류만 있는 적운 단계
- 상승기류와 하강 기류가 공존하는 성숙 단계
- 하강 기류가 우세하고 결국에는 약해져서 사라지는 소멸 단계

성숙 단계의 하강 기류는 지표면에 도달하자마자 빠르게 퍼져 유출 기류를 만들어 10~15분 안에 최대로 유출되고 발산된다.

[뇌우 아래의 하강 기류]

■ 뇌우에서 발생한 하강 기류는

- 항공기의 안전 운항에 큰 영향을 줌
- 하강 기류 중에서 위험을 초래할 수 있는 하강 기류를 하강돌풍(downburst)이라 한다.
- 소규모 돌풍은 하강 기류가 지상에 도달하면 바깥으로 퍼져 위쪽으로 감싸는 소용돌이 고리 형성

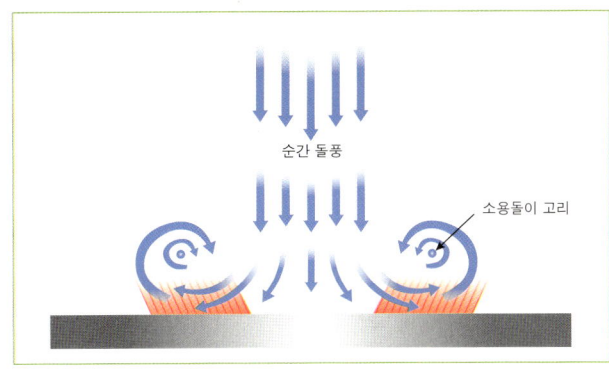

[소규모 돌풍의 단면]

- 전형적으로 소규모 돌풍은 대류운 아래에서 지상까지 곧바로 하강하여 지상에 도달한다.
- 지상 부근에서는 소규모 돌풍을 가로지르는 수평 바람 시어가 나타난다.
- 풍속은 강하고 풍향은 소규모 돌풍의 중심선을 횡단하면서 180° 급변한다.

6. 윈드시어(Wind Shear)

1) 윈드시어(Wind Shear)란?

갑자기 바람의 방향이나 세기가 바뀌는 현상을 말하며 바람이 수직이나 수평 방향으로 어느 쪽이나 나타날 수 있게 된다. 윈드시어는 어떠한 고도에서나 발생할 수 있기 때문에 항공기가 이착륙할 때 주의를 하여야 한다. 특히 가장 위험한 것은 2,000ft 내에서 항공기가 이착륙할 때 짧은 시간에 발생하게 된다는 것이다.

2) 윈드시어의 발생 원인

풍향이나 풍속이 급변하여 항공기 운항에 영향을 미치는 것으로 가장 많은 원인은 온도차이다.

- 풍향이 서로 달라서 와류가 생길 때
- 풍속이 급변(큰 풍속차)할 때
- 풍향과 풍속이 급변할 때

3) 윈드시어의 특징

- 고도에 무관하게 수직과 수평방향으로 존재한다.
- 상층윈드시어 : 상층 바람 경도에 의한 시어(Jet Stream) 전선지역에 잘 나타난다.

- 하층윈드시어 : 하층 바람경도에 의한 시어를 말한다.
- 최종 접근로나 이륙로 또는 초기 이륙 직후의 고도 급상승로를 따라 발생하는 지상 2,000ft 이하의 바람 시어를 하층 바람 시어(low level wind shear)라고 함
- 보통 저층 바람 시어의 강도는 연직 바람 시어의 강도로 나타냄

[저층 윈드시어의 강도]

저층 윈드시어 강도	연직 윈드시어 강도(kt/100ft)
약함	< 4.0
보통	4.0 ~ 7.9
강함	8.0 ~ 11.9
아주 강함	≥ 12

(4) 윈드시어에 의한 항공기의 영향

- 항공기가 이착륙할 때
  - 활주로 근처에서 바람 시어는 정풍이나 배풍의 급격한 증가/감소를 초래하여 항공기의 실속이나 비정상적인 고도 상승을 초래한다.
  - 측풍에 의해 활주로 이탈을 초래한다.

7. 마이크로 버스트(microburst)

1) 마이크로 버스트란?

대류 활동에 연관되어 나타나는 특수한 Wind shear를 말한다.

- 하강기류 중심으로부터 전 방향으로 확산되면서 지표면에 도달하는 규모가 작은(국지적인) 하강기류
- 뇌우 또는 뇌우를 동반하지 않는 소규모 대류운과 관련된 강한 하강기류
- 모든 항공기에게 저고도에서 극히 위험을 초래할 수 있는 수직 및 수평 Wind Shear를 말함
- 항공기가 마이크로 버스트를 통과할 때 맞바람과 뒷바람의 풍속 차는 약 50KTS 정도
- 도플러 레이더에서 관측된 최대 풍속 차는 93KTS에 달함
- 마이크로 버스트를 탐지하고 경보하는 데에는 도플러 레이더가 가장 효과적임

2) 마이크로 버스트 발생 지역

뇌우가 발생할 수 있는 조건을 갖춘 지역에서 발생한다.(최성기+소멸기에서 나타남)

- 상승작용, 높은 습도에 하층의 가열, 대류, 상승냉각 등의 요인이 있는 지역
- 기본적으로 불안정한 대기, 대류활동이 존재하는 곳에서 발견
- 뇌우와 관련된 많은 빗속에 가려져 있음

3) 마이크로 버스트 크기/강도

- 구름 하단으로부터 강할 때는 1마일 이하의 직경의 하향 바람이지만, 지면에 거의 도달해서는 2 ~ 1/2 마일까지 확장된다.
- 모든 항공기, 특히 저고도(1,000ft 이하)에서는 매우 위험하다.
- 마이크로 버스트는 하강기류가 지상에 처음 도달한 후 5분 내외의 시간에 강화된다.
- 수평적 규모는 1~3km 정도
- 지속시간은 5~15분 정도이며 2~4분 정도에 강한 Wind shear(윈드시어)가 나타난다.

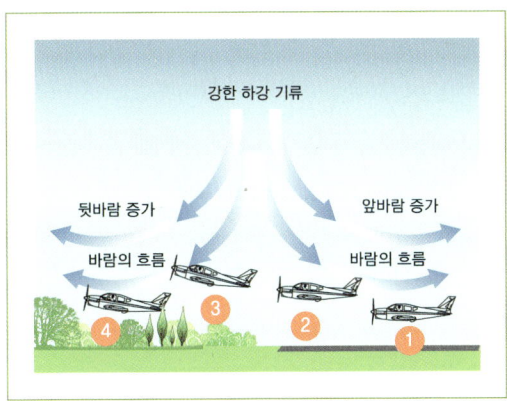

[마이크로 버스트가 이착륙하는 항공기에 미치는 치명적인 영향]

8. 태풍(Typhoon)

1) 태풍의 정의/명칭

열대성 저기압 중 중심 최대풍속이 초속 17m 이상의 폭풍우를 동반하는 것을 말한다. 지구상에서 연간 발생하는 열대성 저기압은 평균 80개 정도이다.(연평균 T : 30개, H : 23개, C : 27개, W : 7개)

■ 태풍의 명칭/발생해역

태풍은 지구상에서 발생한 지역에 따라 각각 명칭을 달리하고 있다.

- 태풍(Typhoon)〈한국, 일본〉 : 북태평양 서부, 남중국해
- 허리케인(Hurricane)〈미국〉 : 북대서양 서부, 서인도제도 부분, 카리브해, 멕시코만, 북태평양 동부
- 사이클론(Cyclone) : 호주북서부(인도양남부), 남태평양 해역, 벵골만과 아라비아해 (저빈도)
- 윌리윌리(Willy-Willy)〈호주〉 : 호주부근 남태평양 해역

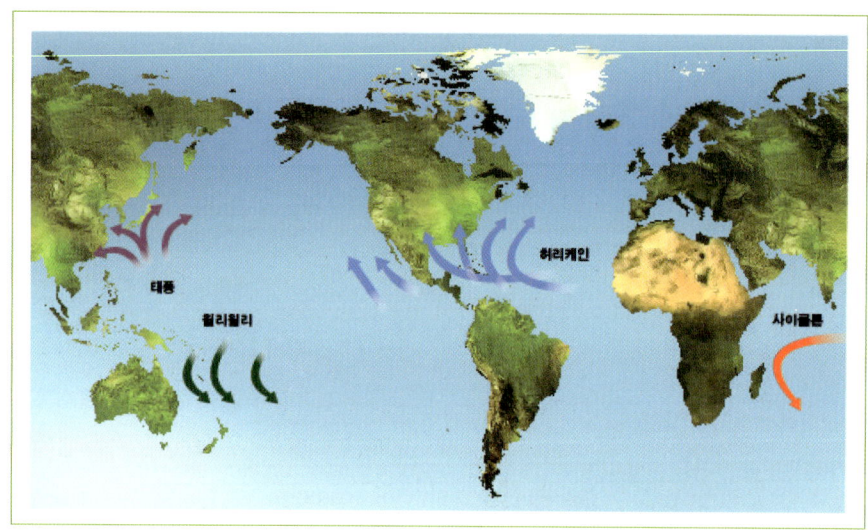

[태풍의 발생지역과 이동 경로]

■ 태풍의 이동 경로

- 태풍 : 필리핀 부근 → 동아시아
- 사이클론 : 인도양 → 남부 아시아
- 윌리윌리 : 남태평양 → 오세아니아
- 허리케인 : 카리브해 → 북아메리카

2) 태풍의 특성

- 전선을 동반하지 않는다.
- 등압선이 거의 동심원이다.(선형풍)
- 눈에는 강한 하강기류가 존재한다.(구름, 강수 없음)

- 크기는 200~800km이며 높이는 13km 정도이다.
- 기압경도는 중심부에서 급격히 증가한다.
- 에너지원은 온난 다습한 공기(수증기 잠열)이다.

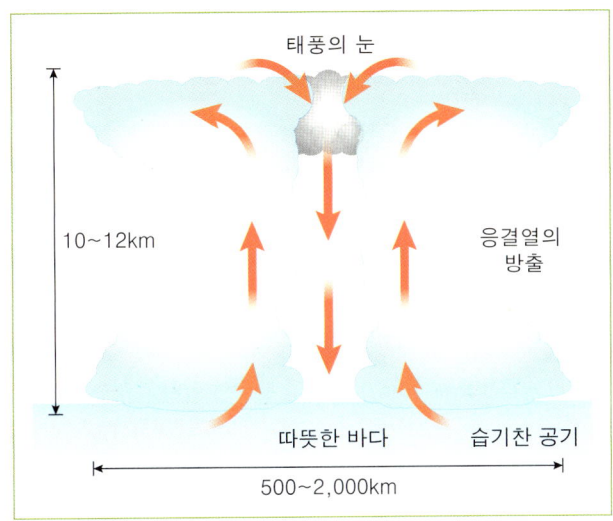

[태풍의 단면도]

3) 태풍의 발생조건

- 열대성 저기압으로 지구상에는 연간 80개 정도 발생한다.
- 공기의 소용돌이가 있어야 한다.
- 해수면 온도가 보통 27℃ 이상이어야 한다.
- 공기가 따뜻하고 공기중에 수증기가 많고 공기가 매우 불안정해야 한다.

■ 우리나라와 극동지방에 영향을 주는 태풍

- 동경 110° ~ 180°, 북위 5° ~ 20° 구역의 적도 부근 해역에서 발생
- 우리나라는 태풍이 2 ~ 3개 정도 영향을 미침

4) 태풍의 구분

세계 기상기구(WMO: World Meteorological Organization)는 최대 풍속(중심 부근)에 따라 4등급으로 분류하며 열대성 폭풍(TS)으로부터 태풍의 이름을 붙인다. (우리나라와 일본은 열대성 이상을 태풍이라고 부른다.)

[풍속 · 세기 분류]

중심부근 최대풍속		34Kts 미만 (17m/s 미만)	34Kts~47Kts (17~24m/s 미만)	48Kts~63Kts (25~32m/s 미만)	64Kts (33m/s 미만)
구분	세계기상기구 (WMO)명칭	약한열대 저기압 Tropical Depression(TD)	열대성 폭풍 Tropical Storm(TS)	강한 열대성 폭풍 Severe Tropical Storm(STS)	태풍 Typhoon(TY)
	한국/일본 명칭	약한 열대 저기압	태풍(Typhoon)		

5) 태풍의 크기/강도 분류

[태풍의 크기 분류 : 초속 15m/s 이상의 풍속이 미치는 영역에 따라 분류]

단계	풍속 15m/s 이상의 반경
소형	300km 미만
중형	300km 이상 ~ 500km 미만
대형	500km 이상 ~ 800km 미만
중초대형	800km 이상

[태풍의 강도 분류 : 중심기압보다 중심 최대풍속을 기준으로 분류]

단계	최대풍속
약	17m/s(34knots) 이상 ~ 25m/s(48knots) 미만
중	25m/s(48knots) 이상 ~ 33m/s(64knots) 미만
강	33m/s(64knots) 이상 ~ 44m/s(85knots) 미만
매우 강	44m/s (85knots) 이상

* 태풍의 크기는 A, B, C급 등으로는 구분하지 않음

9. 제트기류(Jet Stream)

1) 제트기류란?

상부 대류권 또는 성층권 하부, 즉 대류권계면에서 거의 수평쪽으로 집중적으로 부는 좁은 하강기류를 말한다.

2) 발생원인

온도차에 의해 생기고 혹은 지구는 3개의 대기세포로 구성이 되어 있어서 헤들리 세포, 페럴 세포, 극세포로 구성이 되어서 대류현상이 일어나고 있다.

- 이러한 세포의 높이가 갑자기 차이가 날 경우에 이 차이를 없애기 위해 제트기류가 형성
- 갑자기 온도차로 대류권계면이 순간적으로 차가 커질 때

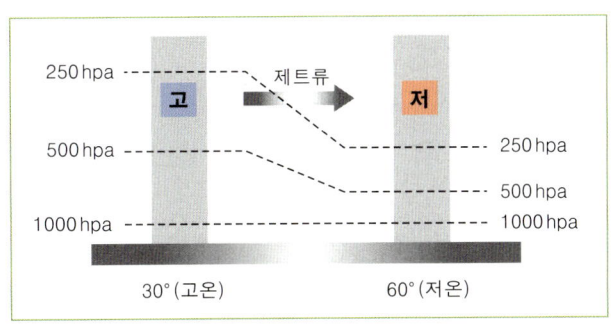

[제트기류의 발생]

3) 제트기류의 특징

- 길이는 수천 Km에 달하며, 수백 Km의 폭, 수직두께 수백 m 의 강한 바람이다.
- 50kts 이상의 속도를 지닌다.
- 보통 여름보다는 겨울에 더 강하게 나타난다.
  - 제트기류의 평균위치가 겨울철에는 남쪽으로 이동함에 따라 그 중심은 더 높은 고도로 상승하게 되고 바람도 증가
  - 가장 강한 바람의 중심은 보통 25,000~ 40,000ft 발생
  - 열적균형을 위해 이동
- 남반부에는 지형(바다) 관계로 제트기류가 없다.
- 한대 제트기류가 우리나라에 영향을 미친다.(온대 제트기류는 영향 없음)

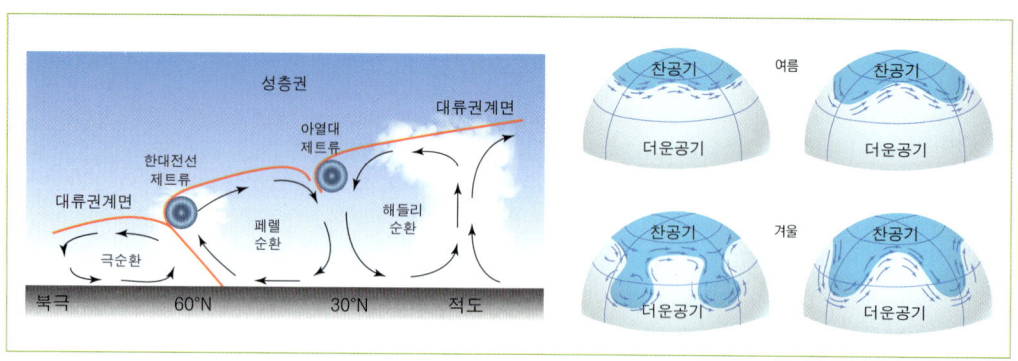

[제트류의 위치]   [제트류의 변화하는 모습]

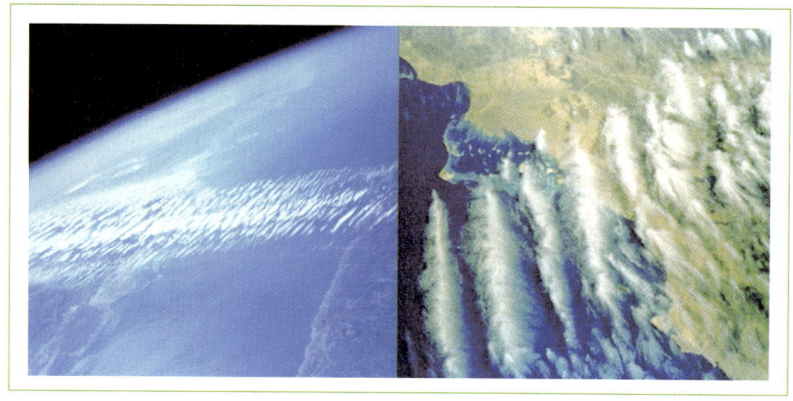

[제트기류]

10. 항공기상 전문

1) 항공기상 관측 및 보고

① 정시관측(routine observation) 및 보고(METAR)

정시관측 보고는 1시간 간격으로 실시하는 관측을 말하며, 지상풍, 시정, 활주로 가시거리, 현재 일기 또는 구름, 기온, 노점 온도, 기압, 보충 정보 등을 포함하여야 한다.

- METAR 전문 해석
  RKPC 201000Z 27016G27KT 1000 SE R24/1000VP1400N -RA BKN009 OVC030 27/26 A2998 RERA WS RWY24

항공기상

METAR 항공기상 정시관측 전문		
RKPC	대한민국 제주국제공항	ICAO 지정한 지점 식별 부호 영문 4글자
201000	일(day), 시간(UTC) 20일, 1000UTC	관측 시간
27016G27KT	풍향은 270°이며 풍속(10분간의 평균치 진북 기준) 16kts 최대 풍속(10분간의 최대 풍속) : 27kts	풍향은 10°단위를 사용 풍속은 1m/s=2knots
1000 SE	남동쪽 최단 시정 1,000m	특정 방향이 시정이 좋지 않은 경우는 방향을 표시해 주기
R24/ 1100VP1400N R24/ 1100VP1400N	활주로 24 방향 시정이 1,100m이고 최근 10분간 1,100~1,400m로 가변적이고 RVR값이 변화가 없는 상태	RVR은 10분간의 평균값은 사용 RVR값보다 좋으면 'P' RVR값보다 적으면 'M' RVR 경향 U(upward tendency) : 호전 D(Downward tendency) : 악화 N(No change) : 변화 없음.
	VP : 10분간의 평균 RVR 대신 1분간 평균 최솟값, 최댓값을 보고 (1분 평균 최소, 최대의 차가 평균보다 50m 또는 20% 차이가 날 때)	
-RA	현재 약한 비가 내리고 있음	수식어와 일기 현상
BKN009 OVC030	900ft에 broken 운량(5~7oktas) 3,000ft에 overcast 운량(8oktas) ※octas=oktas(동일 표현)	FEW : 1~2oktas SCT : 3~4oktas BKN : 5~7oktas OVC : 8oktas CB나 TCU(탑상 적운)이 관측되는 경우에는 그 운형을 덧붙여 보고한다.
27/26	온도 27℃, 노점 온도 26℃	영하인 경우 'M'을 붙인다.
A2998	고도계 29.98 inch hg	'Q' 다음에 네 자리 숫자로 현지 기압 표시 (Q1012) 'A' 다음에 네 자리 숫자로 현지 기압 표시 (A2998)
RERA	관측 시간 전에 강한 비가 내리다 현재 약한 비가 내리고 있음.	관측 시간 직전과 현재 관측 시간 사이에 있던 특이 기상 현상
WS RWY24 WS RWY24	활주로 24방향에 저고도 윈드시어 경고	WS RWY(number) WS ALL RWY
	고도 500m(2,000ft) 이하의 이·착륙 접근 경로상의 항공기 운항에 심각한 영향을 줄 수 있는 윈드시어(wind-shear)에 대한 정보 제공	

② 특별관측(Special Observation) 및 보고(SPECI)

특별관측은 정시관측 사이에 지상풍, 시정, 활주로 가시거리, 현재 일기 또는 구름에 관한 특정 기준 값 이상의 변화가 있을 경우 관측을 실시한다. 단, 인천국제공항은 정시관측이 30분마다 보고되므로 특별관측을 실시하지 않는다.

③ 수시관측(Provisional Observation)

항공교통업무 기관의 요청이 있을 경우 일부 기상 요소에 대한 수시관측을 실시하며, 자체 공항 안에만 통보한다. 단, 기온, 노점 온도, 기압, 보충 정보 등은 제외시킨다.

④ 사고관측(Accidental Observation)

당해 공항 부근 지역에서 항공기 사고를 목격하였거나 항공교통업무 기관으로부터 항공기 사고 발생 통지를 받았을 경우 정시관측에 준하는 모든 기상 요소에 대한 내용의 관측을 실시하며, 비고란에 'ACCID'로 기입하여야 한다. 단 사고관측을 실시하고자 하는 시각과 정시관측 또는 특별관측 시간이 거의 같거나 통보받은 시간에 정시 또는 수시관측이 이미 완료된 경우에는 사고관측을 생략할 수 있다.

2) 항공기상예보의 종류

항공기상예보는 국제 민간협약 부속서 3(ICAO Annex 3)에 근거하여 공항예보, 이륙예보, 착륙예보, 위험기상예보, 저고도공역예보 등으로 구분할 수 있다.

① 공항예보(TAF : terminal aerodrome forecast)

공항예보는 특정 기간 동안 공항에서 예상되는 우세한 기상 상태에 대해서 국제적으로 합의된 부호를 이용하여 서술하는 것이다. 국제공항에 대한 공항예보는 05,11,17,23 UTC에 발표해야 하고, 국내 공항에 대한 공항예보는 00,06,12,18 UTC에 발표한다. 공항예보의 유효 시간은 각각의 발표 시간 1시간 이후부터 30시간 이내로 한다. 새로 발표되는 공항예보는 자동적으로 이전에 발표된 공항예보로 대체된다. 단, 12시간미만의 유효시간을 가지는 공항예보는 매 3시간 간격으로, 12시간 이상 30시간까지의 유효시간을 가지는 공항예보는 매 6시간 간격으로 발표해야 한다.

■ TAF 공항예보 공항예보(TAF)

RKSI	인천국제공항	ICAO에서 지정한 영문 네 자리 글자 식별 부호
231212	23일 1200UTC~다음날 1200UTC	(일시)(예보 시작 시각)(예보 끝 시각) UTC

항공기상

18012G25KT	지상풍 180도 방향 풍속 12kts, 10분간 최대 풍속 25kts	풍향, 풍속 10분간 평균값
5000 −RA	약한 비와 시정 5,000m 예상	
BKN009 OVC030	900feet에 broken 운량 예상 3,000feet overcast 운량 예상	
TEMPO 1801 3000 − RA BKN007 OVC013	약한 비와 함께 시정 3,000m 예상, 구름은 700ft에 broken, 1,300ft에 overcast	
PROB30 2022 0900 RA PROB30 2022 0900 RA	2000~2200UTC 사이에 다음 기상 현상이 나타난 확률 30% 보통 비와 함께 우시정이 900m 예상	
FM 0130 30012KT 4000 −RA BKN010 OVC028 FM 0130 30012KT 4000 −RA BKN010 OVC028	0130UTC를 기준으로 기상 변화할 것으로 예상 풍향 300° 방향, 풍속 12kts, 1000ft에 BKN, 2800ft에 OVC	
BECMG 0608	0600~0800UTC 사이에 점차적으로 변해 0800 이후에 변화된 일기상태를 유지할 것으로 예상	
27005KT 5000 BR	지상풍 270도, 풍속 5kts, 시정 5,000m 예상, BR(박무)	
BECMG 0911 VRB03KT CAVOK	0900~1100UTC 사이에 변해서 1100UTC 이후 일기 상태 유지 풍속이 3kts 이하로 유지되면서 풍향은 다양하게 가변적으로 변할것으로 예상되며 'CAVOK' 예상됨	

② 착륙예보(landing forecast)

해당 공항의 항공기상 관서에서 국지적 이용자나 공항으로부터 1시간 이내의 비행거리에 있는 항공기에 기상 상태를 국제적으로 합의된 부호를 이용하여 간결하게 서술하여 예보하는 것이다. 그리고 지상풍, 시정, 일기 또는 구름 중 한 개 이상의 요소에 대한 중요 변화를 표시하여야 한다.

③ 이륙예보(take-off forecast)

이륙예보는 항공기의 적재 중량을 고려하여 안전한 이륙을 지원하는 것이 목적이며, 요청에 따라 출발 예정 시간(ETD : estimated time of departure) 3시간 이내에 운용자 또는 운항 승무원에게 제공될 수 있도록 발표(활주로 위의 지상풍과 기온, 기압, 국지적으로 협의된 사항)되어야 한다.

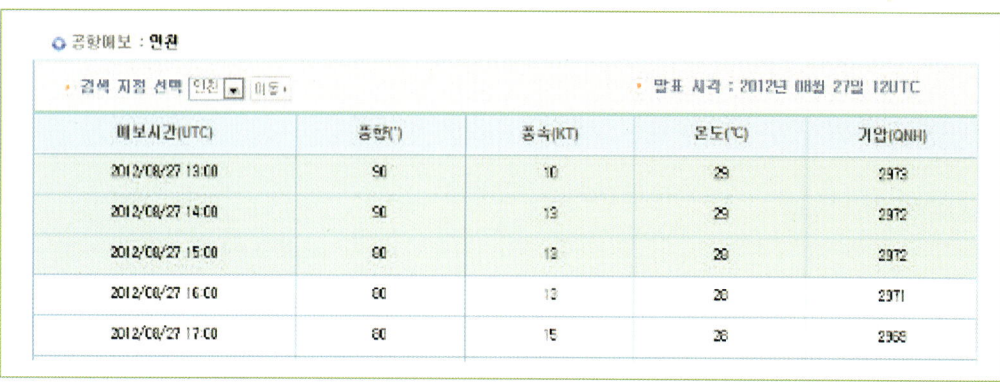

자료 출처 : 항공기상청(http://kama.kma.go.kr)

[이륙예보]

④ 위험기상예보(significant weather forecast)

위험기상예보는 고고도 위험기상예보, 중고도 위험기상예보, 저고도 위험기상예보 등으로 구분할 수 있다.

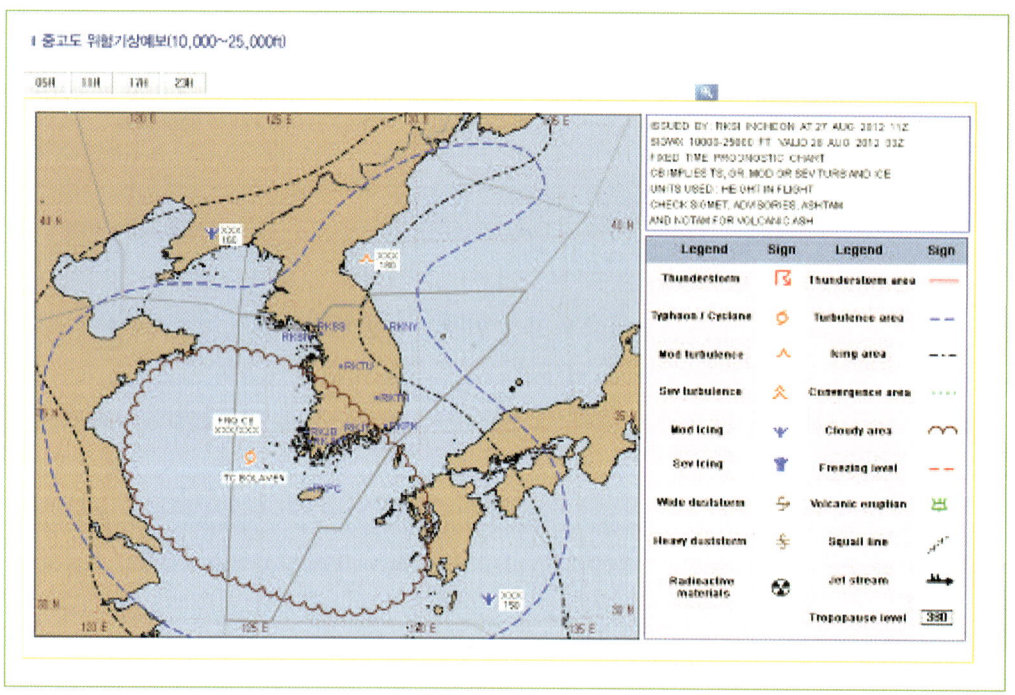

자료 출처 : 항공기상청(http://kama.kma.go.kr)

[중고도 위험기상예보]

항공기상

⑤ 저고도공역예보(area forecast for low-level flights)

저고도 공역예보는 AIRMET(aeronautical meterological information) 정보를 지원하기 위해서 국제적으로 합의된 부호를 이용하여 작성되며, 상층 바람과 기온, 저고도로 운항하는 항공기에 영향을 미칠 수 있는 위험 기상 현상을 포함하여 발표하여야 한다. 순위 도표(chart) 형식이 아닌 전문 형태로 발표되는 저고도 공역예보를 GAMET라고 한다.

자료 출처 : 항공기상청(http://kama.kma.go.kr)

[저고도 공역예보]

Chapter 02 항공기상 단원별 응용 문제풀이

응용문제 Key Point
1. 응용 문제풀이는 복습, 예습문제로 엮었습니다. WHY : 실제시험에도 순서에 관계없이 출제됩니다.
2. 예습 후 다음 장에 공부한 문제가 있으면 기억이 배가 됩니다.
3. 문제를 반복적으로 풀면서 암기하는 것이 합격의 지름길입니다.

01 공기 중에 존재하는 수증기의 양을 표현하는 것은?
① 기압
② 온도
③ 압력
④ 습도

해설
습도란 수증기의 양이 공기 중에 얼마나 포함되어 있는지 나타내는 단위를 말한다. 즉, 물이 증발하여 기체 상태로 되어 있는 물을 말한다. 습도는 상대습도와 절대습도가 있다.

02 공기 중에 존재하는 수증기의 양을 나타내는 것이 습도이고 습도의 양을 달라지게 하는 것은?
① 기압
② 풍속
③ 온도
④ 지표면 물의 양

해설
습도는 온도에 따라서 달라진다.

03 대기압에서 고기압과 저기압에 대한 설명이 맞는 것은?
① 고기압 지역에서 공기는 하강한다.
② 저기압 지역에서 공기는 하강한다.
③ 고기압 지역에서 공기는 상승한다.
④ 저기압 지역에서 공기는 정체한다.

해설
고기압 지역이나 마루에서 공기는 하강한다.
저기압 지역이나 골에서 공기는 상승한다.

04 바람이 발생하는 원인은 무엇인가?
① 공기밀도
② 지구 자전
③ 기압차이
④ 고도 높이

해설
두 점 사이(A, B점)에 기압의 차이가 다르면 압력이 큰 쪽(고기압)에서 작은 쪽(저기압)으로 힘이 생기며 바람이 불게 된다. 바람의 근본적 원인이며 이것을 기압 경도력이라 한다.

05 기압 경도력에 대한 설명 중 틀린 것은?
① 바람이 불게 되는 근본적인 원인
② 고기압에서 저기압으로 힘이 작용하는 것
③ 기압경도력은 기압차에 비례한다.
④ 기압경도력은 거리에 비례한다.

해설
기압 경도력의 설명
- 바람이 불게 되는 근본적인 원인
- 고기압에서 저기압으로 힘이 작용
- 기압경도력은 기압차에 비례(기압차가 높으면 바람이 강함)
- 기압경도력은 거리에 반비례
- 등압선의 간격이 좁으면 바람이 강함

06 진고도(true altitude)에 대한 설명이다. 맞는 것은?
① 표준대기압 해면으로부터 항공기까지의 높이
② 고도계가 지시하는 높이
③ 지면으로부터 항공기까지의 높이

[정답] 01 ④ 02 ③ 03 ① 04 ③ 05 ④ 06 ④

④ 오차를 수정한 실제 해면으로부터의 항공기까지의 높이

해설

기압고도, 진고도, 절대 고도

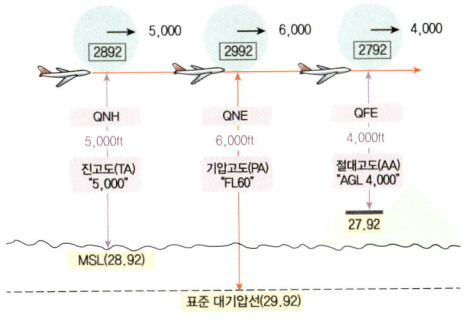

- 기압고도(Pressure altitude) : 표준대기압 해면(29.92inHg)으로부터 항공기까지의 높이
- 진고도(true altitude) : 실제 해면상으로부터 항공기까지의 높이
- 절대고도(absolute altitude) : 그 당시의 지표면(지면)으로부터 항공기까지의 높이

07 기압 고도(Pressure altitude)에 대한 설명이다. 맞는 것은?

① 항공기와 지표면의 실측 높이
② 고도계 수정치를 해면에 맞춘 높이
③ 지면으로부터 표준온도와 기압을 수정한 높이
④ 표준대기압 해면(29.92inHg)으로부터 항공기까지의 높이

해설

기압 고도는 해당지역이나 인근공항의 고도계 수정치 값으로 수정한 후에 고도계가 지시하는 고도로 표준 대기압 해면(29.92inHg)으로부터 항공기까지의 높이를 말한다.

08 비행기가 일정한 고도를 유지하면서 기압이 낮은 곳에서 높은 곳으로 비행한다. 이때 비행기내에 있는 기압 고도계의 지침은 어떻게 움직이나?

① 지시고도는 실제고도와 일치한다.
② 지시고도는 실제고도보다 낮게 지시한다.
③ 지시고도는 실제고도보다 높게 지시한다.
④ 지시고도는 실제고도보다 높게 지시하고 점차 일치한다.

해설

기압이 높은 곳에서 낮은 곳으로 이동하게 되면 실제 고도는 지시 고도보다 낮게 표시된다.
기압이 낮은 곳에서 높은 곳으로 이동하게 되면 실제 고도는 지시 고도보다 높게 표시된다.

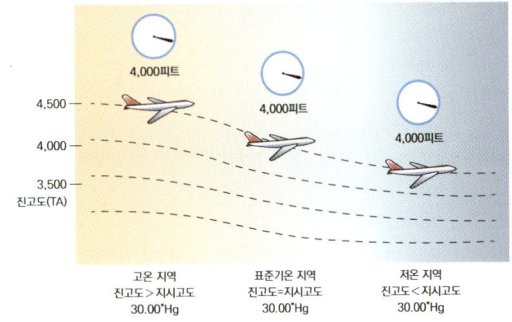

09 절대고도(absolute altitude)의 설명이다. 맞는 것은?

① 계기오차를 해수면에 맞춘 고도
② 해수면에서부터 고도계가 지시하는 고도
③ 그 당시 지표면으로부터 항공기까지의 고도
④ 표준기준면에서부터 항공기까지의 고도

10 기압고도(Pressure altitude)의 설명으로 맞는 것은?

① 표준대기압 해면(29.92inHg)에 맞춘 상태에서 고도계가 지시하는 고도
② 절대고도의 비표준기압으로 설정한 고도
③ 항공기 고도계가 지시하는 고도
④ 절대고도와 진고도의 차이를 더한 고도

[정답] 07 ④ 08 ② 09 ③ 10 ①

11 고도계를 수정하지 않고 저온지역으로 비행하면 실제 고도 지시는?

① 변화가 없다.
② 낮게 지시 후 높게 유지한다.
③ 낮게 지시한다.
④ 높게 지시한다.

12 해수면의 표준 기온은?

① 15℃   ② 20℃
③ 15°F   ④ 20°F

해설
해수면의 표준 기온은 15℃ = 59°F이다.

13 해수면의 표준기압은?

① 760 inch.Hg   ② 29.92"mb
③ 29.92 inch.Hg   ④ 760"mb

해설
해수면의 표준 기압은 1,013.25hPa = 760mmHg = 29.92 inHg 이다.

14 해수면의 표준기온과 기압이 틀린 것은?

① 표준기온은 59°F
② 표준기압은 29.92"mb
③ 압력은 1,013.25hPa
④ 압력은 760mmHg

15 기압의 단위를 나타내는 것은?

① m/s   ② knot
③ hPa   ④ ft

해설
기압의 단위는 (1 표준 기압) = 760mmHg, 1mb = hPa,

16 표준 대기(Standard atmosphere)에서의 1,000ft 거리 당 기온 감소율은?

① 1℃   ② 2℃
③ 1°F   ④ 2°F

해설
대기권 내에서 고도가 상승하면 온도는 일정한 비율로 감소하게 된다. 표준기온(15℃, 59°F)에서 1,000ft 거리 당 기온 감소율은 2℃이다.

17 평균 해면에서의 온도가 22℃ 이다. 1,000ft 올라가게 되면 온도는 몇 도인가?

① 30℃   ② 24℃
③ 20℃   ④ 10℃

18 기압의 측정 단위 설명이 틀린 것은?

① 1기압(atm)은 큰 압력을 측정하는 단위로 사용한다.
② 국제단위계의 압력 단위 1Pa는 $1m^3$ 당 1N의 힘으로 정의한다.
③ 단위면적($1cm^2$)에서 1기압의 높이는 10km이다.
④ 기압의 단위는 헥토파스칼(hPa)이다.

해설
기압의 측정단위인 헥토파스칼(hPa)은 1mb이며 1표준기압은 760mmHg이다.

19 다음은 기압의 특징을 설명한 것이다. 틀린 것은?

[정답] 11 ③   12 ①   13 ③   14 ②   15 ③   16 ②   17 ③   18 ③   19 ④

① 고도가 낮을수록 기압은 높아진다.
② 대기의 기압은 기상 조건에 따라 변한다.
③ 기준기압이 평균 해수면을 기준으로 하여 지역의 기압을 측정한다.
④ 더운 날씨에는 공기를 희박하게 하여 공기 밀도가 낮다.

해설
더운 날씨에는 공기 밀도가 높다. 기온이 낮은 지역에는 기압 고도가 낮다.

20 대기를 구성하는 요소가 맞는 것은?
① 질소(78.08%), 산소(20.95%), 아르곤(0.93%), 이산화탄소(0.035%)
② 질소(20.95%), 산소(78.08%), 아르곤(0.93%), 이산화탄소(0.035%)
③ 질소(78.08%), 산소(20.95%), 아르곤(0.035%), 이산화탄소(0.93%)
④ 질소(20.95%), 산소(78.08%), 아르곤(0.035%), 이산화탄소(0.93%)

해설
대기를 구성하는 요소는 질소(78.08%), 산소(20.95%), 아르곤(0.93%), 이산화탄소(0.035%), 기타 0.005%로 구성되어 있으며 전체 질량의 99%가 지표면으로부터 40Km 이내에 집중되어 있다.

21 대기권의 구성을 지표면으로부터 순서대로 적은 것은?
① 대류권, 성층권, 중간권, 열권, 외기권
② 대류권, 중간권, 성층권, 열권, 외기권
③ 성층권, 대류권, 중간권, 열권, 외기권
④ 대류권, 성층권, 열권, 중간권, 외기권

해설
대기권의 구분은 지표면으로부터 일정한 거리마다 대류권, 성층권, 중간권, 열권, 외기권으로 나누어진다.

22 대기권 중에 올라갈수록 복사에너지 때문에 온도가 하강하는 층은 어느 층인가?
① 열권
② 대류권
③ 중간권
④ 성층권

해설
대류권은 지표면에 10Km 구간으로 전체 대기의 70~80%을 차지하고 있다. 복사에너지 때문에 올라갈수록 기온 하강이 일어나며 대류현상이 발생하게 된다.

23 대기권 중에서 지표면에서 약 10km까지로 복사에너지 때문에 대류 현상이 발생하는 층은?
① 대류권
② 성층권
③ 열권
④ 중간권

24 대기권 중에서 전체 대기의 70~80% 구간으로 기상변화가 발생하는 곳은?
① 대류권
② 성층권
③ 중간권
④ 열권

해설
대류권은 지표면으로부터 10Km 구간에 위치하며 전체 대기의 70~80% 구간으로 복사에너지 때문에 대류현상이 발생하여 기상변화가 발생하는 구간이다.

25 기온의 변화가 거의 없으며 가장 낮은 수준의 기온 저하율이 2℃/km 이하인 대기권 층은 무엇인가?
① 대류권
② 대류권계면
③ 성층권
④ 성층권계면

해설
대류권계면은 대기권에서 대류권과 성층권의 경계면으로 기온의 변화가 거의 없으며 가장 낮은 수준의 기온 저하율은 2℃/km 이거나 더 작게 감소되며 2℃/km를 초과하지 않는다.

[정답] 20 ① 21 ① 22 ② 23 ② 24 ① 25 ②

26 섭씨(celsius) 0℃를 화씨(fahrenheit)온도로 변환하면?

① 0°F
② 10°F
③ 32°F
④ 273.15°F

해설

온도 환산법
섭씨온도 → 화씨온도 변환
°F = (1.8 × °C) + 32°C

27 섭씨(celsius) 0℃를 절대온도(Kelvin)로 변환하면?

① 0K
② 10K
③ 64K
④ 273.15K

해설

온도 환산법
섭씨온도 → 절대 온도로 변환
K = °C + 273.15°C

28 풍속을 측정하고자 한다. 풍속의 단위로 틀린 것은?

① knot
② mile
③ kph
④ m/s

해설

풍속의 단위는 m/s, km/h, mile/h, knot 등으로 표시한다.

29 나뭇잎이 흔들리기 시작하며 바람을 느끼는 정도의 Wind Sock 각도가 30 ~ 40도 범위일 때 풍속은?

① 0 ~ 1m/sec
② 2 ~ 3m/sec
③ 3 ~ 5m/sec
④ 5 ~ 7m/sec

해설

Wind Sock 각도가 30 ~ 40도 범위에서 바람을 느끼고 나뭇잎이 흔들리기 시작하며 2m/sec 의 풍속이 불게 된다.

Wind Sock 각도	풍속(m/s)
0도	0m/sec
15 ~ 20도	1m/sec
30 ~ 40도	2m/sec
50 ~ 60도	3m/sec
70 ~ 80도	4m/sec
90도	5m/sec

30 지상 일기도는 날씨 분석을 위한 기본 일기도로 날씨의 분포를 파악하고 앞으로 날씨 변화를 예측하는데 사용된다. 다음 지상일기도의 특징이 틀린 것은?

① 지상일기도는 해면기압의 분포, 지상기온, 풍향, 풍속 등이 표시된다.
② 지상일기도는 등압선, 등온선, 구름 자료를 분석한다.
③ 지상일기도에서 등압선은 1000hPa을 기준으로 하여 4hPa 간격으로 그린다.
④ 지상일기도에는 구름의 형성과정 및 모양을 표시한다.

31 다음 중 대기현상이 아닌 것은?

① 일몰과 일출
② 해륙풍
③ 대륙풍
④ 비와 안개

32 다음은 고기압과 저기압에 관한 설명이다. 옳게 설명한 것은?

① 저기압은 북극(북반구) – 시계방향,
　　　　　 남극(남반구) – 시계방향으로 회전
　고기압은 북극(북반구) – 반시계방향,
　　　　　 남극(남반구) – 시계방향으로 회전

[정답]　26 ③　27 ④　28 ②　29 ②　30 ④　31 ①　32 ③

② 저기압은 북극(북반구) – 시계방향,
　　　　　　남극(남반구) – 반시계방향으로 회전
　고기압은 북극(북반구) – 시계방향,
　　　　　　남극(남반구) – 반시계방향으로 회전
③ 저기압은 북극(북반구) – 반시계방향,
　　　　　　남극(남반구) – 시계방향으로 회전
　고기압은 북극(북반구) – 시계방향,
　　　　　　남극(남반구) – 반시계방향으로 회전
④ 저기압은 북극(북반구) – 반시계방향,
　　　　　　남극(남반구) – 시계방향으로 회전
　고기압은 북극(북반구) – 반시계방향,
　　　　　　남극(남반구) – 시계방향으로 회전

해설
북극에서 등압선이 원형인 경우
- 북극(북반구)에서 중심이 저기압인 경우 반시계방향으로 불어 들어감
- 남극(남반구)에서 중심이 저기압인 경우 시계방향으로 불어 들어감
- 북극(북반구)에서 중심이 고기압인 경우 시계방향으로 불어 나옴
- 북극(북반구)에서 중심이 고기압인 경우 반시계방향으로 불어 나옴

33 해류풍 중 해풍에 대한 설명이 맞는 것은?

① 밤에 육지에서 바다로 공기가 이동하면서 부는 바람
② 밤에 바다에서 육지로 공기가 이동하면서 부는 바람
③ 낮에 육지에서 바다로 공기가 이동하면서 부는 바람
④ 낮에 바다에서 육지로 공기가 이동하면서 부는 바람

해설
낮에 바다에서 육지로 공기가 이동하면서 부는 바람이 해풍
낮에 육지에서 바다로 공기가 이동하면서 부는 바람이 육풍

34 여름철에는 바다에서 육지로 바람이 불고 겨울철에는 육지에서 바다로 부는 바람은?

① 해륙풍　　　　② 산곡풍
③ 대륙풍　　　　④ 계절풍

해설
계절에 따라서 부는 바람으로 계절풍이라 한다.

35 태양 때문에 육지와 바다가 가열되면서 바람이 불게 되는데 낮에는 바다에서 육지로 바람이 불고 밤에는 육지에서 바다로 부는 바람은?

① 해륙풍　　　　② 계절풍
③ 산곡풍　　　　④ 해풍

36 지구 대류권에서 일어나는 대기 순환의 근본적인 원인은?

① 태양열에너지의 변화
② 해수면의 온도
③ 구름의 변화
④ 대륙의 온도

해설
태양열에너지의 변화에 의해서 대기 순환이 근본적으로 변하게 된다.

37 다음은 산악지역에서 부는 산바람과 골바람에 대한 설명이다. 올바른 설명은?

① 산바람은 낮에 산 아래(골짜기)에서 산 정상으로 공기가 이동하는 바람
② 산바람은 산 정상에서, 골바람은 산 정상에서 산 아래로 공기가 이동하는 바람
③ 골바람은 산 아래에서, 산바람은 산 아래에서 산 정상으로 공기가 이동하는 바람

[정답] 33 ④　34 ④　35 ①　36 ①　37 ④

④ 골바람은 낮에 산 아래(골짜기)에서 산 정상으로 공기가 이동하는 바람

해설

산곡풍은 낮에는 골짜기에서 산 정상으로 공기가 이동하여 부는 골바람(곡풍)과 밤에는 산 정상에서 산 아래로 공기가 이동하여 부는 산바람(산풍)으로 구분된다.

38 산곡풍으로 주간에 태양 때문으로 인해 온도가 상승하여 골짜기에서 사면을 타고 산 정상으로 공기가 이동하면서 부는 바람은?

① 육풍 ② 상승풍
③ 산풍 ④ 상곡풍

39 얼음을 물의 상태로 변화시키는데 소비되는 열에너지를 무엇이라 하는가?

① 잠열 ② 열량
③ 비열 ④ 현열

해설

잠열 : 얼음(고체)을 물(액체)의 상태로 변화시키는데 소비되는 열에너지, 숨은열이라고도 한다.
열량 : 물질의 온도가 올라가서 열을 에너지의 양으로 나타내는 것
비열 : 단위 질량(1g)의 물질 온도를 1도 높이는 데 드는 열에너지
현열 : 얼음이라는 고체 상태인 채로 온도만이 변화하는 경우의 열을 말한다.

40 열량에 대한 설명이다. 맞는 것은?

① 단위 질량의 물질 온도를 1도 높이는 데 드는 열에너지
② 고체 상태인 채로 온도만이 변화하는 경우의 열
③ 고체를 액체의 상태로 변화시키는데 소비되는 열
④ 물질의 온도가 올라가서 열을 에너지의 양으로 나타내는 것

41 단위 질량(1g)의 물질 온도를 1°C 높이는 데 드는 열에너지는 무엇인가?

① 잠열 ② 열량
③ 비열 ④ 현열

42 대기의 온도(기온)를 측정할 때는 어떤 방법으로 측정하는가?

① 직사광선을 피해서 3m 높이에서 측정
② 직사광선이 있는 곳에서 3m 높이에서 측정
③ 직사광선을 피해서 1.5m 높이에서 측정
④ 직사광선을 피해서 1m 높이에서 측정

해설

대기의 온도(기온)를 측정할 때는 직사광선을 피해서 1.5m 높이로 측정하여야 한다.

43 안개, 구름이 형성되기 위해서는 어떤 조건이 필요한가?

① 기온이 일정하게 유지 될 경우
② 대기 중에 수증기가 없이 맑은 날씨일 경우
③ 대기 중에 수증기가 응축될 경우
④ 대기 중에 수증기가 존재할 경우

44 안개의 설명으로 틀린 것은?

① 관측자의 수평가시거리를 2km 미만으로 감소시키면 안개라고 한다.
② 대기 중의 수증기가 응결하여 지표면 가까이에서 작은 물방울로 떠 있는 것.
③ 대기 중에 응결을 촉진시키는 응결핵이 존재한다.
④ 외부에 많은 수증기의 공급이 있다.

[정답] 38 ③ 39 ① 40 ④ 41 ③ 42 ③ 43 ③ 44 ②

45 공기의 온도가 증가하면 기압의 변화가 생기며 기압이 낮아지는 이유는?

① 공기 온도 증가로 유동성이 없어서 기압은 낮아지게 된다.
② 공기 온도 증가로 가벼워지면서 기압은 낮아지게 된다.
③ 공기 온도 증가로 유동적이어서 기압은 낮아지게 된다.
④ 공기 온도 증가로 무거워지면서 기압은 낮아지게 된다.

해설
공기의 온도가 증가하면 가벼워지면서 기압은 낮아지게 된다.

46 대기 중에 기압, 습도, 온도 변화에 따른 공기밀도에 대한 설명이다. 맞는 것은?

① 공기밀도는 온도, 습도에 비례하고 기압에 반비례한다.
② 공기밀도는 온도에 비례하고 기압에 반비례한다.
③ 공기밀도는 기압에 비례하며 습도에 반비례한다.
④ 공기밀도는 습도에 비례하며 온도에 반비례한다.

해설
공기 밀도는 기압과 습도에 비례하고 온도에 반비례한다.

47 대기권의 기상에 대한 7가지 요소에 포함 안 되는 것은?

① 기온, 습도　　② 기압, 전선
③ 바람, 시정　　④ 바람, 강수

해설
대기의 기상에 대한 7가지 요소는 기온, 습도, 기압, 전선, 바람, 강수, 구름이다.

48 기상대에서 바람 방향(풍향)의 기준으로 사용하는 것은?

① 진북
② 자북
③ 수정된 자북
④ 진북을 기준으로 하는 자북

해설
기상대에서는 바람 방향(풍향)의 기준을 진북으로 사용하고 관제기에서는 자북을 사용한다.

49 자기장 센서(Magnetic Compass)가 가리키는 북쪽 방향을 어떻게 표현 하는가?

① 진북　　② 자북
③ 북극　　④ 도북

해설
나침반이나 자기장 센서가 가리키는 곳은 진짜 북국이 아니며 자북을 사용한다.

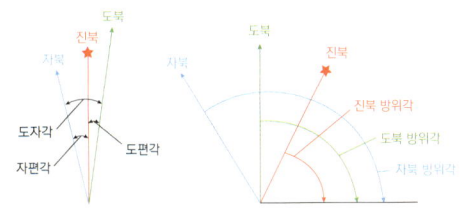

- 진북 : 북극점이 있는 지리학적 북쪽 방향
- 자북 : 나침반이 지시하는 북쪽 방향
- 도북 : 지도상의 북쪽 방향
- 자편각 : 자북과 진북의 사이 각도
- 도자각 : 도북과 자북의 사이 각도
- 도편각 : 도북과 진북의 사이 각도

50 자북과 진북의 사이 각을 무엇이라 하는가?

① 복각　　② 도자각
③ 도편각　　④ 자편각

[정답]　45 ②　46 ④　47 ③　48 ①　49 ②　50 ④

51 풍향의 변화를 주는 힘이 아닌 것은?

① 기압경도력
② 고도력
③ 마찰력의 세 힘
④ 코리올리 힘

해설

풍향의 변화를 주는 힘은 기압경도력, 전향력(코리올리의 힘), 마찰력의 세 힘이 작용하여 변한다.

52 공기가 포화되어 수증기가 작은 물방울로 응결할 때의 온도를 무엇이라 하는가?

① 안정온도　　② 포화온도
③ 노점온도　　④ 응결온도

해설

노점(이슬점)온도는 공기가 포화되어 수증기가 작은 물방울로 응결할 때의 온도를 말한다.

53 불포화 상태의 공기가 냉각되어 포화되면서 응결이 시작되는 온도를 무엇이라 하는가?

① 안정온도　　② 포화온도
③ 이슬점온도　④ 응결온도

해설

노점(이슬점)온도는 불포화 상태의 공기가 냉각되어 포화되면서 응결이 시작되는 온도를 말한다.

54 강수의 형성을 위한 5가지 조건에 포함 안 되는 것은?

① 냉각　　② 응결핵
③ 응축　　④ 재결합

해설

강수의 형성을 위한 5가지 조건은 냉각, 응결핵, 응축, 물방울 체적 증가, 충분한 수분 등이 있다.

55 강수 형성을 강화시키는 것이 아닌 것은?

① 온난한 하강기류
② 단열팽창 및 기온 하강(단열냉각)
③ 상승기류-수증기를 포함한 공기의 상승
④ 충돌-병합과정

해설

강수 형성 과정
- 수증기를 포함한 공기의 상승
- 단열팽창 및 기온 하강(단열냉각)
- 포화상태 도달
- 응결핵 중심으로 응축하여 작은 구름입자 형성
- 빙정과정
- 충돌-병합과정

56 대기에서 일어나는 강수 현상 중 성격이 다른 것은?

① 진눈깨비　　② 눈
③ 비　　　　　④ 우박

해설

액체 강수 : 비, 가랑비 등과 같이 액체로 존재하는 상태
언 강수 : 우박, 눈, 진눈깨비, 눈싸라기, 빙정 등과 같이 언 상태로 존재

57 강수의 물방울의 크기는 어느 정도 인가?

① 물방울의 크기가 대부분 0.5mm 보다 큰 경우
② 물방울의 크기가 대부분 1mm 보다 작은 경우
③ 물방울의 크기가 대부분 0.1mm 보다 큰 경우
④ 물방울의 크기가 대부분 0.3mm 보다 작은 경우

해설

강수의 물방울의 크기는 대부분 0.5mm 보다 큰 경우에 해당한다.

58 이슬비의 크기는 어느 정도 인가?

① 물방울의 크기가 직경 0.5mm 보다 작은 경우
② 물방울의 크기가 직경 0.7mm 보다 작은 경우

[정답]　51 ②　52 ③　53 ③　54 ④　55 ①　56 ③　57 ①　58 ①

③ 물방울의 크기가 직경 0.8mm 보다 작은 경우
④ 물방울의 크기가 직경 1mm 보다 작은 경우

해설

이슬비의 크기는 물방울의 크기가 직경 0.5mm 보다 작은 경우에 해당한다.

59 안개의 가시거리는?

① 1km 미만으로 감소시킬 때
② 2km 미만으로 감소시킬 때
③ 4km 미만으로 감소시킬 때
④ 5Km 미만으로 감소시킬 때

해설

관측자의 가시거리를 1km 미만으로 감소시킬 때 안개라 한다.

60 지면과 접해 있는 공기층의 온도가 이슬점 기온의 이하가 될 때 발생하는 대기현상은?

① 서리
② 이슬비
③ 강수
④ 안개

해설

지면과 접해 있는 공기층의 온도가 이슬점 이하가 되면 안개가 발생하게 되며 이렇게 발생되는 안개는 복사안개, 이류안개, 활승안개, 이류복사안개가 있다.

61 활승안개가 발생하는 지역은 어디인가?

① 산 경사면
② 해안지역
③ 지면
④ 내륙지역

해설

복사안개 : 복사 냉각 작용으로 발생하며 지면에서만 발생하기 때문에 지면안개라고 한다.
이류안개 : 무더운 공기가 이동하면서 발생하며 해안지역을 따라 발생한다.(해무)
활승안개 : 공기가 지형(산)의 경사면을 따라 올라가면서 발생

62 습윤하고 온난한 공기가 해면 위를 덮고 있다가 한랭한 수면으로 이동하면서 하층부터 냉각되어 형성되는 안개는?

① 복사안개
② 바다안개
③ 활승안개
④ 증기안개

해설

바다안개

해무라고도 하며 이륙안개라고 한다. 습윤하고 온난한 공기가 한랭한 육지나 수면으로 이동하면서 하층부터 냉각되어 안개가 발생하는 것을 말한다.

63 습윤한 공기로 덮여 있는 지면에 방사 방열로 인하여 야간이나 새벽에 발생하며 방사안개라고도 불리는 안개는?

① 땅안개
② 활승안개
③ 증기안개
④ 이륙안개

해설

복사안개(땅안개)

복사 냉각 작용으로 발생하며 지면에서만 발생하기 때문에 지면안개라고 한다. 방사 안개라고 하며 맑은 야간에 복사 냉각 작용에 의해 야간이나 새벽에 발생한다.

64 착빙(icing)에 대한 설명이 틀린 것은?

① 착빙(icing)은 항공기나 물체의 표면에 얼음이 달라 붙거나 덮어지는 현상을 말한다.
② 착빙(icing)은 겨울철과 같이 추운 계절에만 발생하기 때문에 그때만 조심하면 된다.
③ 항공기의 비행 안전에 있어서 중요한 장애 요인이 된다.
④ 양력을 감소시키고 마찰력으로 인해서 항력이 증가하게 되다.

해설

착빙은 항공기 표면(날개, 동체)의 대기온도가 0°C 미만으로 과냉각 물방울이나 구름 입자들의 충돌하여 얼어붙어 발생하게 된다.

[정답] 59 ① 60 ④ 61 ① 62 ② 63 ① 64 ②

65. 다음 중 착빙에 관한 설명 중 틀린 것은?

① 날개 착빙(icing)시 유선이 흐트러지기 때문에 항력 증가, 양력 감소가 발생한다.
② 표면 착빙(icing)시 지상에서 움직일 때 항공기 조작에는 특별한 영향이 없다.
③ 안테나의 착빙은 그 기능을 저하시킨다.
④ 시계방향(장애), 무선통신 장애를 발생시킨다.

해설

착빙은 항공기 표면뿐만 아니라 안테나, 무선통신 등의 장애를 발생시킬 수 있다.

66. 층운 구름이나 과냉각 물방울이 항공기 표면에 부딪치며 급속 냉각하면서 발생하며 0℃ 이하의 모든 온도에서 형성되는 착빙(icing)은?

① 거친 착빙(rime icing)
② 맑은 착빙(clear icing)
③ 혼합 착빙(mixed icing)
④ 흡입 착빙

해설

① 거친 착빙(rime icing)
  • 층운 구름이나 과냉각 물방울이 항공기 표면에 부딪치며 급속 냉각하여 발생
  • 맑은 착빙보다 덜 위험, 제빙 장치로 쉽게 제거가 가능
  • Leading edge 부분에 생성되어 공기흐름을 방해하여 양력을 감소시키게 됨
  • 0℃ 이하의 모든 온도에서 형성되거나 기온이 낮을 때 잘 발생
② 맑은 착빙(clear icing)
  • 비교적 투명 또는 반투명하고 견고한 얼음막의 형성
  • 매우 단단하고 무겁기 때문에 제거하기가 어렵고 위험
  • 구조 착빙 중에 가장 위험한 형태
  • 0 ~ -10℃에서 잘 발생하고, 서서히 얼어붙는다.
③ 혼합 착빙(mixed icing)
  • 맑은 착빙과 거친 착빙의 혼합형태
  • 과냉각 물방울이 다양한 크기로 형성되는 것을 말한다.
  • 구조착빙과 흡입착빙으로 나눠지게 된다.

67. 뇌우에 대한 설명 중 틀린 것은?

① 천둥과 번개를 동반하면서 내리는 비
② 여름철에 지표면이 불균등 가열되어 발생하는 권층운이나 권운 등이 나타남
③ 뇌우가 내리기 전에는 강한 바람이 불고 기온이 낮아짐
④ 폭우, 돌풍, 번개 등을 동반하여 짧은 시간에 많은 피해를 주기도 함

해설

여름철에 지표면이 불균등 가열되어 발생하는 적란운이나 적운 등이 나타남

68. 뇌우가 형성되려면 3가지 조건을 만족해야 한다. 틀린 것은?

① 충분한 수증기(습도)
② 강한 상승 운동
③ 강한 하강운동
④ 불안정 대기

해설

뇌우가 형성되려면 3가지 조건을 만족해야 한다.
• 높은 습도 : 충분한 수증기(습도)
• 상승운동 : 강한 상승 운동
• 불안정 대기 : 조건부 대기의 불안정 상태

69. 다음은 뇌우의 회피 요령이다. 틀린 것은?

① 뇌우를 만나면 출력을 최대로 수평을 유지하면서 직진으로 빨리 빠져나간다.
② 진입 이후에는 되돌아가지 말고 최단 경로 선택하여 통과한다.
③ 뇌우는 반드시 회피해야 한다.
④ 뇌우가 덮고 있다면 전 구역을 우회해야 한다.

해설

뇌우는 반드시 회피해야 하며 뇌우 아래 비행을 금지한다. 또한 접근하는 뇌우를 맞대고 착륙하거나 이륙하지 말아야 한다.

[정답] 65 ② 66 ① 67 ② 68 ③ 69 ①

70 뇌우가 발생할 때 동반하는 것이 아닌 것은?

① 돌풍
② 천둥
③ 과냉각 물방울
④ 번개

해설

뇌우는 천둥과 번개를 동반하면서 내리는 비이다.

71 번개와 뇌우에 관한 설명 중 틀린 것은?

① 모든 뇌우는 위험하다.
② 번개의 강도와 뇌우의 강도는 서로 관계가 없다.
③ 모든 뇌우는 번개를 생성한다.
④ 뇌우는 강수, 우박, 강풍이 발생할 수 있다.

해설

뇌우의 강도에 따라서 번개의 강도도 달라집니다.

72 한반도에 영향을 주는 기단 중에 초여름 날씨에 영향을 주는 기단으로 남쪽의 북태평양 기단과 정체 전선을 형성하여 불연속선의 장마전선을 이루는 기단은?

① 시베리아 기단
② 양쯔단 기단
③ 오호츠크해 기단
④ 북태평양 기단

해설

오호츠크해 기단
- 해양성 한대 기단
- 한랭습윤
- 초여름 날씨에 영향을 줌
- 늦봄, 초여름 높새바람 영향
- 불연속선의 장마전선을 이룸

73 우리나라의 겨울철에 영향을 주는 기단으로 한랭한 공기가 축적되어 형성된 한랭 건조한 기단은?

① 시베리아 기단
② 양쯔단 기단
③ 오호츠크 기단
④ 북태평양 기단

해설

시베리아 기단
- 바이칼호를 중심으로 하는 시베리아 대륙에서 발생
- 한랭 건조
- 시베리아 기단 원래의 찬 성질을 잃고 따듯한 기단으로 변질
- 대륙성 한대 기단
- 우리나라 겨울철에 영향을 준다.
- 서해의 열과 수분을 공급 받는다.
- 많은 눈을 내린다.

74 해양성 아열대 기단으로 우리나라의 여름철에 발생하며 7월 ~ 8월경 남동해상에서 발생하는 바다안개의 원인이 되기도 하는 고온 다습한 기단은?

① 시베리아 기단
② 양쯔강 기단
③ 오호츠크해 기단
④ 북태평양 기단

해설

북태평양 기단
- 북태평양에서 형성된다.
- 고온다습하다.
- 해양성 열대기단
- 수온이 낮은 한반도 동해상으로 북상한다.
- 하층에서 점차 냉각되어 종종 짙은 안개가 발생한다.
- 7월~8월경 남동해상에서 발생하는 바다안개(해무)의 원인이 된다.
- 여름 계절풍이 발생한다.

75 온난전선의 특징이 아닌 것은?

① 따뜻한 기단이 차가운 기단 쪽으로 이동하는 전선을 말한다.
② 권층운, 고층운 등이 나타나고 난층운이 와서 비나 눈이 오게 된다.
③ 가는 비가 오랫동안 온다.
④ 찬 기단이 따뜻한 기단 위로 올라가게 된다.

해설

온난전선
- 온난한 공기가 한랭한 공기 쪽으로 이동해 가는 전선을 말한다.
- 두 기단의 경계면의 경사는 완만하다.
- 따뜻한 공기가 상승하면 냉각되어 구름을 생성, 비 또는 눈이 내린다.

[정답] 70 ③ 71 ② 72 ③ 73 ① 74 ④ 75 ④

- 가는 비가 오랫동안 온다.
- 온난전선이 지나가면 기압은 감소하고 기온은 높아진다.
- 권층운, 고층운 등이 나타나고 난층운이 와서 비나 눈이 오게 된다.

76 한랭전선의 특징이 아닌 것은?

① 찬 공기가 따뜻한 공기 위로 올라간다.
② 적운 또는 적란운이 발생한다.
③ 소나기나 우박을 동반한다.
④ 온난전선보다 기울기가 크다.

해설
한랭전선은 인접한 두 기단 중에 찬 기단이 따뜻한 기단 밑으로 들어가면서 밀어내는 전선을 말한다. 이때 소나기, 우박, 뇌우 등을 동반하며 가끔은 돌풍이 발생한다.

77 찬 공기가 따뜻한 공기 속을 파고들어서 생기는 전선은?

① 온난전선   ② 한랭전선
③ 폐쇄전선   ④ 정체전선

해설
한랭전선은 찬 공기가 따뜻한 공기 속을 파고들기 때문에 따뜻한 공기는 찬 공기 위를 차고 올라가게 된다.

78 온난기단과 한랭기단이 서로 인접하고 있기 때문에 간섭 없이 안 움직이는 전선은?

① 정체전선   ② 온난전선
③ 폐색전선   ④ 한랭전선

해설
정체전선은 두 기단이 인접하여 서로 간섭 없이 움직임이 거의 없는 전선이다.

79 윈드시어(Wind shear)에 대한 설명이다. 틀린 것은?

① 윈드시어는 갑자기 바람의 방향이나 세기가 바뀌는 현상을 말한다.
② 윈드시어는 바람이 수직이나 수평 방향으로 나타날 수 있으며 수직 방향은 안전하다.
③ 윈드시어는 어떠한 고도에서나 발생할 수 있기 때문에 항공기가 이착륙할 때 주의를 요한다.
④ 가장 위험한 것은 2,000ft 내에서 항공기가 이착륙할 때 짧은 시간에 발생하게 된다는 것이다.

해설
윈드시어는 바람이 수직이나 수평 방향으로 어느 쪽이나 나타날 수 있으며 모두 위험하다.

80 윈드시어(Wind shear)의 특징에 대한 설명이다. 틀린 것은?

① 고도에 무관하게 수직과 수평방향으로 존재한다.
② 2,000ft 이하의 바람 시어가 가장 위험하다.
③ 풍향이나 풍속이 급변하여 항공기 운항에 영향을 미친다.
④ 가장 많은 원인은 항공기의 급상승으로 인하여 발생한다.

해설
윈드시어의 발생원인 중에 가장 많은 원인은 온도차이다.

81 평균 풍속보다 최대 풍속이 5m/s(10knot) 이상이거나, 최대 풍속이 17knot 이상인 강풍이며 지속시간이 초단위로 순간적으로 급변하는 바람은?

① 윈드시어(wind shear)
② 마이크로 버스트(microburst)
③ 스콜(squall)
④ 거스트(gust, 돌풍)

[정답] 76 ① 77 ② 78 ① 79 ② 80 ④ 81 ④

해설

거스트(gust, 돌풍)
- 순간 최대 풍속이 17knot 이상의 강풍이며 지속시간이 초 단위 일 때 돌풍이라고 한다.
- 평균풍속보다 최대풍속이 5m/s (10knot) 이상일 때 돌풍이라고 한다.(관측시간 10분 이내)

82 갑자기 돌풍이 불기 시작하여 몇 분 동안 계속 바람이 불다가 멈추는 바람은?

① 윈드시어(wind shear)
② 마이크로 버스트(microburst)
③ 스콜(squall)
④ 거스트(gust, 돌풍)

해설

스콜(squall)
- 갑자기 돌풍이 불기 시작하여 몇 분 동안 계속 바람이 불다가 멈추는 경우에 스콜이라 한다.(거스트와의 차이는 바람이 부는 시간차이다.)
- 20초 이내에 갑자기 바람이 바뀌면 돌풍이라 하고 20초 이상이면 스콜이라고 한다.

83 마이크로 버스트(microbusrt)에 대한 설명이 틀린 것은?

① 대륙 활동에 연관되어 나타나는 특수한 Wind shear를 말한다.
② 모든 항공기에게 저고도에서 극히 위험을 초래할 수 있는 수직 및 수평 wind shear를 말한다.
③ 마이크로 버스트를 탐지하고 경보하는 데는 도플러 레이더가 효과적이다.
④ 항공기가 마이크로 버스트를 통과할 때 맞바람과 뒷바람의 풍속 차이는 약 10KTS 정도이다.

해설

마이크로 버스트(microbusrt)
- 뇌우 또는 뇌우를 동반하지 않는 소규모 대류운과 관련된 강한 하강류
- 도플러 레이더로 탐지하고 경보한다.
- 대류 활동에 연관되어 나타나는 특수한 Wind shear를 말한다.
- 불안정한 대기, 대류활동이 존재하는 곳에서 발견
- 항공기가 마이크로버스트를 통과할 때 맞바람과 뒷바람의 풍속 차이는 약 50KTS 정도

84 태풍에 관한 설명으로 옳지 않은 것은?

① 열대성 저기압으로 중심 최대풍속이 초속 17m 이상의 폭풍우를 동반하는 것을 말한다.
② 미국에는 "허리케인", 인도양남부는 "사이클론", 호주에는 "윌리윌리"가 있다.
③ 전선은 동반하지 않는다.
④ 기압 경도는 중심부에서 급격히 증가하고 눈에는 강한 상승기류가 존재한다.

해설

열대성 저기압으로 중심 최대풍속이 초속 17m 이상의 폭풍우를 동반하는 것을 말한다.
- 전선을 동반하지 않는다.
- 등압선이 거의 동심원이다.
- 눈에는 강한 하강기류가 존재한다.(구름, 강수 없음)
- 기압 경도는 중심부에서 급격히 증가한다.
- 에너지원은 온난 다습한 공기(수증기 잠열)이다.
- 7월에서 8월까지 왕성하고 9월, 10월에는 서서히 줄어든다.

85 각 지역에 발생하는 태풍의 이름이 잘못 연결되어 있는 것은?

① 태풍(Typhoon) - 북태평양 서부, 남중국해
② 허리케인(Hurricane) - 북대서양 서부, 북태평양 동부
③ 사이클론(Cyclone) - 호주 북서부(인도양 남부)
④ 윌리윌리(Willy-Willy) - 멕시코만

해설

윌리윌리(Willy-Willy)는 호주부근, 남태평양 해역에 발생한다.

[정답] 82 ③   83 ④   84 ④   85 ④

86 제트기류(Jet Stream)에 대한 설명이 틀린 것은?

① 갑작스런 온도차로 대류권계면이 순간적으로 차이가 커질 때 발생한다.
② 대류권계면에서 거의 수평쪽으로 집중적으로 부는 좁은 하강기류를 말한다.
③ 길이는 수천 Km에 달하며 수백 Km의 폭, 수직두께 수백 m의 강한 바람이다.
④ 온대 제트기류는 우리나라에 영향을 미친다.

해설
제트기류는 상부 대류권 또는 성층권 하부, 즉 대류권계면에서 거의 수평 쪽으로 집중적으로 부는 좁은 하강기류를 말한다.
- 갑작스런 온도차로 대류권계면이 순간적으로 차이가 커진다.
- 길이는 수천 Km에 달하며, 수백 Km의 폭, 수직두께 수백 m의 강한 바람이다.
- 50Kts 이상의 속도를 지닌다.
- 보통 여름보다는 겨울에 더 강하게 나타난다.
- 남반부에는 지형(바다)관계로 제트기류가 없다.
- 한대 제트기류가 우리나라에 영향을 미친다.(온대 제트기류는 영향 없음)

87 구름의 종류는 구름이 떠 있는 높이에 따라 구분한다. 맞는 것은?

① 높이에 따라 고층운, 고적운, 적란운으로 구분한다.
② 높이에 따라 층운, 층적운 난층운으로 구분한다.
③ 높이에 따라 상층운, 중층운, 하층운으로 구분한다.
④ 높이에 따라 권적운, 권운, 권층운으로 구분한다.

해설
높이에 따라 상층운, 중층운, 하층운으로 구분하며 수직발달로 적란운과 적운으로 구분한다.

88 하층운의 구름이 아닌 것은?

① 층적운 ② 층운
③ 난층운 ④ 권운

해설
- 하층운 : 층운, 층적운, 난층운으로 구성됨
- 중층운 : 고층운, 고적운으로 구성됨
- 상층운 : 권적운, 권운, 권층운으로 구성됨

89 수직으로 발달한 구름은 대기의 불안정으로 인하여 강우가 발생하게 된다. 수직으로 발달하는 구름이 아닌 것은?

① 적란운 ② 권적운
③ 적운   ④ 층적운

해설
수직으로 발달한 구름은 대기의 불안정으로 인해서 수직 발달하고 많은 강우를 뿌리게 된다. 이런 구름에는 소구치는 적운, 층적운, 적란운 등이 있다.
- 적란운 : 수직으로 발달해 탑 모양을 이루는 큰 구름
- 권적운 : 양털 모양의 작은 덩어리 구름
- 적운 : 수직으로 두껍게 발달한 구름
- 층적운 : 두껍거나 편평한 덩어리 모양의 구름

90 두껍고 눈·비를 내리는 검은 회색 구름은?

① 난층운 ② 층적운
③ 권운   ④ 층운

해설
- 난층운(NS) : 두껍고 눈·비를 내리는 검은 회색 구름
- 층적운(SC) : 두껍거나 편평한 덩어리 모양의 구름
- 권운(Ci) : 줄무늬 모양의 구름
- 층운(ST) : 층 모양의 구름

91 불안정한 대기 상태로 비행요란을 동반하는 구름은?

① 적란운 ② 고적운
③ 권적운 ④ 적운

해설
적운 (CU)
- 여름철 발생하는 뭉게구름(적운)
- 날씨가 좋은 봄, 가을에 볼 수 있음

[정답] 86 ④ 87 ③ 88 ④ 89 ② 90 ① 91 ④

- 주로 물방울로 되어 있고 기온이 낮은 곳은 미세한 얼음으로 형성
- 위에는 둥글고 밑에는 평평한 구름이 수직으로 올라온 상태
- 불안정한 대기 상태

옥타(Octa) 분류법	
Sky clear	0/8
few	1/8 ~ 2/8
Scattered	3/8 ~ 4/8
broken	5/8 ~ 7/8
overcast	8/8

92 대기 하층부의 온도가 상승하면서 대류성 기류가 발생하고 이로 인해서 형성되는 구름은?

① 고적운 ② 층운
③ 권운 ④ 적운

해설

대기 하층부의 온도가 상승하면서 대류성 기류가 발생하며 불안정한 적운형의 구름이 형성된다. 대류성 기류에 형성되는 구름은 적운, 적란운이다.

93 푄 형상에 관한 설명이다. 틀린 것은?

① 산맥을 넘어 내려오는 바람
② 차고 습기가 많은 바람
③ 산맥을 넘어오면서 불어오는 고온건조한 바람(건조 단열)
④ 치누크와는 완전히 다른 바람이다.

해설

푄 형상은 국지풍 및 지방풍으로 특정 지역에서 부는 바람이다. 산맥에 부딪혀 내려온다.
- 한국에서는 태백산맥을 넘어 오는 바람으로 높새바람이라고 함
- 록키산맥을 넘어 오는 바람은 치누크라 함

94 구름의 양을 나타내는 구름 분류법 중에 하늘을 덮고 있는 구름이 5/10 ~ 9/10일 때의 상태를 무엇이라 하는가?

① Scattered ② Clear
③ Broken ④ Overcast

해설

구름 분류법(옥타)
구름의 양을 나타내는 용어로 하늘을 8등분하여 분류하는 것은 옥타(Octa) 분류법이라 한다.

95 "WIND CALM"의 항공기 용어 의미는?

① 바람의 세기가 7kts 이상이다.
② 바람의 세기가 6kts 이상이다.
③ 바람의 세기가 5kts 이상이다.
④ 바람의 세기가 5kts 이하이거나 무풍이어야 한다.

96 다음 설명은 비행성능에 미치는 요소이다. 다음 틀린 것은?

① 습도가 올라가면 공기밀도는 낮아져서 양력이 감소
② 무게가 증가하면 이·착륙할 때 활주거리가 길어짐
③ 공기밀도가 낮아지면 엔진 출력이 안 좋아 프로펠러 효율이 떨어짐
④ 습도가 올라가면 밀도가 낮고 엔진 성능과 이·착륙 성능이 동시에 나빠짐

97 대기의 열운동은 태양열에너지에 의해서 지표면 가열 때문에 발생하게 된다. 열운동 중에 물질의 이동 없이 열이 물질의 고온부에서 저온부로 이동해가는 현상은?

① 전도 ② 대류
③ 복사 ④ 이류

해설

- 복사 : 열이 물질의 고온부에서 저온부로 이동해가는 현상

[정답] 92 ④ 93 ④ 94 ③ 95 ① 96 ④ 97 ①

- 대류 : 유체에서 가열된 에너지는 위로 올라가고 차가운 것은 아래로 내려오는 현상
- 복사 : 물체로부터 방출되는 전자파를 총칭
- 이류 : 수평 방향으로 유체 운동이 발생하여 전송되는 것

98. 구름과 안개 분류를 위한 기준 고도는 몇 부터인가?

① 구름은 40ft 이상부터, 안개는 40ft 이하부터
② 구름은 50ft 이상부터, 안개는 50ft 이하부터
③ 구름은 60ft 이상부터, 안개는 60ft 이하부터
④ 구름은 70ft 이상부터, 안개는 70ft 이하부터

해설

안개와 구름의 분류를 위해서 고도 50ft를 기준으로 분류한다.

99. 지구가 자전에 의해서 발생하는 힘으로 북극과 남극에 따라 방향이 다르게 작용하는 힘을 무엇이라 하는가?

① 기압경도력　　② 전향력
③ 편향력　　　　④ 지면 마찰력

해설

전향력(코리올리 힘)은 지구가 자전에 의해서 발생하는 힘으로 북극과 남극에 따라 방향이 다르게 나타난다.
- 북극에서는 물체가 운동하는 방향의 오른쪽으로 전향력이 발생
- 남극에서는 물체가 운동하는 방향의 왼쪽으로 전향력이 발생

100. 두 지점(A, B점)에 기압의 차이가 다르면 높은 압력에서 낮은 압력으로 힘이 작용하게 된다. 이 힘을 무엇이라 하는가?

① 기압경도력　　② 전향력
③ 기압경도력　　④ 지면 마찰력

해설

기압경도력은 두 지점 사이(A, B 점)에 기압의 차이가 다르면 압력이 큰 쪽(고기압)에서 작은 쪽(저기압)으로 힘이 생기는 힘을 말한다.

101. 지표면에서 하층운의 높이까지 얼마인가?

① 2,500ft　　② 4,500ft
③ 6,500ft　　④ 7,500ft

해설

하층운은 지표면에서부터 6,500ft 높이까지며 층운, 층적운 등이 발생한다.

102. 항공고시보(NOTAM)의 유효기간은?

① 1개월　　② 2개월
③ 3개월　　④ 4개월

해설

항공고시보(NOTAM)는 항공 안전을 위한 잠재적인 위험이 공항이나 항로에 영향을 줄때 조종사 등에게 알리기 위한 것으로 유효기간은 3개월이다.

103. 항공정기기상보고(METAR)에 포함되어 있지 않은 것은?

① 항공기 고장이력　　② 활주로 가시거리
③ 노점온도　　　　　④ 시정

해설

항공정기기사보고(METAR)
정시관측 보고는 1시간 간격으로 실시하는 관측을 말하며, 지상풍, 시정, 활주로 가시거리, 현재 일기 또는 구름, 기온, 노점 온도, 기압, 보충 정보 등을 포함하여야 한다.

[정답] 98 ②　99 ②　100 ③　101 ③　102 ③　103 ①

DRONE

Drone Pilotless Aircraft
Unmanned Aerial Vehicle

DRONE
Drone Pilotless Aircraft
Unmanned Aerial Vehicle

유체역학의 한 응용분야로서, 좁은 뜻으로는 공기역학과 같은 뜻으로 사용되지만, 넓은 뜻으로는 공기역학을 응용하여 날개나 프로펠러의 원리, 항공기가 비행할 때에 기체의 각 부분에 작용하는 힘이나 항공기의 운동을 연구하는 학문이다.

날개이론을 중심으로 한 공기역학 외에 프로펠러의 이론, 항공기의 성능·운동성·조종성·안정성 등과 기체구조의 강도에 이르기까지 넓은 범위를 종합적으로 다루는 학문이다.

CHAPTER 03.
항공역학

SECTION 01 　비행기(고정익) 비행　170
SECTION 02 　헬리콥터 – 회전익 비행장치　187
SECTION 03 　비행관련 정보(AIP, NOTAM)　197
EXERCISE 　단원별 응용 문제풀이　202

SECTION 01 비행기(고정익) 비행

1. 비행기에 작용하는 힘

비행기가 지표면을 이륙하여 비행할 때 비행체에 여러 가지 힘이 작용하게 된다. 비행체에 주로 작용하는 힘은 양력(부력), 항력, 중력, 추력으로 나눌 수 있다. 지구의 중력, 위로 뜨려는 양력은 비행기의 상승과 하강을 가능하게 하며 비행기를 앞으로 전진하게 하려는 추력과 이를 방해하는 공기의 저항인 항력으로 비행기의 속도를 결정한다.

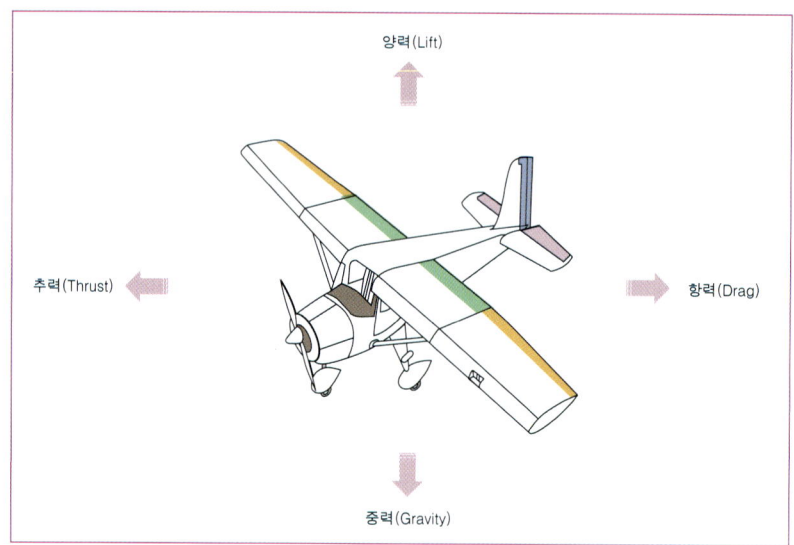

[비행체에 작용하는 힘]

① 양력(lift) : 공기의 흐름으로 비행기의 날개에 작용하여 전진 속도에 이르면 비행기를 공중에 뜨게 하는 힘. 부력이라고도 한다.

② 항력(drag) : 비행기가 전진할 때 공기의 저항으로 인해 비행을 방해하여 끌어 당기는 힘을 말하며 추력과는 반대 방향의 힘을 말한다. 외력이라고도 한다.
- 유해항력(마찰성 저항) - 항공기 표면에 공기의 마찰력이 발생하여 생기는 항력으로 항공기 속도가 증가할수록 증가
- 유도항력(유도기류에 의한 항력) - 항공기 날개가 만들어낸 양력에 의한 항력으로 항공기 속도가 증가할수록 감소
- 형상항력(유해항력의 일종으로 마찰성 저항) - 날개와 몸체의 형태에 따라 달라짐
- 전체항력 - 최소 속도로 비행하면 항공기는 가장 멀리 날아감
- 받음각(AOA)이 증가하면 유도항력이 증가

③ 중력(weight) : 지구 중력의 효과로 비행기의 무게에 작용하여 하강하게 하는 힘을 말한다. 비행기가 공중에 떠 있으려면 엔진(모터)의 힘이 중력을 이겨야 한다.

④ 추력(Thrust) : 비행기를 앞으로 전진하게 하려는 힘으로 엔진 혹은 프로펠러에 의해 생기는 힘을 말한다. 중력과 추력은 비행기의 속도를 결정하게 된다.

> **참고**
> - 추력과 항력은 속력과 밀접한 관계를 가지고 있음
>   - 추력이 항력보다 크면 비행 속력이 커지고 추력이 항력보다 작으면 비행 속력이 작아져서 하강한다.
>   - 추력과 항력의 균형이 맞추어지면 속력이 일정하게 유지되게 된다.
> - 비행기를 날게 하는 가장 큰 원인은 양력

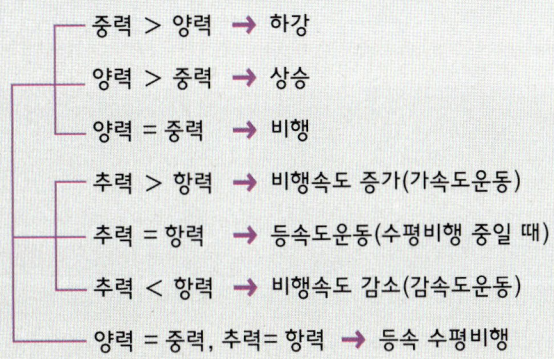

2. 비행기의 3축

항공기를 자유자재로 방향전환을 수행하기 위한 운동으로 항공기를 좌 – 우, 위 – 아래로 운동하기 위하여 X, Y, Z 축을 중심으로 회전하는 운동을 3축 운동이라 한다.
각각의 축이 단일적으로 회전하거나 복합적으로 회전하여 항공기가 자유롭게 움직이게 되는 것이다. 3개의 축의 움직임 이름을 롤링(Rolling), 피칭(Pitching), 요잉(Yawing)이라고 한다. 항공기의 날개에는 항공기가 3축의 움직임을 할 수 있도록 3가지의 특별한 장치가 내장되어 있다. 3가지의 장치는 에일러론(Aileron), 엘리베이터(Elevator), 러더(Rudder)라고 한다.

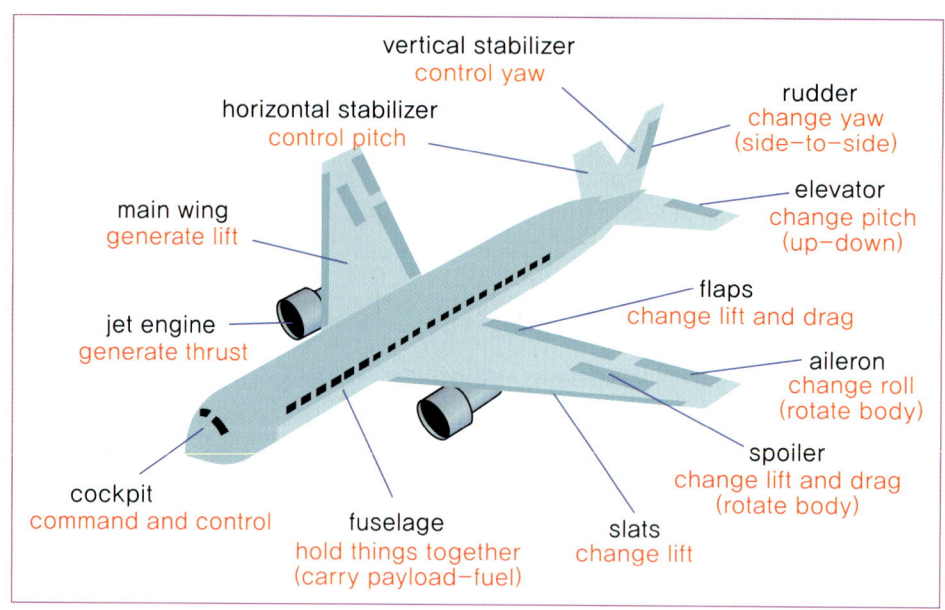

[항공기 명칭]

> **참고**
>
> **안정성과 조종성(stability & controllability)**
> - 세로 안정성(세로조종) : 무게중심(Center of Gravity), 공력중심(Aerodynamic Center), 정적여유(Static Margin), 중립점(Neutral Point)
> - 가로안정성(가로조종) : 상반각(Dihedral Angle), 후퇴익(Sweepback Angle)
> - 방향 안정성(방향조종) : 방향타(Rudder), 요잉(Yawing)

1) 항공기 3축 운동

　① 롤링(Rolling) : X축을 중심으로 회전하는 운동(세로축을 중심으로 선회하는 운동)
　② 피칭(Pitching) : Y축을 중심으로 회전하는 운동(항공기 기수를 상하로 회전하는 운동)
　③ 요잉(Yawing) : Z축을 중심으로 회전하는 운동(항공기 기수를 좌우로 회전하는 운동)

2) 항공기 3축 운동을 위한 항공기 날개의 3가지 장치

　① 에일러론(Aileron)
　　• 날개의 바깥쪽에 있으며 롤링(Rolling)을 할 수 있게 함
　　• 왼쪽이나 오른쪽으로 선회하도록 조정함

② 엘리베이터(Elevator)
- 항공기의 수평꼬리날개에 있으며 피칭(Pitching)을 할 수 있게 함
- 항공기의 기수를 상하로 움직이게 조정함

③ 러더(Rudder)
- 항공기의 수직꼬리날개에 있으며 요잉(Yawing)을 할 수 있게 함
- 항공기의 기수를 좌우로 움직이게 조정함

	에일러론(Aileron)
 [롤링(Rolling)]	- 기능 : 가로 안정성 - 현상 : 보조날개 기체 양쪽을 상·하 기울림
	엘리베이터(Elevator)
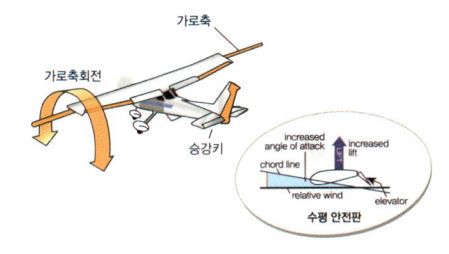 [피칭(Pitching)]	- 기능 : 세로 안정성 - 현상 : 승강키 기수 상·하 조작
	러더(Rudder)
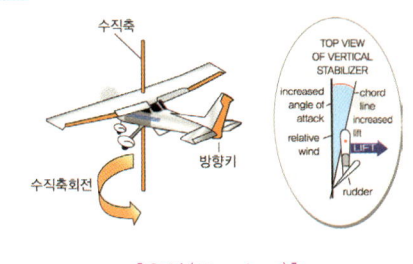 [요잉(Yawing)]	- 기능 : 방향 안정성 - 현상 : 방향키 좌·우 조작

○ 참고

- 플랩(flap) – 항공기 주날개 안쪽에 위치한 장치로 양력을 증대시키기 위한 고양력장치. 항공기가 활주로에 안정적으로 착륙하기 위하여 양력을 증가시키게 됨
- 스포일러(spoiler) – 양력을 감소시키는 장치로 플랩과 반대의 기능을 하는 장치. 항공기가 활주로에 착륙할 때 위쪽으로 펼쳐 공기저항을 증가하여 속도를 줄여 멈추게 함

3. 익형(에어포일 : Airfoil)

항공기에서 양력(공력)을 발생시키는 비행기의 날개를 수직으로 자른 단면으로 에어포일(airfoil)이나 날개골이라고 말한다.

익형(Airfoil)으로 인한 양력은 날개의 표면 위쪽으로 움직이는 공기로서 날개의 윗면과 아랫면에 흐르는 공기로 얻어지게 된다. 항공기의 날개, 수평 꼬리 표면, 수직 꼬리표면 및 프로펠러는 모두 에어 포일의 예를 보여주고 있다.

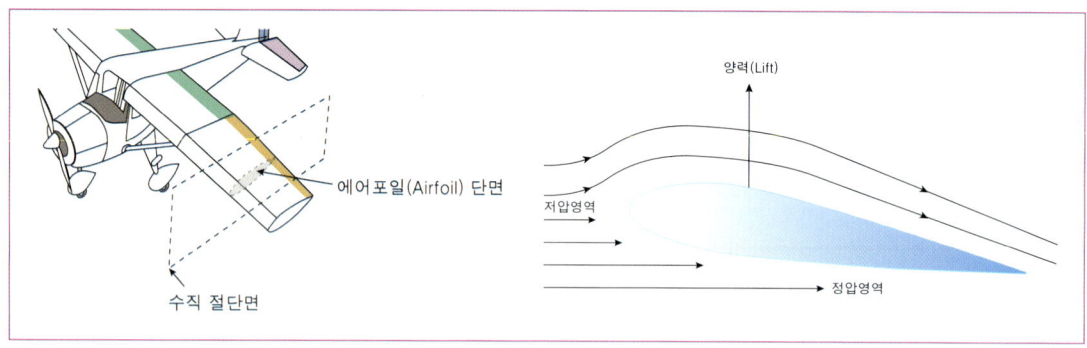

[항공기 날개의 단면에 흐르는 공기 모양]

에어 포일의 전방 부분은 둥글게 되어 앞전(leading edge)이라고 부르고 후미 부분은 좁고 가늘어지고 뒷전(trailing edge)라고 부른다. 에어 포일을 이야기 할 때는 앞전(leading edge)과 뒷전(trailing edge)을 연결하는 가상적인 선으로 시위선(chord line)이 이용되게 된다.

- 앞전(leading edge) = 전연
- 뒷전(trailing edge) = 후연
- 코드라인(chord line) = 시위선 or 익현선
- 평균캠버선(mean camber line) = 중심선

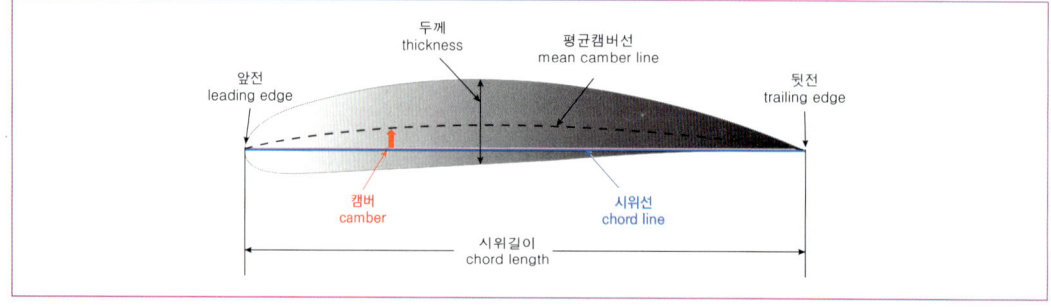

[항공기 날개의 단면의 명칭]

위와 같이 비행기 날개 단면 형태의 에어포일은 다음 그림과 같이 다양한 형태로 나올 수 있을 것이다.

	Early airfoil
	Later airfoil
	Clark 'Y' airfoil(Subsonic)
	Laminar flow airfoil
	Circular arc airfoil(Supersonic)
	Double wedge airfoil(Supersonic)

[비행기의 날개 수직 단면(에어포일)종류]

> **참고**
>
> **각 비행체에 따른 에어포일의 구조물**
> - 비행기의 날개
> - 헬리콥터의 회전판(Blade)
> - 멀티콥터의 프로펠러(Propeller)

4. 양력(Lift)과 항력(Drag)

양력은 전체적인 공기의 흐름과 에어포일의 시위선(chord line) 사이의 각도에 따라서 변하게 되는데 이를 받음각(Angle of attack, AOA)이라 한다. 받음각에 변화를 주어서 양력을 변하게 하는 것이다.

> **참고**
>
> 양력의 변화는 받음각(AOA)과 캠버(camber)의 변화로 조절

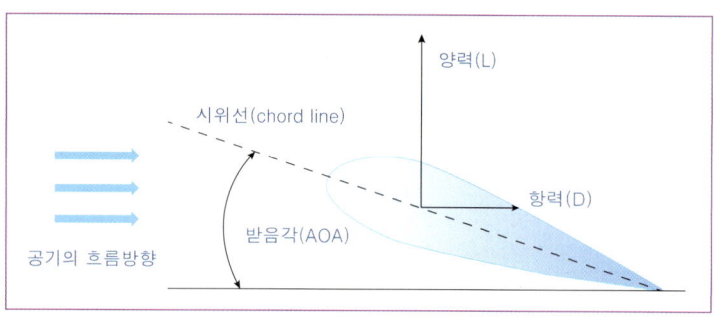

[에어포일에서 받음각(AOA)]

> 참고
> - 받음각(AOA) = 영각
> - 시위선(chord line) = 익현선

에어포일에서 받음각의 변화에 따라 날개 위판과 아래판의 공기 흐름 속도가 다르게 변하고 이로 인해서 압력의 변화가 생기게 된다. 에어포일 주변의 각기 다른 압력의 변화와 이에 따른 압력들을 하나의 압력으로 표현하게 되는데 그 압력의 위치를 "압력중심(center of pressure, CP)"이라고 한다. 이렇게 양력은 압력 중심에 작용하게 된다.

> 참고
> 에어포일의 바닥면 정압과 날개 상위 표면에 부압의 변화에 의하여 양력변화

[받음각(Angle of attack)과 붙임각(Incidence Angle)]

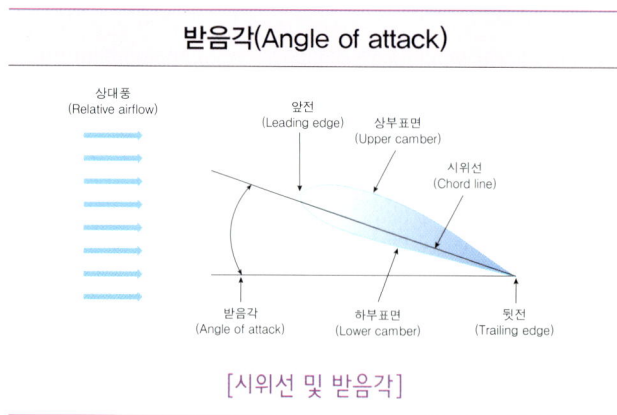

[시위선 및 받음각]

- 받음각은 비행 중에 기체의 자세에 따라 달라지는 각도로 기체의 진행방향에 대한 날개의 각도
- 받음각은 공기 흐름의 속도 방향(상대풍)과 시위선이 이루는 각.

항공역학

붙임각(Incidence Angle)

- 붙임각(양각)은 동체기준선에 대한 날개의 각도(항공기 제작시 결정되어 나옴 – 변화 불가능)
- 항공기의 동체와 날개가 이루는 각(제작시 비행기의 세로축(종축)에 따라 10° ~ 30°로 구성됨)

[붙임각(취부각)]

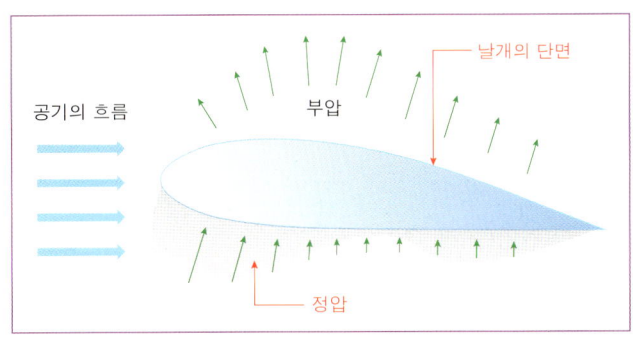

[날개 주변의 압력 분포]

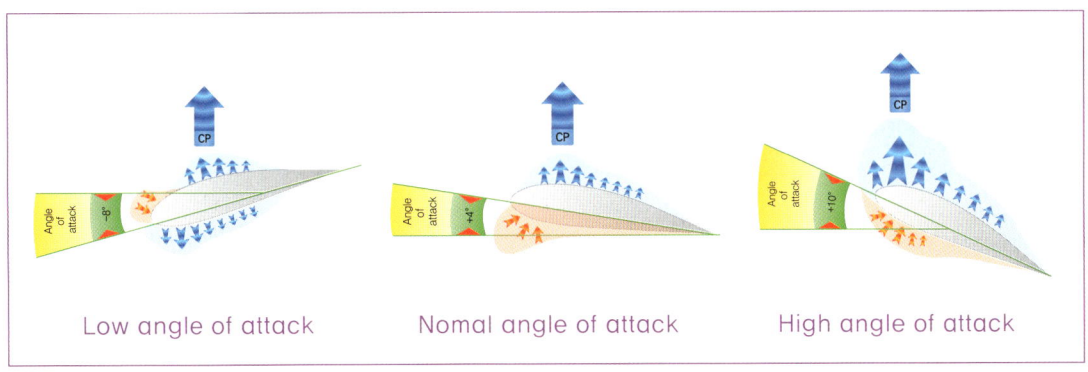

[받음각에 따른 중심압력(CP)의 변화]

1) 양력(Lift)의 발생원리

에어포일에서 양력이 만들어지는 과정은 에어포일의 윗면에 흐르는 공기의 속도가 아랫면보다 빨라지면 베르누이의 법칙에 따라 에어포일 윗면의 압력이 아랫면보다 낮아지기 때문에 그 압력차로 양력이 많아지게 된다. 윗면과 아랫면에 흐르는 공기의 속도차를 만들어서 양력을 조절하며 속도차가 크면 클수록 더 많은 양력을 만들게 된다.

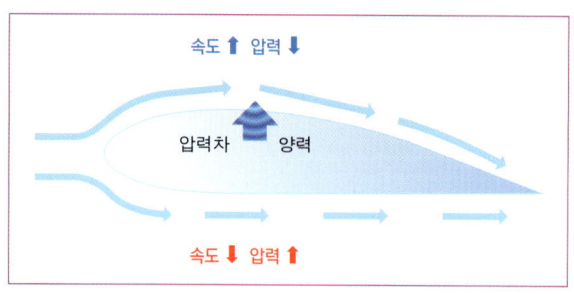

[양력의 발생 원리]

$$p_1 + \frac{1}{2}pv_1^2 \approx p_2 + \frac{1}{2}pv_2^2 \approx 일정$$

p = 공기밀도, v = 속도

베르누이 방정식에서 정압(P)과 동압(1/2 로우(p) v의 제곱)의 합은 전압(total pressure)으로 표현되는데 식에서 알 수 있듯이 공기의 흐름속도가 빨라지면 동압은 커지고 정압은 작아진다. 반대로 흐름 속도가 느려지면 동압은 감소하고 정압은 커지지만 두 압력의 합인 전압은 항상 일정하게 유지된다.

> **참고**
> - 베르누이 방정식은 물체 주위를 흐르는 유체의 속도와 압력의 관계를 나타내는 식
> - 유체 흐름 속도가 빨라지면 압력이 낮아지고 속도가 느리면 압력은 높아짐
> - 양력 발생의 원리는 베르누이의 원리와 뉴턴의 법칙으로 설명됨

베르누이 정리

- 베르누이의 정리 : 동압 + 정압 = 전압(total pressure)(일정)
- 정체점에서 발생된 높은 압력의 파장에 의해 상부와 하부로 분리된 공기는 후연에서 다시 만남
- 상부 : 곡선율과 취부각(붙임각)으로 공기의 이동거리가 길다.(속도증가, 동압증가, 정압감소)
- 하부 : 공기의 이동거리가 짧다.(속도감소, 동압감소, 정압증가)

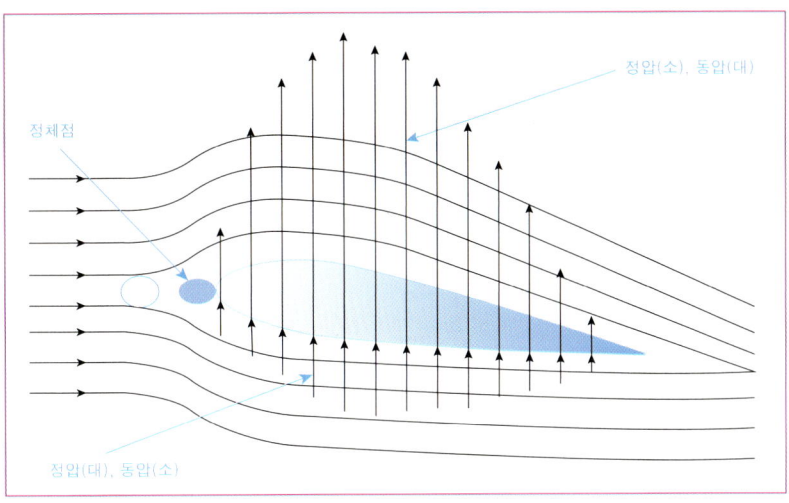

[풍판에 작용하는 공기속도 및 정압]

> ♥ 참고
>
> - 모든 물체는 공기의 압력(정압)이 높은 곳에서 낮은 곳으로 이동

양력계수

- 일반적으로 양력계수는 받음각(angle of attack, AOA)의 함수
- 받음각이 증가하면 양력계수도 증가(작은 받음각에서 직선적으로)
- 실속(失速, stall)이 발생
- 실속 받음각을 비행 한계값으로 생각하면 됨(대개 10°~20°)
- 영 양력 받음각(zero lift AOA) : 캠버가 있으면 정확히 0°가 아님

2) 양력(Lift) 방정식

- 양력은 합력 상대풍에 수직으로 작용하는 항공역학적인 힘이다.
- 양력 방정식은 "양력계수 $\times 1/2 \times p \times v^2 \times S$"이다.
- 양력은 양력 계수, 공기밀도(p), 속도의 제곱(v), 풍판의 면적(S)에 비례한다.
  (양력계수 : 풍판에 작용하는 힘에 의해 부양하는 정도를 수치화한 값)
- 양력의 양은 조종사가 조절할 수 있는 것과 조절할 수 없는 것으로 구분
  (피치 적용에 의해 나타나는 양력계수와 항공기 속도는 조종사가 변화 가능)

- 정의 : 합력 상대풍에 수직으로 작용하는 항공역학적인 힘
- 양력방정식 : $L = CL \dfrac{1}{2} p v^2 S$

  (L = 양력, CL = 양력계수, p = 공기밀도, v = 공기속도, S = 블레이드 면적)

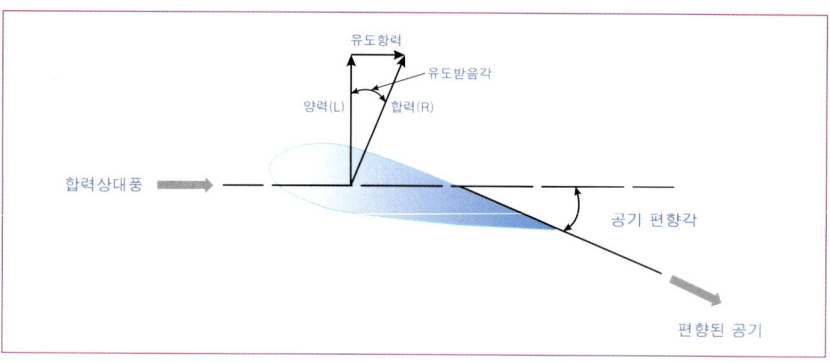

[합력 상대풍에 의한 양력의 변화]

> **참고**
> - 피치각이 적용된 프로펠러는 양력계수가 작아져 양력을 발생하지 못하고 자동 활공하게 된다.
> - 피치각에 의해 변화되는 양력계수와 항공기 속도는 조종사에 의해 양력을 조절할 수 있다.

3) 항력과 항력방정식
- 항력은 합력 상풍에 수평으로 작용하는 항공역학적인 힘이다.
- 항력 발생 원인은 공기 점성에 의한 표면마찰이다.
  (공기 점성은 풍판 주위로 공기가 흘러 양력을 발생시키기도 하고 표면과의 마찰로 항력으로 작용하기도 한다.)
- 항력 방정식은 항력계수×1/2×공기밀도×속도의 제곱×블레이드 면적이다.
- 항력 방정식은 항력 계수만 다르고 양력방정식과 동일하다.
- 항력도 양력과 마찬가지로 속도제곱에 비례함을 알 수 있다.

- 항력의 정의 : 합력 상대풍에 수평으로 작용하는 항공역학적인 힘
- 항력의 원인 : 공기 점성에 의한 표면의 마찰
- 항력방정식 : $D = CD \dfrac{1}{2} p V^2 S$
  (CD = 항력계수, p = 공기밀도, V = 공기속도, S = 블레이드 면적)

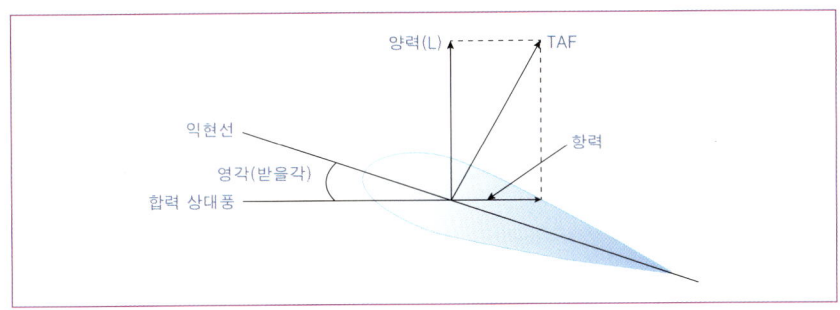

[합력 상대풍에 의한 항력의 변화]

4) 양항비

- 항공기 날개는 비행할 때 양력과 동시에 항력을 일으킨다.
  (양력＞항력이면 양력이 많아 효율적으로 비행)
- 단위를 없앤 계수의 비로 표시된다.
- 양항비의 값은 항공기의 성능을 좌우한다.(항공기 성능 : 항속거리·체공시간·활공비 등)
- 클수록 우수한 성능
- 양항비는 양력/항력의 비로 양력계수(CL)와 항력계수(CD)의 비로 표시
  양항비$(L/D) = CL/CD = \cot\theta$ (θ는 활공각)

참고

- 활공비 : 활공거리를 고도로 나눈 것

5. 항공역학 관련 운동 법칙

1) 물리량(스칼라와 벡터)

항공기 비행에 있어 스칼라(Scalar)양과 벡터(Vector)양의 물리적인 양이 영향을 받게 된다. 스칼라양은 크기에 대한 물리량이고 벡터양은 크기와 방향에 대한 물리량을 의미하게 된다.

① 스칼라양 : 크기와 같이 수치 값만으로 표시할 수 있는 물리량
  - 넓이, 질량, 시간, 부피, 온도, 길이, 면적 등

② 벡터양 : 크기와 방향을 갖는 물리량
  - 변위, 속도, 가속도, 힘, 중량, 양력, 항력 등

2) 뉴턴의 운동법칙

① 제1법칙 : 관성의 법칙
  - 물체가 가진 현재의 운동 상태를 그대로 유지하려는 성질
    - 예) 앞으로 달려가다가 돌에 걸리면 앞으로 계속 나가 넘어지게 된다.
      버스가 갑자기 출발할 때 뒤로 쏠리게 된다.
      버스가 갑자기 정지할 때 앞으로 밀려나가게 된다.

② 제2법칙 : 가속도의 법칙
  ⓐ 힘과 가속도의 법칙을 말한다.
  ⓑ 움직이는 물체의 같은 방향에 또 다른 힘을 작용하게 하면 그 힘만큼 더해지게 된다.
    - $F=ma$ → 힘은 질량과 가속도에 비례한다.(m은 질량, a는 가속도, F는 힘)
    - $a=F/m$ → 가속도는 작용하는 힘의 크기에 비례하고 물체의 질량에 반비례한다.

③ 제3법칙 : 작용반작용의 법칙
  ⓐ A 물체가 B 물체에 힘을 가하면 A 물체가 B 물체에 힘을 가하는 것을 작용이라고 한다.
  ⓑ B물체가 A 물체를 같은 크기로 미는 힘이 작용하게 되는데 이것을 반작용이라고 한다.
  ⓒ 작용과 반작용은 크기가 같으나 방향이 정반대로 나타나게 된다.
    - 예) 로켓을 발사할 때 로켓이 가스를 분출하는 힘이 작용이고 가스가 로켓을 밀고 올라가는 힘은 반작용이 된다.

3) 기체의 성질과 법칙

① 베르누이 법칙

ⓐ 넓은 관으로 입력된 유체는 같은 크기의 관으로 나온 유체량과 같다면 관 속에서 들어간 유체가 같은 양의 유체로 흐른다고 할 수 있다. 흐르는 유체의 양이 지름이 변하는 관속에서 일정하게 유지되기 위해서는 유속이 변해야 한다.

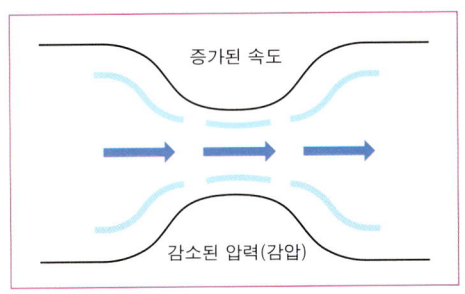

ⓑ 유체가 통과하는 관의 지름이 크다면 유속은 상대적으로 느려져야 흐르는 양을 맞출 수 있다.
ⓒ 관의 지름이 작아지면 유속이 상대적으로 빨라져야 흐르는 양을 맞출 수 있다.
ⓓ 유체의 운동 에너지가 증가하면 포텐션 에너지(potential energy) 가 감소하게 되어 압력이 감소한다.

> **참고**
> • 베르누이 법치 결론 : 유체의 속력이 증가하면 압력은 떨어진다.

ⓔ 베르누이 방정식을 이용한 양력
- 날개 위쪽과 아래쪽 공기의 속도 차이가 생긴다.
- 속도 차이로 위쪽과 아래쪽의 압력차이가 생긴다.
- 압력 차이로 인해서 양력이 발생한다.

② 벤투리 튜브(Venturi Tube) 원리

ⓐ 벤투리관에 공기가 흐른다고 할 때 면적이 작아지는 곳에서 속도는 빨라지고, 베르누이 정리에서와 같이 압력은 떨어지게 된다.(면적이 적은 부분에서는 속도는 최대가 되고, 압력은 최소) 벤투리관에서 윗면을 제거하고 아랫면(빨간 점선으로 표시한 부분)만 남기면 비행기의 에어포일(날개꼴) 모양과 같다.

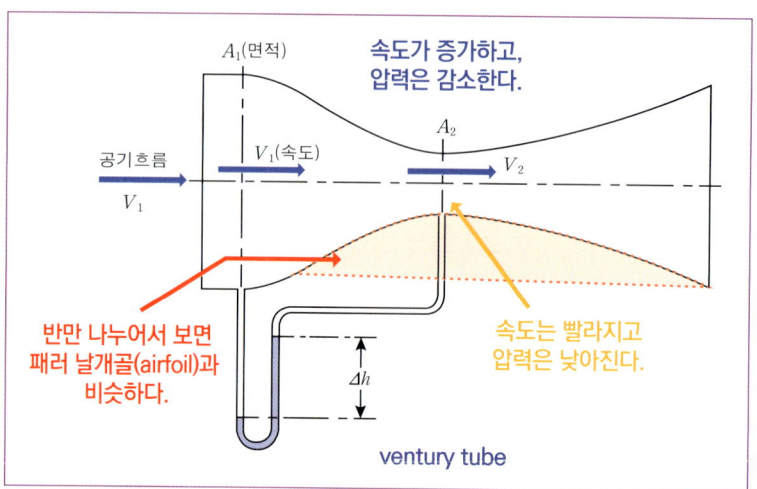

③ 피토 관(pitot tube) 원리
   ⓐ 피토 관은 베르누이의 정리를 응용한 속도계(Airspeed Indicator)를 말한다.
   ⓑ 비교적 고속의 항공기에서 사용하고 있다.
   ⓒ 피토 관의 원리는 정압과 전압의 관계로 동압을 구하는 것이다.
     • 전압＝동압＋정압
     • 동압＝전압－정압

6. 실속(Stall)

- 비행기의 양력이 급격하게 떨어지는 현상
- 실속의 직접적인 원인은 과도한 받음각이다.
- 무게, 하중계수, 비행속도, 고도에 관계없이 같은 받음각에서 발생한다.
- 날개 주위의 공기 흐름이 무질서 상태가 되면서 양력을 급격히 상실한다.
- 비행기의 날개가 너무 급한 각으로 기울어질 때 발생한다.
- 비행기가 너무 느린 속도로 비행할 때 발생한다.
- 임계받음각을 초과할 수 있는 경우는 고속비행, 저속비행, 깊은 선회비행 등이다.
- 수평으로 진행하는 비행체의 진행방향이 5, 10, 15, 20도로 상승하게 되면 날개 끝 부분에서 공기의 흐름이 무질서한 상태(난류, 터뷸런스)를 발생하여 양력을 상실하는 결과가 발생한다.

항공역학

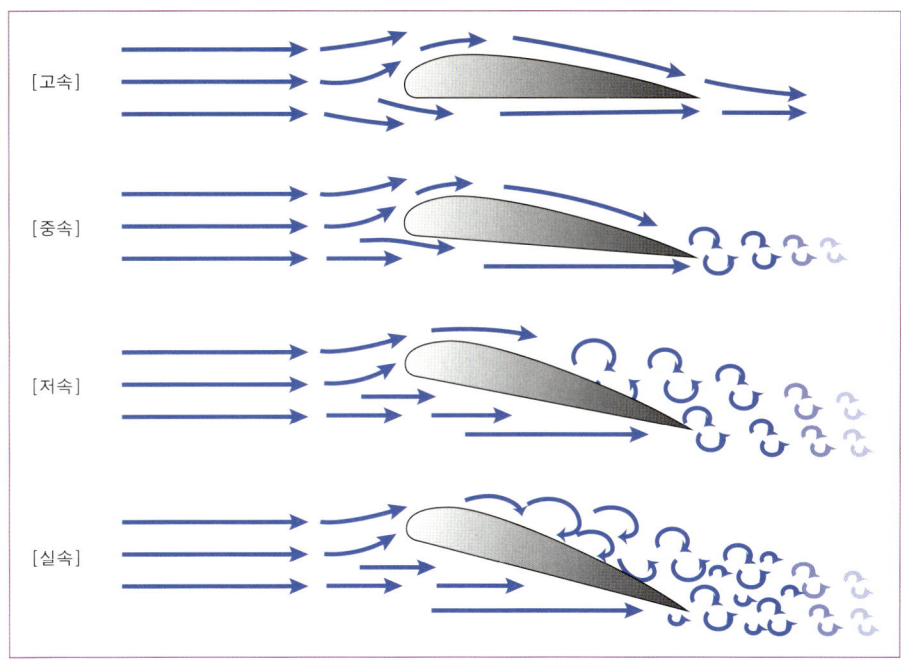

[실속(Stall)]

7. 가로세로비(Aspect Ratio)

가로 세로비(Aspect Ratio)란 날개의 길이 b(wing span)와 시위 c(chord)의 비를 말한다. 날개의 길이는 날개 끝에서 날개 끝까지의 길이를 의미한다.

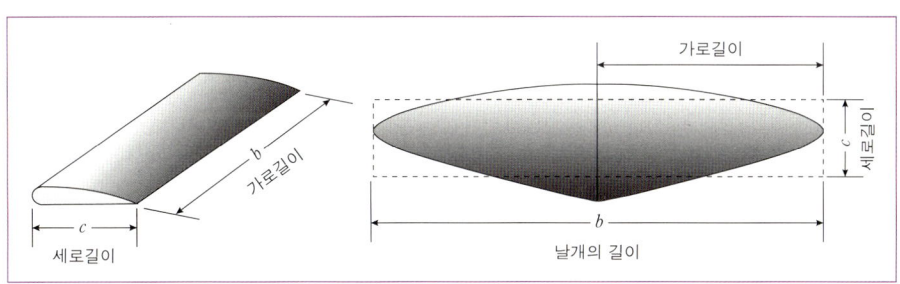

$$AR = \frac{b}{c} = \frac{b}{c} \cdot \frac{b}{b} = \frac{b^2}{S}$$

- 날개의 길이(wing span)를 시위로 나눠서 AR이 크면 양항비가 크다.
  (양력이 크고 항력이 작다.)

8. 평균 공력 시위(MAC; Mean Aerodynamic Chord)

- 날개 각 부분의 시위선(chord line : 날개 앞부분에서부터 뒷부분까지의 거리)의 평균치를 말한다.
- 익근(wing root) 좌우로 익단(wing tip) 길이만큼 연장한다.
- 익단 좌우로 익근 길이만큼 연장한다.
- 연장선의 교차점이 평균 공력 시위(MAC)이다.
- 양력의 중심점에 CG(무게중심)를 두면 가장 안정적인 비행이 보장된다.
- MAC 산출법에는 작도법과 공식법 두 가지가 있다.
- 보통 항공기 제작회사에서는 공식법에 의해 MAC 길이를 산출하여 사용한다.

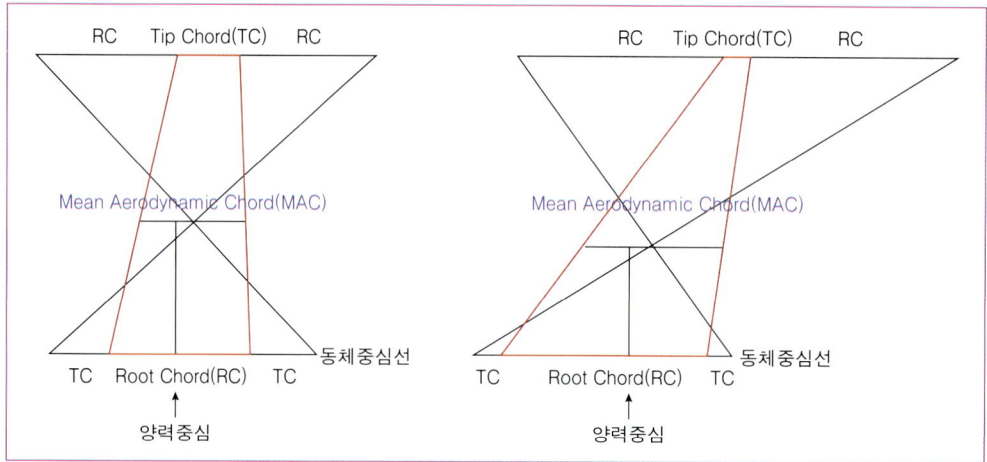

> **참고**
>
> **공력 관련 용어 정리**
> - 압력중심 : 모든 항공 역학적 힘들이 집중되는 에어포일의 익현선상의 점(풍압중심)
> - 공력중심 : 받음각이 변하더라도 에어포일의 피칭 모멘트의 값이 변하지 않는 가상의 점(공기력 중심)
> - 무게중심 : 중력에 의한 알짜 토크가 0인 점
> - 평균공력시위 : 실제 날개 끝과 같은 동일한 항공 역학적 특성을 갖는 가상 날개 끝

SECTION 02 **헬리콥터 - 회전익 비행장치**

1. 회전익 비행 장치에 작용하는 힘

1) 헬리콥터- 회전익에 작용하는 힘

헬리콥터는 회전날개(로터:rotor)를 구동하여 추력 방향에 따라 전진비행, 후진비행, 왼쪽 비행, 오른쪽 비행이 가능하게 된다. 헬리콥터에 작용하는 힘은 다른 고정익 비행기와 같이 중력(Weight), 양력(Lift), 추력(Thrust), 항력(Drag)이다.

- 중력(Weight) : 헬리콥터에서 지면을 향해 수직방향으로 작용하는 힘
- 양력(Lift) : 중력의 반대 방향으로 작용하는 힘
- 추력(Thrust) : 헬리콥터 진행방향으로 작용하는 힘
- 항력(Drag) : 추력의 반대 방향으로 작용하는 힘

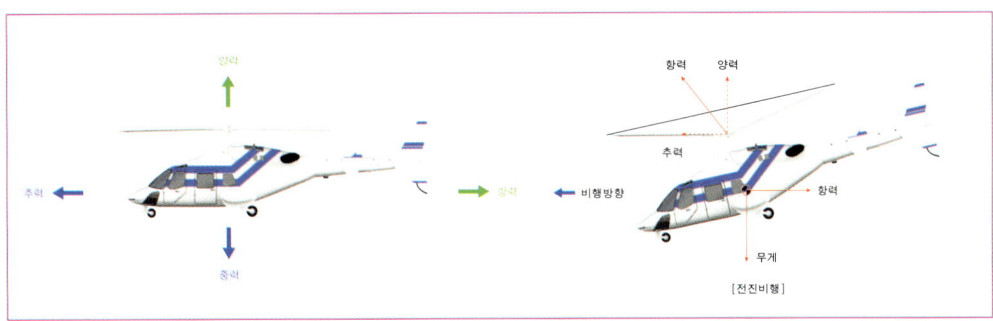

[헬리콥터에 작용하는 힘 및 전진 비행]

① 헬리콥터의 등속도 전진/후진 비행 조건

양력과 무게의 크기는 같고 추력이 항력보다 크면 헬리콥터는 로터회전면이 기운 방향으로 수평전진/후진 비행을 수행한다.

$$추력(T) > 항력(D)$$
$$양력(L) = 중력(W)$$

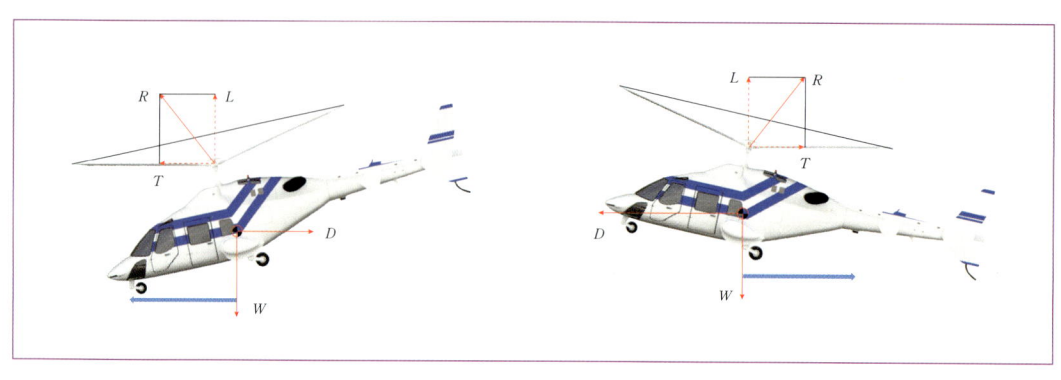

[전진 비행]   [후진비행]

② 헬리콥터의 횡진비행 조건

    헬리콥터의 로터회전면을 좌우로 기울였을 때, 양력과 무게의 크기는 같고 추력이 항력보다 크다면 헬리콥터는 로터회전면이 기운 방향으로 수평 회진비행을 수행한다.

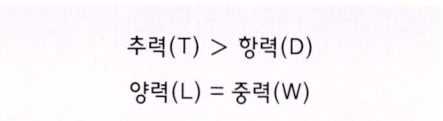

추력(T) > 항력(D)
양력(L) = 중력(W)

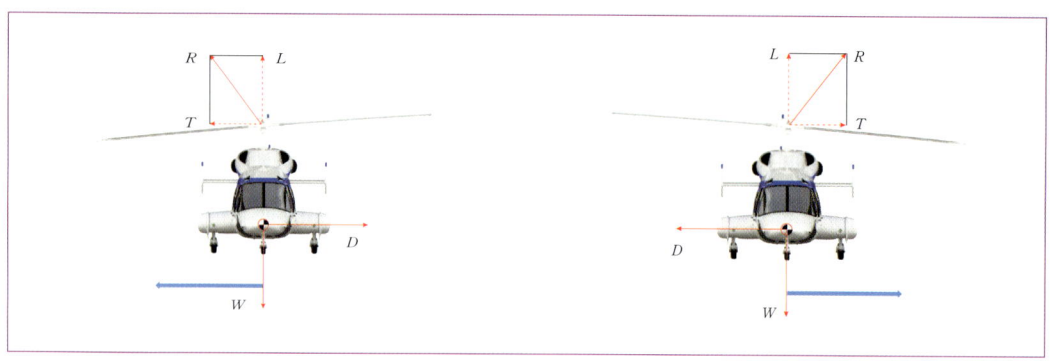

[우측면비행]   [좌측면비행]

③ 헬리콥터의 정지비행 조건
- 양력과 추력, 항력과 무게는 동일 방향으로 작용하며, 양력과 추력의 합은 무게와 항력의 합과 같다.
- 정지비행(hovering)

양력(L) = 중력(W) : 정지 비행

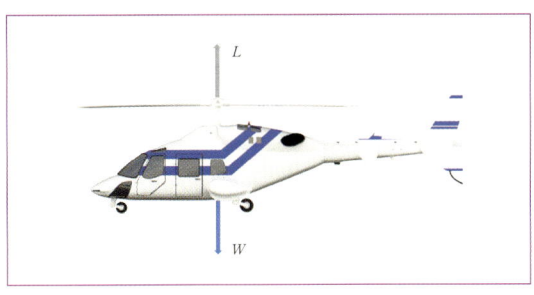

[제자리비행]

④ 헬리콥터의 상승/하강 비행 조건

호버링 상태에서 추력을 증가시키면 양력과 출력의 합이 항력과 무게의 합보다 크게 되어 상승비행을 한다. 반대로 추력을 감소시켜 양력과 출력의 합이 항력과 무게의 합보다 작게 되면 하강비행을 한다.

양력(L) 〈 중력(W) : 수직 상승 비행
양력(L) 〉 중력(W) : 수직 하강 비행

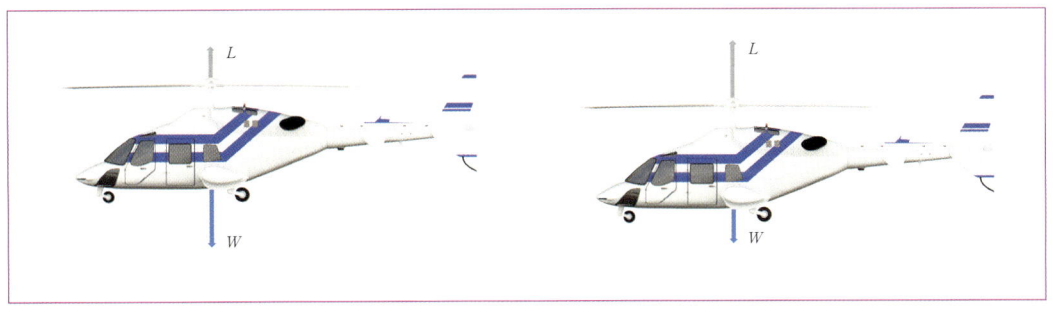

[수직강하비행]　　　　　　　　[수직상승비행]

2) 헬리콥터 날개의 원심력

헬리콥터 날개가 회전하게 되면 날개의 끝 방향으로 원심력이 작용하게 된다. 이때 헬리콥터의 양력이 발생해서 원심력과 양력이 합해져서 프로펠러가 일정한 각도로 기울어지게 된다. 이렇게 기울어진 각도를 코닝각(coning angle)이라 한다.

- 코닝각은 헬리콥터의 무게가 무거울수록 커지게 된다.
- 양력과 원심력에 의한 모멘트에 의해서 발생한다.

[기체 하중이 가벼울 때]　　　　　[기체 하중이 무거울 때]

3) 헬리콥터의 회전력

헬리콥터의 주 회전 날개가 회전하게 되면 날개가 회전하는 반대 방향으로 동체가 회전하려는 힘이 발생하게 된다. 이러한 토크의 발생 원인은 뉴턴의 작용과 반작용의 법칙에 의해서 회전하게 되며 비행기는 운영될 수 없게 된다. 이러한 헬리콥터의 토크를 상쇄시키기 위해서는 테일 로터(꼬리 로터)가 필요하며, 이는 동체가 회전하지 못하도록 하는 것이다.

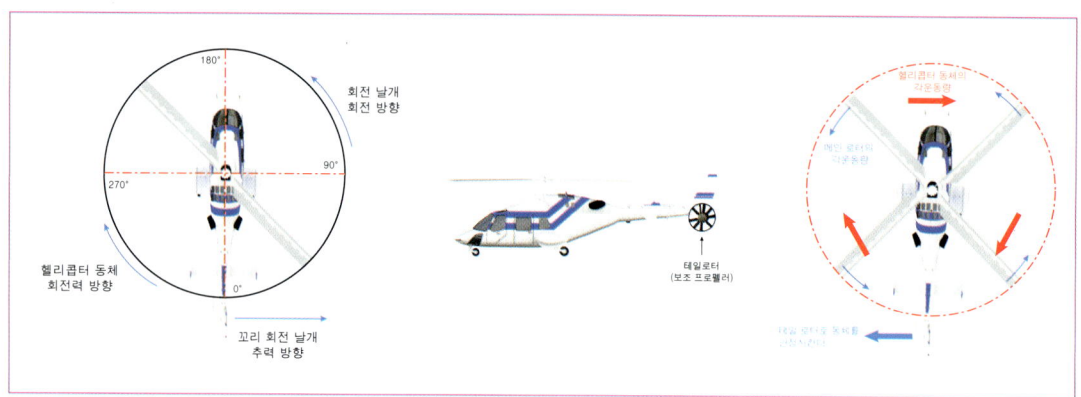

2. 회전날개 공력 특성

1) 지면효과

헬리콥터나 비행기는 이착륙을 할 때에 지표면과 거리가 가까워지면 하강풍이 지면과의 충돌로 인해서 양력이 커지게 되는데 이런 현상을 지면효과(ground effect)라고 한다.

- 지표면 근처에서 비행 중인 항공기에 대해서 지표면의 간섭으로 인한 현상
- 날개의 상승기류, 하강기류 및 날개끝와류(Wingtip Vortex)를 변형
- 프로펠러/로터의 1/2 이하인 고도에서 효율이 효과적으로 증대
- 지상에서 회전 날개 반지름 정도의 높이에서 약 10% 만큼 추력 증가
- 헬리콥터가 전진 비행을 하면 지연 효과는 없어진다.
- 날개끝와류가 감소하면 양력분포가 변하게 된다.
- 고도 유도 받음각(AOA:Angle of Attack)과 유도항력(Induced Drag)이 감소한다.
- 유도항력이 감소하면 필수 추력도 감소시킨다.
- 날개는 동일한 양력계수를 만들기 위해 지면효과 내에서는 더 적은 받음각이 필요하게 된다.
- 받음각을 일정하게 유지한 상태로 지면효과 내 진입할 경우 양력계수는 커지게 된다.
- 지면효과는 국지적 정압을 증가시켜 속도와 고도를 더 낮게 지시한다.
- 지면효과로 속도계기 시스템의 위치오차(position error)도 변하게 된다.

① 지면효과 상태의 호버링 (IN GROUND EFFECT : IGE)

프로펠러의 회전으로 하강기류가 발생하여 지면에 충돌하고 반사되어 프로펠러에서 발생한 하강기류에 반대로 수직양력이 증가하게 된다. 유도기류속도는 지면과 충돌하여 감소하여 유도항력도 감소하게 된다.

- 유도기류 속도는 지면과 충돌하여 감소
- 유도기류 속도가 감소하여 유도항력도 감소
- 유도항력이 감소하면 필수 추력도 감소
- 하강류가 지면과 출동하고 반사하여 수직 양력이 증가
- 영각(받음각) 증가

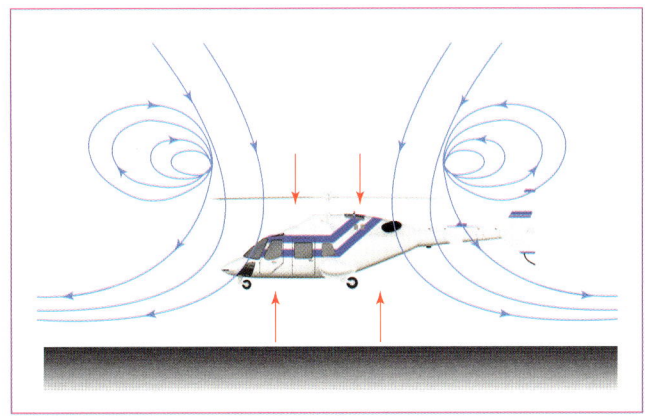

[지면효과 상태의 호버링(IGE)]

② 지면효과가 없는 호버링(OUT OF GROUND EFFECT : OGE)

프로펠러의 회전으로 하강기류가 발생하지만 하강기류가 지면과 떨어져 있어 반사효과가 없기 때문에 하강기류에 반대로 수직양력이 감소하게 된다. 유도기류속도는 지면과 충돌하지 않기 때문에 증가하여 유도항력도 증가하게 된다.

- 유도기류 속도는 지면과 충돌하지 않기 때문에 증가
- 유도기류 속도가 증가하여 유도항력도 증가
- 유도항력이 증가하면 필수 추력도 증가
- 하강류가 지면과 출동하지 않기 때문에 수직 양력이 감소
- 영각(받음각) 감소

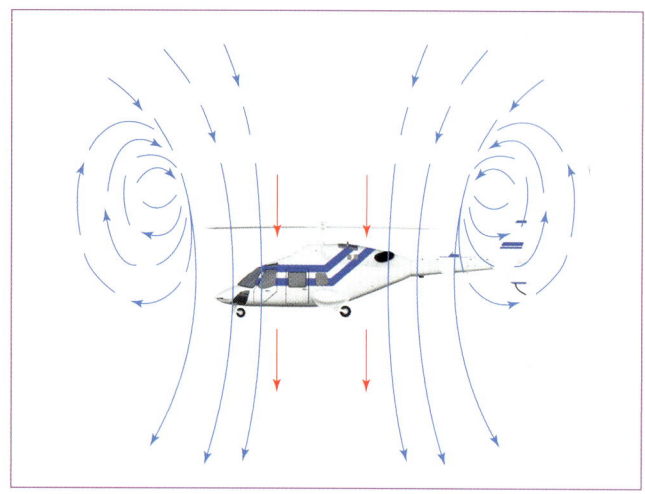

[지면효과가 없는 호버링(OGE)]

③ 고도에 따른 지면효과
- 지면효과는 날개가 지면으로 가까이 접근 할수록 증가
- 날개 길이의 1/10 높이 고도까지 내려가면 유도항력은 47.6% 감소
- 날개 길이의 1/4 높이 고도까지 내려가면 유도항력은 23.5% 감소
- 날개길이와 동일한 높이 고도까지 내려가면 유도항력은 1.4% 정도 감소

④ 지면효과를 벗어난 항공기
- 안정성이 감소되며 순간적인 기수 상승 현상이 발생하기 때문에 주의
- 동일한 양력계수를 유지하기 위해 받음각을 증가
- 정압이 감소하고 지시속도(Indicated Airspeed)가 증가
- 유도항력이 증가하므로 추력의 증가가 필요(플로팅 방지)

⑤ 호버링 상태에 따른 지면효과 비교 정리

지면효과 상태의 호버링 (IN GROUND EFFECT : IGE)	지면효과가 없는 호버링 (OUT OF GROUND EFFECT : OGE)
유도기류 속도는 지면과 충돌하여 감소	유도기류 속도는 지면과 충돌하지 않기 때문에 증가
유도기류 속도가 감소하여 유도항력도 감소	유도기류 속도가 증가하여 유도항력도 증가
유도항력이 감소하면 필수 추력도 감소	유도항력이 증가하면 필수 추력도 증가
영각(받음각) 증가	영각(받음각) 감소
하강류가 지면과 출동하고 반사하여 수직 양력이 증가	하강류가 지면과 출동하지 않기 때문에 수직 양력이 감소

2) 후류(Wake)

후류는 물체에 흐름이 부딪치게 되면 물체 뒤쪽에 흐름이 발생하는 것으로써 항공기에서는 비행하는 항공기의 꼬리 부분에 생기는 교란된 공기의 흐름을 말한다.

- 운동량 보존법칙에 따라서 후류 속의 속도분포를 알면 물체에 작용하는 저항을 계산 가능
- 유체에 받는 저항을 이기고 물체를 움직이기 위해 필요한 일이 발생(이로 운동에너지를 얻음)
- 후루 방지를 위해 드론에서는 수평형태에서 수직형태의 프레임을 선호
- 비행기가 비행을 하면서 추진기 뒤쪽에 생기는 바람

◐ 참고

속도가 작은 흐름(레이놀즈수 R 이 작은)에서는 정류적인 층흐름을 볼 수 있다.

- R이 증가하여 수십 정도로 되면 주기적으로 소용돌이가 생긴다.
- 후류에는 카르만의 소용돌이가 나타난다.
- R이 수백 정도가 되면 소용돌이의 발생은 점점 더 심해진다.
- 소용돌이 열은 무너져서 후류는 난류상태로 된다.

3. 회전익 항공기의 비행성능

1) 공중 정지 비행(호버링 : Hovering)

헬리콥터의 비행기능 중에 장점인 공중 정지비행(hovering) 기능이다. 이는 헬리콥터가 전진이나 후진동작을 하지 않고 일정한 고도를 유지하는 비행을 말한다.

- 양력과 추력, 항력과 무게는 동일 방향으로 작용하며, 양력과 추력의 합은 무게와 항력의 합과 같다.

양력(L) = 중력(W) : 정지 비행

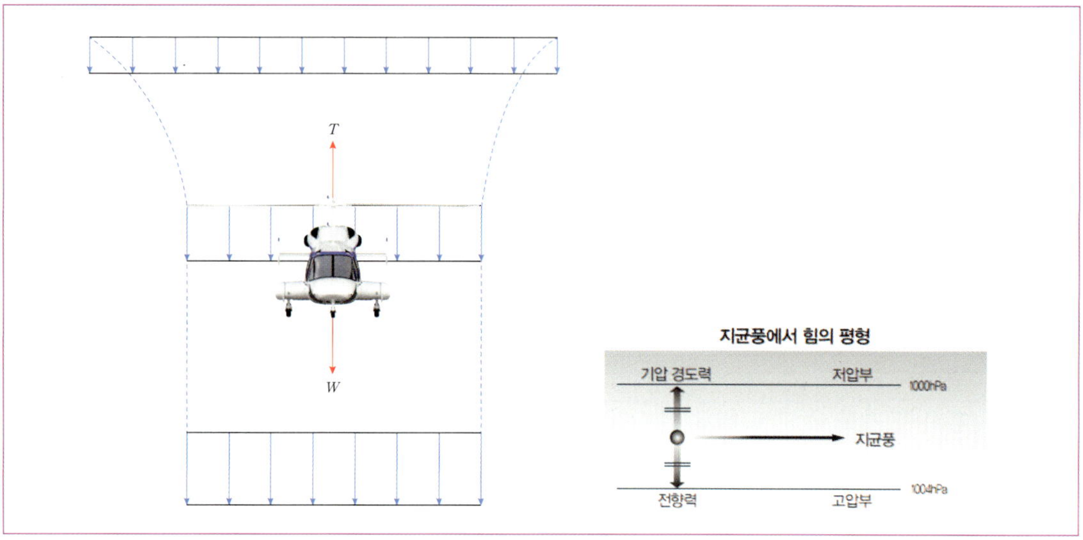

[정지비행]

공중 정지 비행 상태에서 헬리콥터의 기수를 돌리려면 꼬리 회전 날개의 피치를 조정하여 방향을 변경하면 되며, 꼬리 회전 날개의 피치 조정에는 방향조종 페달(directional control pedal)을 사용하면 된다.

2) 등속도 전진비행

헬리콥터의 등속도 전진 비행은 회전면(깃 끝 경로면)이 전진 방향으로 기울어지고 그 방향으로의 추력이 발생하면 등속도 전진 비행을 하게 된다.

- 양력과 무게의 크기가 같고 추력이 항력보다 크면 헬리콥터는 로버회전면이 기운 방향으로 수평전진/후진 비행을 수행한다.

$$추력(T) = 항력(D)$$
$$양력(L) = 중력(W)$$

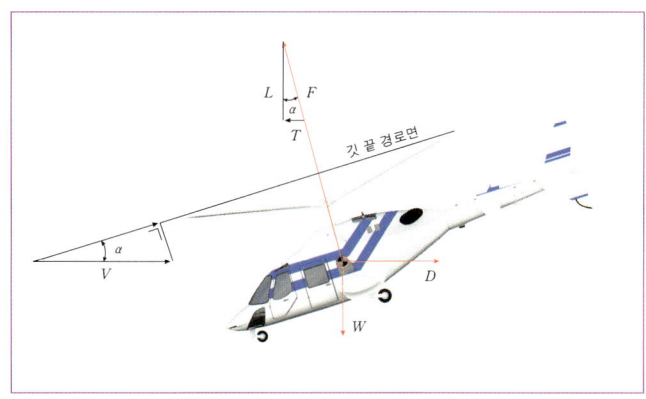

[전진비행]

- F는 주 회전 날개의 회전면에서 발생하는 공기력
- 받음각 α는 헬리콥터의 진행 방향과 회전면(깃 끝 경로면)과의 각

3) 자동 회전 비행

헬리콥터는 동력이 없을 때 고정익 항공기처럼 활공하는 기능을 가지고 있다. 헬리콥터가 비행 중에 엔진이 정지하면 자동 회전 비행(auto rotation)에 의해 하강 속도를 줄여서 안전하게 착륙을 할 수 있게 되어 있다.

- 헬리콥터가 자동 회전 비행하는 방법
  - 엔진이 중지되면 바로 회전날개 깃의 피치를 특정한 음(−)의 값으로 변경
  - 자동 회전 비행에 의해 하강할 때에는 회전 날개에 공력 특성이 서로 다른 구역이 형성됨
  - 자동 회전 구역에서는 회전 날개 깃이 회전할 수 있는 구동력이 발생
  - 프로펠러 구역(propeller region)에서는 회전 날개 깃의 저항력이 발생
  - 회전 날개 깃의 구동력과 저항력이 같아지면 회전 날개는 일정한 회전수를 유지
  - 자동 회전 비행이 이루어져 헬리콥터가 일정한 속도로 하강

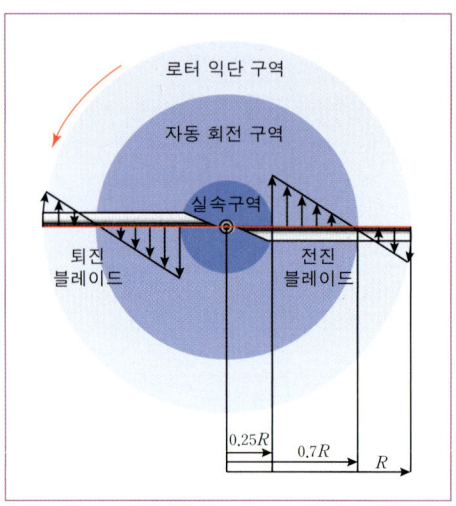

[자동 활공비행 시 로터의 비행구역]

4. 헬리콥터의 조종 장치

1) 주기 피치 조종 장치

헬리콥터의 주기 피치 조종 장치(cyclic pitch control system)는 주 회전 날개의 회전면을 헬리콥터의 진행방향으로 기울여 주기 위한 조종 장치이다. 헬리콥터가 전후좌우로 진행하기 위하여 주 회전 날개의 회전면을 전후좌우로 기울여 주어야 한다. 이를 위하여 경사판(swash plate)을 이용해야 하는데, 회전물체의 자이로 섭동성 때문에 주 회전 날개 회전면의 경사 방향보다 90° 전에 경사판을 경사지도록 해야 한다.

2) 동시 피치 조종 장치

헬리콥터의 동시 피치 조종 장치(collective pitch control system)는 주 회전 날개 깃의 피치각을 동시에 증가, 감소시킴으로써 주 회전 날개의 추력을 증가, 감소시킨다. 따라서, 공중 정지 비행을 하다가 상승하거나 하강하기 위해서는 동시 피치 조종 장치를 사용한다. 그리고 전진 비행 속도를 증가시키기 위해 추력을 증가시킬 때에도 이 조종장치를 사용한다.

3) 방향 조종 장치

헬리콥터의 방향 조종 장치(directional control system)는 헬리콥터 기수를 왼쪽과 오른쪽으로 회전시킬 때 사용하는 조종 장치이다. 이 장치는 꼬리 회전 날개 깃의 피치각을 증가, 감소시킴으로써 방향을 조종하는데 사용한다.

SECTION 03 비행관련 정보(AIP, NOTAM)

1. 항공정보간행물(AIP : Aeronautical Information Publication)

1) 용어의 정리

항공기의 항행에 필수적이고 지속적인 정보를 수록하고 있는, 한글과 영어로 된 단행본을 말하며, 항공 교통관제소장이 발행한다.

2) 항공정보간행물의 구성

항공정보간행물은 총론(general), 항로(enroute), 그리고 공항(aerodrome)의 세부분으로 구성되며, 이들 각각은 여러 형태의 정보를 포함한 구분 또는 소구분으로 나누어진다.

[종합 항공 정보집 구성]

3) 항공정보간행물의 내용

ICAO 부속서 15항공 정보 업무에서 항공정보간행물의 일반사항(general)에 수록되어야 할 내용을 다음과 같이 서술하고 있다.

① 항공정보간행물에 수록되어 있는 항행안전시설, 업무 또는 절차에 대한 소관 기관의 설명
② 업무 또는 시설의 국제적인 사용에 필요한 일반적인 조건
③ 국가 규정과 관련 ICAO 규정과의 차이점을 쉽게 구별할 수 있도록 일정한 형식으로 작성한 국가 규정과 관련 ICAO 표준 및 권고 절차와의 주요 차이점에 대한 목록
④ ICAO표준 및 권고 절차에 대하여 여러 가지 대체 방안이 제시되어 있는 중요한 사항 중에 국가가 채택한 방안

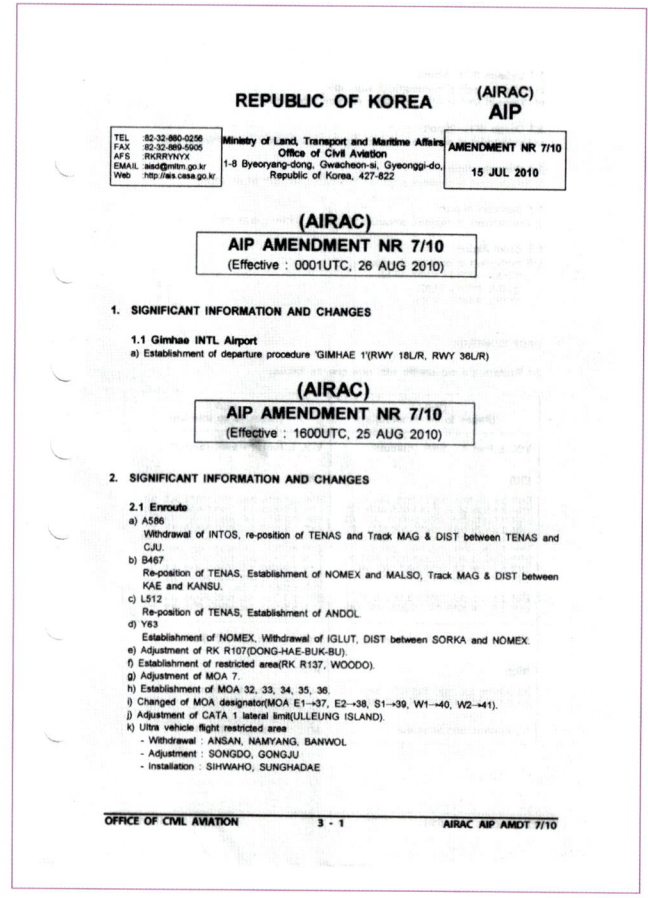

[항공정보관리절차(AIRAC)]

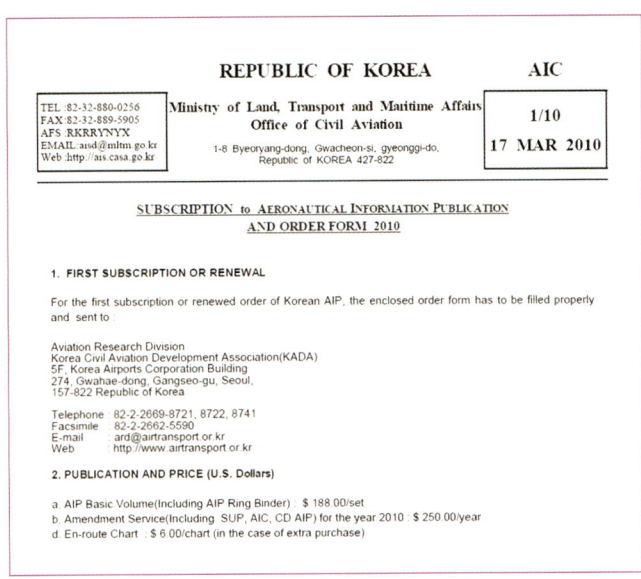

[항공정보회람(AIC)]

2. 항공고시보(NOTAM)

1) 용어의 정의

① 항공고시보(NOTAM : notice to airmen)
비행 업무에 종사하는 사람이 적시에 필수적으로 알아야 하는 항공 시설, 업무, 절차 또는 위험 사항의 신설, 상태나 변경에 관한 정보를 수록하여 통신망을 이용하여 전달되는 공고문으로 모든 항공 종사자에게 신속, 정확하게 고시하는 것이 그 기본적인 목적이다.

ⓐ 제1종항공고시보(CLASS 1 NOTAM)
유선 통신망(공군 항공고시보 전파망)으로 전파하는 항공고시보를 말하며, 이 교재에서 항공고시보는 이 제1종 항공고시보를 뜻한다.

ⓑ 제2종항공고시보(CLASS 2 NOTAM)
유선 통신망 이외의 방법(일반적으로 우편이나 문서 체송편 이용)으로 배포되는 항공시보를 말한다(국토해양부에서 시행하고 있음).

② 항공고시보실
항공고시보의 발행 대상이 되는 사항을 항공고시보센터에 통보하고, 항공고시보센터로부터 수신한 항공고시보를 항공업무종사자에게 전파하는 업무를 담당하는 부서를 말한다.

③ 설빙고시보(SNOWTAM)

이동지역 내에 눈, 얼음, 진창 또는 눈, 진창 및 얼음과 결합되어 괴어 있는 물로 인한 장애 상태의 존재 또는 제거에 관한 사항을 일정한 양식을 사용하여 통보하는 특별한 시리즈의 항공고시보를 말한다.

④ 화산재 고시보(ASHTAM)

항공기 운항에 중대한 영향을 주는 화산활동, 화산분출 및 화산재 구름의 변화에 관한 사항을 일정한 양식에 따라 고시하는 특정 항공고시보 시리즈를 말한다.

2) 항공고시보 작성 및 발송

① 항공고시보 기안 책임

모든 항공고시보는 '항공고시보 발송지' 서식을 사용하여 규정된 기준에 따라 작성하여야 하며, 항행안전무선시설 및 항공관제통신시설을 제외한 공항 시설에 관한 항공고시보 기안 책임은 기지운항중대에 있고, 항행안전무선시설 및 항공관제통신시설에 관한 항공고시보 기안 책임은 접근관제소와 관제탑에 있다. 공역에 관한 항공고시보의 기안 책임은 제700항공관제대에 있다.

② 항공고시보 발송 통제

기지에서 발송하는 모든 항공고시보는 반드시 기지운항중대의 사전 통제를 받아야 하며, 통제 범위 및 절차는 다음과 같다.

- 항공고시보 전문의 각 항목별 정확한 작성 여부 확인
- 비인가된 부호 또는 약어 사용 여부 확인
- 항공고시보 내용 인지 여부 확인
- 위 모든 사항의 확인이 끝나면 항공고시보 번호를 부여하고, 비행정보실 항공고시보단말기에 입력하여 발송하도록 한다(항공고시보 번호는 항공고시보 발송 시 자동적으로 생성된다.).

③ 항공고시보 발송 시기

- 모든 항공고시보는 사유 발생 즉시 발송하여야 한다.
- 작전계획이나 정비 계획 등 사전 계획에 의한 항공고시보는 발효 시간으로부터 최소한 72시간 전에 발송하여야 한다.
- 일시적인 공역 설정에 관한 사항은 긴급한 경우를 제외하고는 최소한 공역을 설정하고자 하는 날의 7일 이전에 공고하여야 한다. 다만 대규모 군사 훈련 이외의 훈련을 위하여 일시적으로 공역을 제안하고자 하는 경우에는 최소한 3일 전까지 공고하여야 한다.

3) 항공고시보 작성법

모든 항공고시보는 가능한 한 간결하여야 하며, 수신자가 그 의미를 명확히 해석할 수 있는 문장으로 작성해야 한다. 각 항공고시보는 가능한 한 1개의 주제만이 서술되도록 작성하여야 한다. 여기에서 1개의 주제만 서술하여야 한다는 것은 1개 주어당 1개 술어(하나의 조건만을 기술하는 표현)만으로 문장을 작성함으로써 평이한 해석이 가능하여야 한다는 의미이다.

[항공고시보 전문]

내 용

R-79 제한 공역이 2001년 4월 3일, 7일, 12일 및 24일에는 매일 07:00부터 15:00까지 40,000ft까지 발효되고, 2001년 4월 19일 및 20일에는 매일 07:30부터 15:00까지 30,000ft까지 발효된다는 항공고시보를 발송할 경우, 다음과 같이 2개 전문으로 분리 작성하여야 한다.

전문 1(본문부만 포함)	전문 2(본문부만 포함)
A) RKRR	A) RKRR
B) 0104030700	B) 0104190730
C) 0104241500	C) 0104201500
D) 0700/1500 03 07 12 24 APR	D) 0730/1500 19 20 APR
E) R-79　QRRCA	E) R-79　QRRCA
F) SFC	F) SFC
G) FL400	G) FL300
)	)

Chapter 03 항공역학 단원별 응용 문제풀이

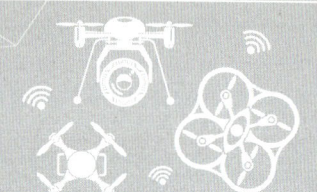

응용문제 Key Point
1. 응용 문제풀이는 복습, 예습문제로 엮었습니다. WHY : 실제시험에도 순서에 관계없이 출제됩니다.
2. 예습 후 다음 장에 공부한 문제가 있으면 기억이 배가 됩니다.
3. 문제를 반복적으로 풀면서 암기하는 것이 합격의 지름길입니다.

01 비행기가 비행하는데 작용하는 힘이 맞게 정리된 것은?
① 양력, 무게, 추력, 마찰
② 양력, 중력, 마찰, 항력
③ 양력, 중력, 추력, 항력
④ 양력, 중력, 무게, 추력

해설
비행기(드론)가 지면을 이륙하여 비행하는 동안에 작용하는 힘은 양력, 중력(무게), 추력, 항력이다.

02 항력(drag)에 대한 설명이다. 틀린 것은?
① 비행기가 전진할 때 공기의 저항으로 인해 비행을 방해하여 끌어 당기는 힘
② 추력과는 반대 방향의 힘
③ 항력은 외력이라고도 한다.
④ 항력은 받음각(AOA)과 관계가 없다.

해설
받음각(AOA)이 증가하면 유도항력이 증가한다.

03 추력과 항력의 관계에 대한 설명이다. 틀린 것은?
① 추력이 항력보다 크면 비행 속력이 커진다.
② 추력이 항력보다 작으면 비행 속력이 작아진다.
③ 추력과 항력이 균형이 맞추어지면 속력이 일정하게 유지된다.
④ 추력과 항력이 같고 양력이 커지면 등속수평 비행한다.

해설
양력과 중력, 추력과 항력의 관계를 정리하면 다음과 같다.
① 양력과 중력의 관계는 상승/하강의 변화(고도변화) : 수직성분 변화
 양력＞중력 = 상승
 양력＜중력 = 하강
 양력=중력 = 수평
② 추력과 항력의 관계는 속도의 변화(가속도, 감속도, 등속도) : 수평성분 변화
 추력＞항력 = 가속도
 추력＜항력 = 감속도
 추력 = 항력 = 등속도

04 비행기가 일정한 고도를 유지하면서 등가속 수평비행 할 때 수직성분과 수평성분의 관계로 맞는 것은?
① 양력 = 중력, 추력 = 항력
② 양력 ＞ 중력, 추력 = 항력
③ 양력 = 중력, 추력 ＞ 항력
④ 양력 ＞ 중력, 추력 ＞ 항력

해설
양력과 중력이 같으면 수평을 유지하고 추력이 항력보다 크면 가속도 비행한다.

05 비행기가 일정한 고도에서 등속수평비행을 하는 조건이 맞는 것은?
① 양력 = 중력, 추력 = 항력

[정답] 01 ③ 02 ④ 03 ④ 04 ③ 05 ①

② 양력 > 중력, 추력 = 항력
③ 양력 = 중력, 추력 > 항력
④ 양력 > 중력, 추력 > 항력

해설
양력과 중력이 같으면 수평을 유지하고 추력과 항력이 같으면 등속도 비행한다.

06 수직성분인 양력과 중력(무게)의 관계에 따라서 비행기가 상승/하강하게 된다. 상승선회 조건은?

① 수직성분인 양력과 중력의 관계는 관련이 없다.
② 수직성분인 양력 > 중력
③ 수직성분인 양력 < 중력
④ 수직성분인 양력 = 중력

해설
수직성분인 양력이 중력(무게)보다 크면 상승 선회하게 된다.

07 비행기가 비행 중에 항력과 추력을 같게 하면 어떻게 비행을 수행하는가?

① 정지비행
② 감속정지비행
③ 등속도 비행
④ 가속도 비행

해설
비행기가 비행 중에 추력과 항력이 같으면 등속도 비행을 수행하게 된다.

08 항공기가 비행 중에 항력이 추력보다 크면 어떤 비행을 수행하는가?

① 가속도 운동
② 등속도 운동
③ 감속도 운동
④ 등속 수평비행

해설
항력이 추력보다 크면 감속도 운동을 수행한다.

09 항공기를 비행 중에 부양시키고자 한다. 어떤 힘을 변화해야 하는가?

① 항력
② 중력
③ 추력
④ 양력

해설
수직 성분인 양력을 변화하면 비행기가 상승하게 된다.

10 항공기가 비행 중에 추력이 항력보다 크면 어떤 비행을 수행하는가?

① 가속도 운동
② 등속도 운동
③ 감속도 운동
④ 등속 수평비행

해설
추력이 항력보다 크면 비행속도 증가(가속도 운동)한다.

11 항공기가 수평 비행 중에 등속도로 비행하고자 한다. 맞는 것은?

① 양력 = 추력
② 항력 > 양력
③ 양력 = 항력
④ 항력 = 추력

해설
등속 수평비행은 양력 = 중력, 추력 = 항력이 같아야 한다.

12 비행기에 작용하는 힘에 대한 설명이다. 틀린 것은?

① 양력 = 무게이면 수평 비행 시
② 항력 > 추력이면 가속 비행 중
③ 항력 < 추력이면 감속 비행 중
④ 양력 > 무게이면 하강 중

해설
양력이 항공기 무게보다 크면 상승한다.

[정답] 06 ② 07 ③ 08 ③ 09 ④ 10 ① 11 ④ 12 ④

13. 비행기에 작용하는 힘 중에 양력에 대한 설명이다. 틀린 것은?

① 비행기 속도의 제곱에 비례
② 공기 밀도에 비례
③ 비행기 속도와 비례
④ 날개 면적에 비례

해설

양력은 다음과 같은 특징을 가지고 있다.
- 비행기 속도의 제곱에 비례
- 공기 밀도에 비례
- 날개 면적에 비례

14. 항공기의 날개가 양력의 변화를 줄 수 있는 것은 어떤 것인가?

① 받음각
② 임계각
③ 코닝각
④ 피치각

해설

받음각(AOA)은 비행기 날개가 양력을 변화시킬 수 있는 주요 수단이다.
- 받음각이 커지면 양력계수가 증가한다. (상승)
- 받음각이 작으면 양력계수가 감소한다. (하강)
- 양력의 크기는 받음각의 크기와 비례관계이다.
- 받음각 증가가 너무 크면 오히려 양력을 감소시키는 현상인 '실속(Stall)'이 발생한다.
- 받음각은 양력뿐 아니라 항력에도 영향을 미친다.
- 받음각이 커지면 '유도항력'도 커지게 된다.

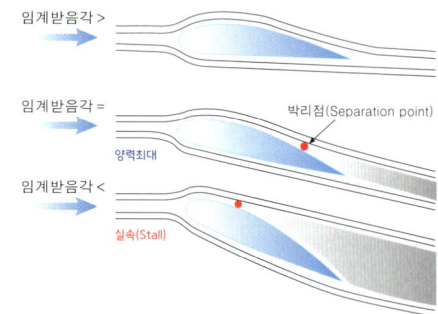

받음각 < 임계받음각 → 수평 비행
받음각 = 임계받음각 → 양력이 최대
받음각 > 임계받음각 → 실속(Stall)
* 박리점(Separation point) : 날개 윗면의 공기 흐름이 박리되기 시작하여 양력이 더 이상 증가하지 못하는 지점

15. 항공기 속도가 증가할수록 감소하는 항력은?

① 유도항력
② 유해항력
③ 형상항력
④ 전체항력

해설

① 유도항력(유도기류에 의한 항력) : 항공기 속도가 증가할수록 감소, 항공기 속도가 저속일 때 증가
- 유도항력은 항공기 날개가 만들어낸 양력으로 인해 나타나는 항력이다.
- 유도항력은 받음각이 커지면 같이 커지게 된다.
② 유해항력(마찰성 저항) : 항공기 표면에 공기 마찰로 인해 생기는 항력으로 항공기 속도가 증가할수록 증가
③ 형상항력(유해항력의 일종으로 마찰성 저항) : 날개와 몸체의 형태에 따라 달라짐
④ 전체항력 : 최소 속도로 비행하면 항공기는 가장 멀리 날아감

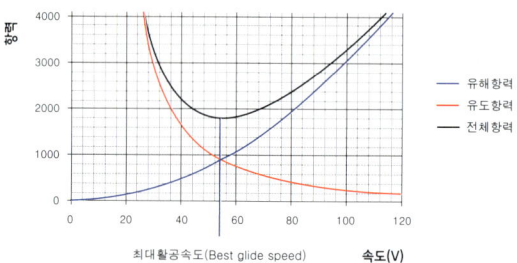

최대활공속도(Best glide speed)는 비행기의 항력이 최소가 되는 속도를 말한다. 이곳에서 전체 항력이 최소가 되어 위치(포텐셜)에너지 손실이 가장 작게 되기 때문에 주어진 조건에서 비행기가 가장 멀리 활공할 수 있게 된다. 즉, 속도의 제곱에 반비례하는 유도항력과 속도의 제곱에 비례하는 유해항력이 같아지는 점을 말하게 된다.

16. 항공기 속도가 증가할수록 증가하는 항력은?

① 유도항력
② 유해항력
③ 형상항력
④ 전체항력

해설

유도항력은 유해항력과 반비례 관계이다.

[정답] 13 ③ 14 ① 15 ① 16 ②

17 항력과 속도와의 관계 설명 중 틀린 것은?

① 유도항력은 유해항력과 반비례 관계이다.
② 유도항력은 속도의 제곱에 반비례하고 유해항력은 속도에 비례한다.
③ 유해항력은 항공기 속도가 증가할수록 증가한다.
④ 유도항력은 유도기류에 의한 항력으로 저속과 제자리 비행 시 가장 크고 항공기 속도가 증가할수록 감소한다.

해설

유도항력은 속도의 제곱에 반비례하고 유해항력은 속도의 제곱에 비례한다.

18 비행기에 작용하는 힘 중에 양력이 커지면 증가하는 것은?

① 항력　　② 동력
③ 추력　　④ 중력

해설

날개의 항력은 양력을 발생시킨다.

19 항력(drag)에 대한 설명이다. 틀린 것은?

① 유도항력(유도기류에 의한 항력)은 항공기 속도가 증가할수록 감소한다.
② 전체 항력이 최소 속도로 비행하면 항공기는 가장 멀리 날아갈 수 있다.
③ 유해항력(마찰성 저항)은 항공기 속도가 증가할수록 감소한다.
④ 항력은 비행기가 전진할 때 공기의 저항으로 인해 비행을 방해하여 끌어당기는 힘을 말한다.

해설

유해항력(마찰성 저항)은 항공기 속도가 증가할수록 증가한다.

20 항공기가 비행하면서 발생하는 항력 중에 유해항력이 아닌 것은?

① 간접항력
② 표면 마찰항력
③ 형상항력
④ 유도항력

해설

- 형상항력은 유해항력의 일종으로 마찰성 저항에 의해서 발생한다.
- 항공기의 표면에 마찰에 의해서 발생하기 때문에 표면 마찰항력이라 한다.
- 두 개의 면이 교차하는 곳에서 발생하는 항력으로 간접항력이라 한다.
- 간접항력은 두 개의 면이 교차되는 곳을 각지지 않게 부드럽게 이어주어야 한다.

21 드론과 같이 회전익 항공기의 프로펠러(블레이드)가 회전하면서 공기 마찰에 의해 발생하는 항력은?

① 유도항력　　② 유해항력
③ 형상항력　　④ 전체항력

해설

형상항력은 유해항력의 일종으로 마찰성 저항으로 프로펠러가 회전하면서 공기와 마찰하면서 발생하는 항력이다.

22 항공기의 이륙성능을 높이는 것 중에 맞지 않는 것은?

① 항공기 날개 무게를 높인다.
② 항공기의 양력을 높인다.
③ 항공기 추력을 높인다.
④ 항공기의 항력을 낮춘다.

해설

항공기의 이륙성능을 높이기 위해서는 양력을 높이거나 항공기의 무게를 낮춘다.

[정답]　17 ②　18 ①　19 ③　20 ④　21 ③　22 ①

23 항공기가 빠른 속도로 비행하는데 비행을 방해하는 모든 항력은 어떤 것인가?

① 유도항력
② 유해항력
③ 형상항력
④ 압력항력

해설
유해항력은 항공기가 비행하는데 받는 항력이다.

24 무인멀티콥터를 조종할 때 방향타(Rudder)의 사용 목적은?

① 항공기 기수를 상하 조정
② 왼쪽 선회 조정
③ 요잉(Yawing) 조종
④ 항공기 피칭을 조정

해설
- 에일러론(Aileron) – 롤링(Rolling) – 가로안정성 – 보조날개 기체 양쪽 상하기울림
- 엘리베이터(Elevator) – 피칭(Pitching) – 세로 안정성 – 승강키 기수 상하조작
- 러더(Rudder) – 요잉(Yawing) – 방향 안정성 – 방향키 좌우 조작

25 항공기가 비행 중에 방향 안정성을 확보하기 위한 것은?

① 수직 안정판
② 수평 안정판
③ 에일러론
④ 엘리베이터

해설
항공기의 방향 안정성을 유지하기 위해서는 수직 안정판을 사용하게 된다. 수직(방향) 안전판은 항공기가 수직축을 기준으로 좌우 회전하여 안정하게 하는 것을 목적으로 사용한다. 즉 수직안전판은 요잉(Yawing)으로 방향키 좌우 조작에 사용된다.

26 항공기의 수직축을 중심으로 진행방향에 대한 좌우 회전운동을 무엇이라 하는가?

① 롤링(rolling)
② 피칭(pitching)
③ 요잉(yawing)
④ 에일론(Aileron)

해설
항공기의 진행 방향을 조절하는 것은 요잉(Yawing)으로 수직안전판이라 한다.

27 항공기를 조종하는데 필요한 조종면이 아닌 것은?

① 러더(rudder) : 방향타
② 에일러론(ailleron) : 보조익
③ 엘리베이터(elevator) : 승강타
④ 트림(Trim) : 조종타

해설
- 에일러론(Aileron) – 롤링(Rolling) – 좌우 비행 조작
- 엘리베이터(Elevator) – 피칭(Pitching) – 상하조작
- 러더(Rudder) – 요잉(Yawing) – 좌우 방향 조작

28 항공기의 3축 운동과 조종면의 관계를 맞게 연결한 것은?

① 롤링(Rolling) : 보조날개
② 롤링(Rolling) : 방향타
③ 피칭(Pitching) : 보조날개
④ 요잉(Yawing) : 승강타

해설
- 에일러론(Aileron) – 롤링(Rolling) – 가로안정성 – 보조날개 기체 양쪽 상하기울림
- 엘리베이터(Elevator) – 피칭(Pitching) – 세로 안정성 – 승강키 기수 상하조작
- 러더(Rudder) – 요잉(Yawing) – 방향 안정성 – 방향키 좌우 조작

29 항공기의 3층 운동과 조종면의 관계를 연결한 것이다. 틀린 것은?

[정답] 23 ② 24 ③ 25 ① 26 ③ 27 ④ 28 ① 29 ②

① 롤링(Rolling) : 보조날개
② 롤링(Rolling) : 방향타
③ 피칭(Pitching) : 승강타
④ 요잉(Yawing) : 방향타

해설
롤링(Rolling)은 항공기의 방향을 조절하는데 사용한다.

30 항공기의 3층 운동에서 세로안정성과 관계있는 운동은 어떤 것인가?

① 롤링(Rolling)
② 요잉(Yawing)
③ 피칭(Pitching)
④ 롤링(Rolling)과 요잉(Yawing)

해설
엘리베이터(Elevator) – 피칭(Pitching) – 세로 안정성 – 승강키 기수 상하조작

31 항공기의 3층 운동에서 가로안정성과 관계있는 운동은 어떤 것인가?

① 롤링(Rolling)
② 요잉(Yawing)
③ 피칭(Pitching)
④ 롤링(Rolling)과 요잉(Yawing)

해설
에일러론(Aileron) – 롤링(Rolling) – 가로안정성 – 보조날개 기체 양쪽 상하기울림

32 항공기의 3층 운동에서 방향안정성과 관계있는 운동은 어떤 것인가?

① 롤링(Rolling)
② 요잉(Yawing)
③ 피칭(Pitching)
④ 롤링(Rolling)과 요잉(Yawing)

해설
러더(Rudder) – 요잉(Yawing) – 방향 안정성 – 방향키 좌우 조작

33 항공기가 활주로에 안정적으로 착륙하기 위하여 양력을 증가시키는 장치로 항공기 주 날개 안쪽에 위치한 고양력장치는?

① 보조익
② 승강타
③ 방향타
④ 플랩(flap)

해설
플랩(flap)은 항공기 주 날개 안쪽에 위치한 장치로 양력을 증대시키기 위한 고양력장치이다. 항공기가 활주로에 안정적으로 착륙하기 위하여 양력을 증가시킨다.

34 비행기가 비행할 때 작용하는 4가지 힘이 균형을 이루었다. 이 때 어떤 비행을 수행하는가?

① 정지 비행
② 상승 비행
③ 가속도 비행
④ 등가속도 비행

해설
비행기에 작용하는 4가지 힘이 균형을 이루면 등가속도 비행을 하게 된다.

35 비행기가 비행할 때 작용하는 4가지 힘에 대한 설명이다. 틀린 것은?

① 양력(lift)은 공기의 흐름으로 비행기를 공중에 뜨게 하는 힘이며 부력이라고도 한다.
② 중력은 지구 중력의 효과로 비행기의 무게에 작용하여 하강하게 하는 힘을 말한다.

[정답] 30 ③   31 ①   32 ②   33 ④   34 ④   35 ④

③ 추력(thrust)은 비행기를 앞으로 전진하게 하려는 힘으로 엔진 혹은 프로펠러에 의해 생기는 힘이다.
④ 항력(drag)은 받음각에 따라서 달라지며 받음각이 임계받음각보다 크면 항력이 작아져 비행이 쉽다.

해설
- 받음각 증가가 너무 크면 오히려 양력을 감소시키는 현상인 '실속(Stall)'이 발생한다.
- 받음각은 양력뿐 아니라 항력에도 영향을 미친다.
- 받음각이 커지면 '유도항력'도 커지게 된다.

36 비행기가 안전하게 일정한 비행속도로 비행하는 정도를 안정성이라 한다. 안정성이 좋은 경우는?

① 조종자가 비행 조종이 쉽다.
② 조종자가 이착륙하기가 쉽다.
③ 실속이 발생하지 않는다.
④ 받음각이 쉽게 제어가 된다.

해설
안정성은 비행기가 안전하게 일정한 속도로 비행하는 정도를 의미한다.

37 헬리콥터나 비행기가 이착륙을 할 때에 지표면 또는 수면과 거리가 가까워지면서 하강풍이 지면과 충돌하여 항력은 감소하고 양력은 커지게 되는 현상은?

① 유도효과
② 양력효과
③ 날개효과
④ 지면효과

해설
헬리콥터나 비행기가 이착륙을 할 때에 지표면 또는 수면과 거리가 가까워지면서 하강풍이 지면과 충돌하여 항력은 감소하고 양력은 커지지게 되는 현상을 지면효과라고 한다.

38 다음은 지면효과에 대한 설명이다. 올바른 것은?

① 지면효과는 양력을 감소시키기 때문에 헬리콥터의 비행에 아주 위험하다.
② 지면효과는 양력을 감소시키지만 항공기 비행에 있어서는 안전한 비행을 수행한다.
③ 지면효과는 고도가 낮아질수록 더욱 강해지며 항공기의 무게를 유지하는데 효과적이다.
④ 지면효과는 헬리콥터가 전진 비행을 하면 더욱 강하게 나타난다.

해설
지면효과는 고도가 낮아질수록 항력은 감소하고 양력은 커지기 때문에 헬리콥터의 무게를 유지하는데 효과적이다. 또한 헬리콥터가 전진 비행을 하게 되면 지면효과는 없어지게 된다.

39 다음은 지면효과 상태의 호버링에 관한 설명이다. 잘못된 것은?

① 영각(받음각)이 증가한다.
② 헬리콥터의 무게를 유지하는데 효과적이다.
③ 하강류가 지면과 충돌하고 반사하여 수직 양력이 증가한다.
④ 항력이 증가하여 추력은 감소한다.

해설
지면효과 상태의 호버링
- 유도기류 속도는 지면과 충돌하여 감소
- 유도기류 속도가 감소하여 유도항력도 감소
- 유도항력이 감소하면 필수 추력도 감소
- 하강류가 지면과 충돌하고 반사하여 수직 양력이 증가
- 영각(받음각) 증가

40 다음은 지면효과(Ground effect)에 관한 설명이다. 틀린 것은?

① 유도항력이 감소하면 필수 추력도 감소시킨다.
② 지면효과로 인해서 이착륙 시 활주거리가 짧아진다.

[정답] 36 ① 37 ④ 38 ③ 39 ④ 40 ②

③ 지면효과는 국지적 정압을 증가시켜 속도와 고도를 더 낮게 지지한다.
④ 지면효과는 프로펠러의 1/2 이하인 고도에서 효율이 효과적으로 증가한다.

해설
- 지면효과는 프로펠러의 1/2이하인 고도에서 효율이 효과적으로 증가한다.
- 유도항력이 감소하면 필수 추력도 감소시킨다.
- 헬리콥터가 전진 비행을 하면 지면효과는 없어진다.
- 정상속도보다 적은 속도로 이착륙이 가능하다.
- 지면효과를 벗어나면 안정성이 감소되며 순간적인 기수 상승 현상이 발생하기 때문에 주의를 요한다.

41 다음은 지면효과에 대한 설명이다. 맞는 것은?

① 프로펠러의 회전이 공기의 흐름을 방해하여 발생한다.
② 지표면과 프로펠러 사이에 발생하는 공기의 흐름으로 유해항력이 증가하여 발생한다.
③ 공기흐름 패턴과 같이 지표면의 간섭으로 발생한 결과이다.
④ 유도기류 속도가 증가하여 유도항력이 증가한 결과이다.

해설
지면효과는 고도가 낮아질수록 항력은 감소하고 양력은 커지기 때문에 헬리콥터의 고도에 따라 공기흐름 패턴과 같이 지표면의 간섭으로 발생한 결과이다.

42 비행기의 지느러미효과(Keel effect)를 얻기 위해서 수직 안정판은 앞 쪽으로 뻗어있다. 이 수직 안전판의 목적은 무엇인가?

① 방향 안정성
② 수직 안전성
③ 횡축선선의 안전성
④ 종축선상의 안전성

해설
수직 안정판은 방향안정성을 위한 것으로 항공기의 방향이 갑자기 왼쪽, 오른쪽으로 틀어지면 안전하게 복원하는데 목적이 있다.

43 항공기의 꼬리날개(empennage)의 구성을 정리하였다. 맞는 것은?

① 방향타, 플랩, 수평 안정판, 수직 안정판
② 승강타, 플랩, 방향타, 수평 안정판
③ 방향타, 수직 안정판, 승강타, 수평 안정판
④ 방향타, 승강타, 수직 안정판, 플랩

해설
항공기의 꼬리 날개는 방향타, 수직 안정판, 승강타, 수평 안정판 등으로 구성되어 있다.

44 항공기의 3축(X, Y, Z) 운동이 교차되는 곳은 무엇인가?

① X축의 중간점
② Y축의 중간점
③ 무게 중심
④ 거리 중심

해설
항공기의 3측(X, Y, Z) 운동이 교차하는 곳은 힘의 균형점이라고 하며 항공기의 무게 중심점이 되게 된다.

45 항공기의 3축에서 항공기의 앞과 뒤를 연결하여 무게 중심 축으로 사용하는 축은?

① 세로축
② 가로축
③ 수직축
④ 평형축

해설
항공기의 3축은 세로축(종축), 가로축(횡축), 수직축으로 구분한다.
- 세로축(종축)은 항공기의 롤링(Rolling)
- 가로축(횡축)은 항공기의 피칭(Pitching)
- 수직축은 항공기의 요잉(Yawing)

46 비행기의 가로 안정성(가로조종)이 아는 것은?

① 수직꼬리날개
② 수평꼬리날개
③ 상반각
④ 날개의 후퇴각

[정답] 41 ③ 42 ① 43 ③ 44 ③ 45 ① 46 ④

해설
가로 안정성(가로조종)은 후퇴익, 상반각으로 구성된다.

47 항공기가 세로축(종축)을 중심으로 하는 운동은?
① 롤링(Rolling) – 보조익
② 피칭(Pitching) – 보조익
③ 요잉(Yawing) – 방향타
④ 피칭(Pitching) – 승강타

해설
항공기의 세로축(종축)은 롤링(Rolling)으로 보조익이다.

48 다음은 에어포일(airfoil)에 대한 상대풍을 설명한 것이다. 틀린 것은?
① 에이포일의 방향이 바뀌게 되면 상대풍의 방향도 바뀌게 된다.
② 에어포일이 상측으로 움직이면 상대풍도 같이 상측으로 향하게 된다.
③ 에어포일의 움직임이 변하게 되면 상대풍의 방향도 움직이게 된다.
④ 에어포일에 의한 상대적인 공기의 흐름을 말한다.

해설
상대풍은 항공기의 진행방향과 반대방향으로 흐르는 공기로 에어포일(airfoil)의 변화에 따라서 변하게 된다.
- 에어포일의 방향에 따라 상대풍의 방향도 변하게 된다.
- 에어포일이 움직이는 각도에 따라서 상대풍이 방향이 변하게 된다.
- 에어포일에 의한 상대적인 공기의 흐름을 말한다.

49 다음은 상대풍(Relative Wind)에 대한 설명이다. 맞는 것은?
① 프로펠러 후류에 의해 형성되는 공기로 항공기의 옆으로 흐르는 옆바람을 말한다.
② 항공기가 진행할 때 날개골의 비행경로와 평행하며 같은 방향으로 흐르는 공기를 말한다.
③ 항공기의 진행방향과 반대방향으로 흐르는 공기를 말한다.
④ 항공기가 진행방향과 같은 방향으로 흐르는 공기를 말한다.

해설
상대풍(Relative Wind)은 항공기의 진행방향과 반대방향으로 흐르는 공기를 말한다.
- 날개골의 이동방향에 정반대로 작용하는 바람
- 날개골의 비행경로와 평행하지만 방향은 반대
- 공기역학적으로 양력을 발생하는 받음각의 크기를 결정하는 요소

50 항공기 날개의 단면에서 앞전(leading edge)과 뒷전(trailing edge)을 연결한 직선은 무엇인가?
① 캠버(camber)   ② 시위선(chord line)
③ 받음각(AOA)   ④ 에어포일(airfoil)

해설
시위선(chord line)은 항공기 날개의 단면에서 앞전(leading edge)과 뒷전(trailing edge)을 연결한 선을 말한다.

51 에어포일(Airfoil)에 대한 설명 중 틀린 것은?
① 상부와 하부표면이 비대칭을 이루고 있으며 평균 캠버선과 익현선은 일치하게 된다.
② 중력중심은 받음각(AOA)이 증가하면 전진하고 받음각이 감소하면 뒤로 후퇴하게 된다.
③ 양력의 변화는 받음각(AOA)과 캠버(camber)의 변화로 조절한다.
④ 비대칭형 Airfoil에 비해 양력이 많이 발생할 수 있으며 받음각에 따라서 변하게 된다.

해설
에어포일(Airfoil)은 항공기 날개의 단면에서 앞전(leading edge)과 뒷전(trailing edge)을 연결하는 시위선(Chord line)을 기준으로 상부와 하부 표면이 비대칭을 이루고 있는 것을 말한다.

[정답] 47 ①   48 ②   49 ③   50 ③   51 ①

즉 평균캠버선(Mean camber line)과 시위선(Chord line)이 일치하지 않는 구조의 항공기 날개를 말한다.

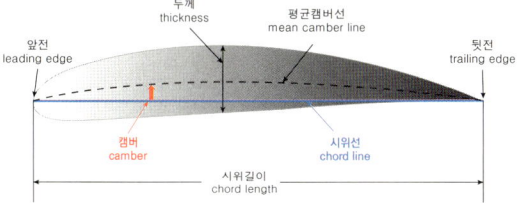

- 비대칭형 에어포일에는 받음각(AOA)이 증가하면 압력중심은 전진하고 받음각이 감소하면 압력 중심이 후퇴하게 된다.

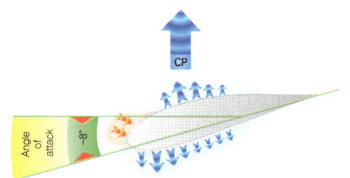
Low angle of attack

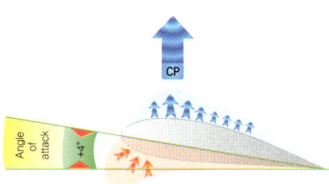
Nomal angle of attack

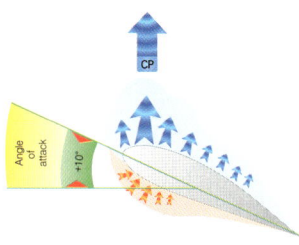
High angle of attack

[받음각에 따른 양력의 변화]

52 대칭형 Airfoil에 관한 내용으로 맞지 않은 것은?

① 제작이 용이하고 제작비용도 저렴하다는 장점을 가지고 있다.

② 양력이 적게 발생하여 비대칭 Airfoil에 비해 실속이 더 발생할 수 있다.
③ 상부와 하부가 대칭이나 평균 캠버선과 익현선은 서로 일치하지 않는 구조이다.
④ 압력중심 이동이 일정하여 주로 저속 항공기에 사용된다.

해설

대칭형 에어포일(Airfoil)은 항공기 날개의 단면에서 앞전(leading edge)과 뒷전(trailing edge)을 연결하는 시위선(Chord line)을 기준으로 상부와 하부 표면이 대칭을 이루고 있는 것을 말한다. 즉 평균캠버선(Mean camber line)과 시위선(Chord line)이 일치하는 구조의 항공기 날개를 말한다.(시위선 = 익현선)

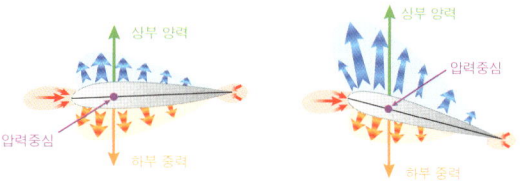

[대칭형 에어포일]

- 양력중심 이동이 대체로 일정하게 유지되어 주로 저속 항공기 및 회전익 항공기에 적합
- 장점은 제작비용이 저렴하고 제작도 용이하다.
- 단점은 비대칭형 Airfoil에 비해 주어진 영각(받음각)에 비해 양력이 적게 발생한다.(양력이 적게 발생하여 실속이 발생할 수 있는 경우가 많다.)
- 압력중심은 변화가 거의 없다.

53 에어포일(Airfoil)의 받음각(AOA)이 너무 증가하여 공기 흐름의 떨어짐 현상이 발생하면 양력과 항력은 어떻게 변화하는가?

① 양력 감소, 항력 증가
② 양력 증가, 항력 감소
③ 양력, 항력 모두 증가
④ 양력, 항력 모두 감소

해설

받음각이 너무 증가하게 되면 공기 흐름이 떨어짐 현상이 발생하고 양력은 감소하고 항력은 증가하게 된다.

[정답] 52 ③ 53 ①

54 에어포일(airfoil)에 대한 설명이다. 틀린 것은?

① 시위선(Chord line)이란 앞전과 뒷전을 연결한 직선이다.
② 평균캠버선(mean camber line)이란 날개 꼴의 이등분선이다.
③ 초경량 비행기는 에어포일이 없기 때문에 신경 안 써도 된다.
④ 최대캠버란 평균캠버선(mean camber line)과 시위선(chord line)의 두께 중 최댓값을 의미한다.

해설
초경량 비행기에서 에어포일은 비행 성능을 위해 중요하다.

55 항공기의 상승과 하강의 양을 지시해주는 장치는?

① 속도계   ② 승강계
③ 회전계   ④ 선회계

해설
승강계는 항공기의 상승과 하강의 양을 지시해주는 장치이다.

56 비행기의 양력이 급격하게 떨어지는 실속(stall)에 대한 설명이다. 틀린 것은?

① 실속(stall)의 속도가 작을수록 착륙속도는 작아진다.
② 고 양력 장치의 주목적은 최대 양력계수 값을 크게 하여 이·착륙 시 비행기 성능을 향상시킨다.
③ 실속(stall)은 익면하중이 클수록 감소한다.
④ 양력계수가 최대일 때 속도가 최소가 되는데 이를 실속(stall) 속도라 한다.

해설
• 비행기의 양력이 급격하게 떨어지는 현상을 실속(Stall)이라고 한다.
• 실속의 직접적인 원인은 과도한 받음각(AOA)이다.
• 무게, 하중계수, 비행속도, 고도에 관계없이 같은 받음각에서 발생한다.

57 실속(stall)이 발생하는 가장 큰 원인은 어떤 것인가?

① 과도한 받음각(AOA)
② 큰 비행속도
③ 큰 하중계수
④ 고도가 높고 불안정한 대기

해설
실속이 발생하는 원인 중에 무게, 하중계수, 비행속도, 고도에는 관계가 없다.

58 받음각(영각)에 대한 설명으로 맞지 않은 것은?

① 받음각(영각)이 커지면 양력이 작아지고 받음각이 작아지면 양력이 커진다.
② 붙임각(취부각)의 변화 없이도 변화될 수 있다.
③ 받음각은 양력과 항력의 크기를 변화시킨다.
④ 에어포일(Airfoil)은 합력 상대풍과 익현선과의 사이 각을 말한다.

해설
붙임각(양각)은 동체기준선에 대한 날개의 각도(항공기 제작사가 제작함)

59 비행기의 비행 중 비행 성능에 영향을 주는 것이 아닌 것은?

① 고도
② 날개크기
③ 무게
④ 엔진형식

해설
엔진 형식은 비행 성능에는 영향을 주지 않는다.

[정답]   54 ③   55 ②   56 ③   57 ①   58 ①   59 ④

60 플랩(flap)이 하는 기능이 아닌 것은?

① 이착륙 거리 감소 ② 연료 감소
③ 항력 증가 ④ 양력 증가

해설
플랩(flap)은 항공기 주 날개 안쪽에 위치한 장치로 양력을 증대시키기 위한 고양력장치이다.

61 비행기 무게중심이 전방에 위치하면 일어나는 현상들이다. 틀린 것은?

① 안정성 증가 ② 쉽게 실속(stall) 회복
③ 순항속도 증가 ④ 실속(stall) 속도 증가

해설
비행기의 무게중심이 전방에 위치하면 실속(stall)속도 증가, 낮은 순항 속도, 안정성이 증가하게 된다.

62 활공비란 무엇인가?

① 고도를 비행거리로 나눈 것
② 비행 속도를 시간으로 나눈 것
③ 바람이 없는 상태에서 비행거리를 고도로 나눈 것
④ 활공거리를 시간으로 나눈 것

해설
활공비는 바람이 없는 상태에서 직선 비행중의 비행 거리를 고도로 나눈 것을 말한다. 즉 양력(L)을 항력(D)으로 나눈 값(L/D)을 말한다.

63 비행기의 무게가 높아지면 일어나는 현상이 아닌 것은?

① 비행기의 이륙거리가 증가
② 비행기의 활공각이 증가
③ 비행기의 상승각이 낮아짐
④ 실속(stall) 속도가 낮아짐

해설
비행기의 무게가 높아지면 상승하는데 오래 걸리며, 이륙하는 거리가 늘어나게 된다. 또한 비행기의 활공각은 증가하게 된다.

64 항공기의 착륙거리를 짧게 하려고 할 때 맞지 않는 것은?

① 익면하중 증가 ② 양력계수 증가
③ 플랩 사용 ④ 표면 마찰력 증가

해설
익면하중
비행기의 무게를 날개 면적으로 나눈 무게로 착륙속도를 결정하게 한다.

65 프로펠러 비행기의 항속거리를 길게 하는 방법이 아닌 것은?

① 프로펠러 효율 높임
② 연료 소비율 감소
③ 양항비가 최소인 받음각(AOA)으로 비행
④ 날개의 가로와 세로 비를 크게 함

해설
양항비는 항공기가 비행할 때 발생하는 '양력'과 '항력'의 비를 말한다. 항공기는 양항비가 최대인 받음각 상태에서 비행하면 항속거리가 길게 된다.

66 항공기 성능을 좌우하는 것을 나열하였다. 틀린 것은?

① 양항비 ② 항속거리
③ 세로가로비 ④ 활공비

해설
항공기의 성능은 양항비, 항속거리, 체공시간, 활공비 등이 좌우한다.

[정답] 60 ② 61 ③ 62 ③ 63 ④ 64 ① 65 ③ 66 ③

67 항공기의 무게(weight)와 균형(balance)은 비행에 있어 중요한 요소이다. 이유는 무엇인가?

① 안전하게 비행하기 위해서
② 착륙시 거리를 짧게 하기 위하여
③ 비행시 소음을 감소시키기 위해서
④ 비행할 때 효율성을 얻기 위해서

해설
항공기의 무게(weight)와 균형(balance)은 안전한 비행을 위해서 중요한 요소이다.

68 항공기가 비행시 선회비행 경로를 벗어나 외할(skid)하는 이유는 무엇인가?

① 경사각이 적다. 원심력 < 구심력
② 경사각이 크다. 원심력 < 구심력
③ 경사각이 크다. 원심력 > 구심력
④ 경사각이 적다. 원심력 > 구심력

해설
시키드(skid)는 항공기가 충분한 경사각을 사용하지 않고 선회하는 비행을 말한다. 이때 항공기가 선회하면 원심력으로 인해 선회비행 경로를 벗어나게 된다.

69 항공기가 수평선상에 놓여 있을 때 기준점으로부터 왼쪽, 오른쪽으로 일정 거리 선상에서 받는 힘을 계산할 때 쓰는 모멘트(Moment)의 계산은?

① (무게 × 길이) ÷ 2
② 길이 ÷ 무게
③ 무게 × 길이
④ 무게 ÷ 길이

해설
모멘트(Moment)는 항공기가 수평선상에 놓여 있을 때 기준점으로부터 왼쪽과 오른쪽으로 일정거리 선상에서 받는 힘을 의미한다.
모멘트 = 무게 × 길이

70 후류(Wake)에 관한 설명으로 틀린 것은?

① 대형항공기보다 소형항공기의 후류가 적다.
② 항공기가 지나간 자리는 후류가 발생해서 회피해야 한다.
③ 항공기가 착륙할 때 앞에 착륙한 항공기보다 뒤쪽에서 착륙한다.
④ 항공기가 이륙할 때 앞에 이륙한 항공기보다 뒤쪽에서 이륙한다.

해설
후류는 비행하는 항공기의 꼬리 부분에 생기는 교란된 공기의 흐름이다. 즉 비행기가 비행을 하면서 추진기 뒤쪽에 생기는 바람을 말한다.

71 비행기에 화물을 넣을 때 무게중심의 후방한계점보다 더 뒤쪽에 쌓아 놓았다. 비행기가 비행할 때 발생하는 현상은?

① 실속(stall)이 발생하면 회복하기 어렵다.
② 비행속도가 빠르면 실속(Stall)이 발생한다.
③ 이륙할 때 이륙 거리가 길어진다.
④ 착륙할 때 착륙 거리와 관계없다.

해설
화물 때문에 무게중심이 맞지 않으면 비행할 때 실속(stall)이 발생할 수 있으며 회복하기 힘들어진다.

72 다음의 계기에서 정압을 변화하는 것은?

① 속도계
② 선회계
③ 고도계
④ 자계기

해설
고도계는 고도를 측정하는 계기이다. 주로 지표면 또는 해수면 위의 고도를 측정한다.

[정답] 67 ① 68 ④ 69 ③ 70 ③ 71 ① 72 ③

73 항공기가 빠른 비행을 하다 속도를 낮추었다. 항공기 날개 윗면과 아랫면의 공기 흐름을 설명한 것이다. 맞는 것은?

① 날개 윗면의 흐름 속도가 아랫면보다 크고 동압은 높다.
② 날개 아랫면이 윗면보다 흐름 속도가 크고 정압이 높다.
③ 날개 윗면의 흐름 속도가 아랫면보다 크고 정압은 높다.
④ 날개 아랫면이 윗면보다 흐름 속도가 크고 동압은 높다.

해설
공기의 흐름 속도가 빨라지면 동압은 커지고 정압은 작아진다. 반대로 흐름 속도가 느려지면 동압은 감소하고 정압은 커지게 된다. 하지만 두 압력의 합인 전압은 항상 일정하게 된다.

74 항공기가 비행 중에 선회를 하게 되면 변화가 있는 계기는?

① 방향지시계 ② 속도계
③ 승강계   ④ 고도계

해설
항공기가 선회를 하게 되면 방향은 바뀌게 된다.

75 고속의 항공기에 사용되는 피토트관(pitot tube)은 무엇을 측정하기 위한 것인가?

① 전압(total pressure)
② 습도(humidity)
③ 동압(dynamic pressure)
④ 정압(static pressure)

해설
피토트 관(pitot tube) 원리
- 피토트관은 베르누이의 정리를 응용한 속도계(Airspeed Indicator)를 말한다.
- 비교적 고속의 항공기에서 사용하고 있다.
- 피토트 관의 원리는 정압과 전압의 관계로 동압을 구하는 것이다.

전압＝동압＋정압
동압＝전압－정압

76 베르누이 정리에 대한 설명이다. 맞게 설명한 것은?

① 전압 : 일정
② 정압 : 일정
③ 동압 : 일정
④ 전압과 정압의 합 : 일정

해설
풍판에 작용하는 공기속도, 정압, 동압은 날개의 상부와 하부의 변화가 다르다.
- 상부 : 곡선율과 취부각(붙임각)으로 공기의 이동거리가 길다.(속도증가, 동압증가, 정압감소)
- 하부 : 공기의 이동거리가 짧다. (속도감소, 동압감소, 정압증가)
전압은 동압과 정압의 합으로 일정하게 된다.

77 항공기에서 정압을 이용하는 계기에 속하지 않는 것은?

① 고도계   ② 속도계
③ 승강계   ④ 방향지시계

해설
방향지시계는 항공기가 선회할 때 방향을 지시하게 된다.

78 피토트 관(pitot tube)으로 속도계는 동압을 어떻게 구하는가?

① 동압과 정압의 합으로
② 동압과 정압의 차로
③ 전압과 정압의 합으로
④ 전압과 정압의 차로

해설
피토트 관의 원리는 정압과 전압의 관계로 동압을 구하는 것이다.
동압＝전압－정압

[정답] 73 ③ 74 ① 75 ③ 76 ① 77 ③ 78 ④

79 베르누이 정리를 설명한 것 중에 맞는 것은?

① 유체의 속력이 증가하면 정압(압력)은 떨어진다.
② 관의 지름에 상관없이 정압은 떨어진다.
③ 관의 지름이 변하면 유속의 변화는 없다.
④ 포텐션 에너지의 감소는 압력이 증가하게 만든다.

해설

- 유체가 통과하는 관의 지름이 크다면 유속은 상대적으로 느려져야 흐르는 양을 맞출 수 있다.
- 관의 지름이 작아지면 유속이 상대적으로 빨라져야 흐르는 양을 맞출 수 있다.
- 유체의 속력이 증가하면 정압(압력)은 떨어진다.
- 유체의 운동 에너지가 증가하면 포텐션 에너지가 감소하게 되어 압력이 감소한다.

80 지름이 다른 관을 통과하는 유체(공기)의 속도, 동압, 정압에 관한 베르누이 정리 설명이다. 맞는 것은?

① 관의 지름이 크다면 유속은 상대적으로 느려지고 동압은 커지고 정압은 작아진다.
② 관의 지름이 작아지면 유속은 빨라지고 동압은 커지고 정압은 작아진다.
③ 관의 지름에 관계없이 유속의 흐름은 같고 동압과 정압은 일정하다.
④ 관의 지름이 작다면 유속은 상대적으로 빨라지고 동압은 작아지고 정압은 커진다.

해설

베르누이 정리- 관의 지름이 작아지면 유속은 빨라지고 동압은 커지고 정압은 작아진다.

81 베르누이 정리는 항공기 날개에서 양력을 발생하게 하는 원리를 설명하는 것이다. 설명이 옳지 않은 것은?

① 날개의 위쪽과 아래쪽 공기의 속도 차이가 생긴다.
② 날개의 위쪽과 아래쪽의 공기의 속도차이로 압력 차이가 생긴다.
③ 압력 차이로 인해서 양력이 발생한다.
④ 전압은 동압과 정압의 차로 구할 수 있다.

해설

전압은 동압과 정압의 합으로 구할 수 있다.

82 베르누이 정리의 속도와 정압에 대한 설명이 맞는 것은?

① 속도가 빨라지고 정압은 낮아진다.
② 속도가 감소하고 정압은 증가한다.
③ 속도가 일정하고 정압은 증가한다.
④ 속도가 일정하고 정압은 감소한다.

해설

속도가 증가하면 정압은 떨어진다.

83 베르누이 정리의 속도와 동압에 대한 설명이 맞는 것은?

① 속도가 늦어지면 동압은 낮아진다.
② 속도가 빨라지면 동압은 증가한다.
③ 속도가 일정하고 동압은 증가한다.
④ 속도가 일정하고 동압은 감소한다.

해설

속도가 증가하면 동압력은 올라간다.

84 항공역하 관련 운동 법칙의 물리량 중에 스칼라양이 아닌 것은?

① 넓이　　　　　　② 질량
③ 시간　　　　　　④ 속도

해설

스칼라양은 크기와 같이 수치 값만으로 표시할 수 있는 물리량을 말한다.
- 넓이, 질량, 시간, 부피, 길이, 면적 등

[정답]　79 ①　80 ②　81 ④　82 ①　83 ②　84 ④

85 항공역하 관련 운동 법칙의 물리량 중에 벡터양이 아닌 것은?

① 양력 ② 중력
③ 가속도 ④ 길이

해설

벡터양은 크기와 방향을 갖는 물리량을 말한다.
- 변위, 속도, 가속도, 힘, 중량, 양력, 항력 등

86 움직이는 물체에 작용하는 뉴턴의 운동법칙이 아닌 것은?

① 관성의 법칙 ② 가속도의 법칙
③ 작용·반작용의 법칙 ④ 각속도의 법칙

해설

뉴턴의 운동 법칙은 제1법칙-관성의 법칙, 제2법칙-가속도의 법칙, 제3법칙-작용·반작용의 법칙으로 움직이는 물체에 작용하는 힘에 관한 운동법칙이다.

87 비행기의 양력을 발생하는 원리를 설명하는 법칙은?

① 관성의 법칙 ② 가속도의 법칙
③ 작용·반작용의 법칙 ④ 베르누이 법칙

해설

베르누이의 법칙은 양력의 발생하는 원리를 설명하고 있다.

88 무인멀티콥터를 전진 비행 중에 갑자기 정지시켜 정지비행을 하면 기체가 앞으로 밀려나가려고 하는 물리 법칙은?

① 가속도의 법칙 ② 관성의 법칙
③ 작용·반작용의 법칙 ④ 각속도의 법칙

해설

뉴턴의 운동법 중에 제1법칙인 관성의 법칙은 물체가 가진 현재의 운동 상태를 그대로 유지하려는 성질을 말한다.

89 무인멀티콥터의 프로펠러가 회전하면서 아래쪽으로 공기를 밀어내게 되고 이 밀어내는 공기에 의하여 무인멀티콥터가 위로 올라가는 물리 법칙은?

① 베르누이 법칙 ② 가속도의 법칙
③ 관성의 법칙 ④ 작용·반작용의 법칙

해설

뉴턴의 운동법 중에 제3법칙인 작용·반작용의 법칙은 크기가 같으나 방향이 정반대로 나타나는 힘을 말한다. 무인멀티콥터의 프로펠러가 회전하면서 아래쪽으로 공기를 밀어내는 힘의 작용과 이 공기에 의하여 드론이 위로 올라가는 힘의 반작용이 발생하게 된다.

90 무인멀티콥터가 제자리 비행을 하다가 이동시키면 계속 정지 상태를 유지하려고 하는 뉴턴의 운동법은?

① 베르누이 법칙
② 가속도의 법칙
③ 관성의 법칙
④ 작용·반작용의 법칙

해설

뉴턴의 운동법 중에 제1법칙인 관성의 법칙은 물체가 가진 현재의 운동 상태를 그대로 유지하려는 성질을 말한다.

91 무인멀티콥터가 정지 비행을 하다가 상승비행을 계속하면 속도가 증가되어 이륙하게 되는 운동 법칙은?

① 베르누이 법칙
② 가속도의 법칙
③ 관성의 법칙
④ 작용·반작용의 법칙

해설

뉴턴의 운동법 중에 제2법칙인 가속도의 법칙은 힘과 가속도의 법칙으로 움직이는 물체의 같은 방향에 또 다른 힘을 작용하게 되면 그 힘만큼 더해지게 되는 현상이다.

[정답] 85 ④ 86 ④ 87 ④ 88 ② 89 ④ 90 ③ 91 ②

92 항공기가 수평 직진비행을 하다가 상승비행을 하고 싶어 순간적으로 받음각(영각)을 증가하였을 때 어떻게 변화하는가?

① 양력은 변화가 없다.
② 양력이 천천히 감소한다.
③ 양력도 순간적으로 감소한다.
④ 양력도 순간적으로 증가한다.

해설
받음각을 순간적으로 증가하면 양력도 순간적으로 증가하게 된다.

93 다음 중 항공기가 선회할 때 발생할 수 있는 현상은?

① 역후류 ② 역편요
③ 반토크작용 ④ 저속비행

해설
역편요(adverse yaw)는 항공기가 선회할 때 발생할 수 있는 현상이다.

94 고정익과 회전익 무인비행장치의 비행 차이는 무엇인가?

① 제자리 정지 비행 ② 우회 비행
③ 전진비행 ④ 좌회 비행

해설
고정익과 회전익의 주요 차이점은 제자리 정지 비행의 가능 여부에 있다.

95 경비행기에 장착된 고정피치 프로펠러의 최대 효율을 내기 위한 것은?

① 경비행기가 순항 비행할 때
② 경비행기를 급속도로 비행할 때
③ 경비행기가 상승 비행할 때
④ 경비행기가 이륙할 때

해설
고정피치 프로펠러의 단점은 최대의 효율을 내는 속도를 벗어나면 급격하게 효율이 감소하게 된다는 것이다. 고속에서 장거리 순항 비행을 위해서는 높은 피치의 프로펠러를 사용해야 하며 짧은 활주로에서 높은 하중과 저속 비행을 할 경우에는 낮은 피치의 프로펠러를 사용한다.

96 받음각에 대한 설명으로 잘못된 것은?

① 동체 기준선에 대한 날개의 각도이다.
② 공기 흐름의 속도 방향(상대풍)과 시위선이 이루는 각을 말한다.
③ 받음각이 증가하면 일정한 각까지 양력과 항력이 증가한다.
④ 받음각의 변화로 양력을 변화하게 되면 비행 중 받음각은 변할 수 있다.

해설
붙임각(취부각)은 동체기준선에 대한 날개의 각도로 항공기 제작 시 결정되어 나온다.

97 공기 흐름의 속도 방향(상대풍)과 Airfoil의 시위선이 이루는 사이각으로 양력, 항력에 영향을 주는 것은?

① 붙임각 ② 양각
③ 받음각 ④ 취부각

해설
받음각은 공기 흐름의 속도 방향(상대풍)과 시위선이 이루는 사이각을 말한다.

98 항공기의 동체와 날개가 이루는 각으로 에어포일(airfoil)의 익현선과 로터 회전면이 이루는 각이며 통상 10~30도 각을 이루는 것은?

① 받음각 ② 취부각(붙임각)
③ 피치각 ④ 영각

[정답] 92 ④ 93 ② 94 ① 95 ① 96 ① 97 ③ 98 ②

해설
취부각(붙임각)은 공기 흐름의 속도 방향(상대풍)과 시위선이 이루는 각으로 동체와 날개가 이루는 각이며 통상 10 ~ 30도 각을 이룬다.

99. 프로펠러가 시계방향으로 회전할 때 동체는 이에 반작용을 일으켜 좌측으로 횡요 또는 경사지려는 힘은?

① 토크 반작용 ② 비대칭 하중
③ 프로펠러의 후류 ④ 중력 하중

해설
토크 반작용은 프로펠러가 시계방향으로 회전할 때 동체는 이에 반작용을 일으켜 좌측으로 횡요 또는 경사지려는 작용을 말한다.

100. 회전하고 있는 물체에 외부 힘을 가하면 그 힘이 90°를 지나서 뚜렷해지는 현상은 무엇인가?

① 회전운동의 세차운동
② 비대칭 회전운동
③ 후류에 의한 회전운동
④ 작용과 반작용운동

해설
회전운동의 세차는 회전하고 있는 물체에 외부 힘을 가하면 그 힘이 90°를 지나서 뚜렷해지는 현상을 말한다.

101. 수평 선회 중에 속도를 높였다고 한다면 고도 유지를 위해 받음각과 경사각의 상태는?

① 받음각 감소(경사각 증가)
② 받음각과 경사각 감소
③ 받음각과 경사각 증가
④ 받음각 증가(경사각 감소)

해설
경사각(bank angle)은 선회 비행시 수직축을 중심으로 좌, 우로 기울어지는 각도를 말한다.
• 선회시 경사각이 너무 크게 되면 날개에 하중이 많이 걸리게 된다.
• 하중계수는 60도 경사는 2배, 45도 경사는 1.5배가 걸리게 된다.

102. 무인멀티콥터의 비행 방식과 다른 것은?

① 등속도 수평비행 ② 상승비행
③ 전진비행 ④ 배면비행

해설
배면비행은 날개가 뒤집혀서 날 수 있는 것으로 일반적으로 무인멀티콥터는 불가능한 기능이며 특수한 목적으로 제작된 것만 배면비행이 가능하다.

103. 비행장치의 총 무게가 8kg이고 60도의 경사로 선회비행 할 때 총 하중계수는 몇인가?

① 5kg ② 10kg
③ 16kg ④ 20kg

해설
하중계수는 60도 경사는 2배, 45도 경사는 1.5배가 걸리게 된다.

104. 비행기의 실속(stall)에 대해서 설명한 것이다. 잘못 설명된 것은?

① 임계 받음각을 초과할 수 있는 경우는 고·저속비행, 깊은 선회비행 등이다.
② 비행기가 너무 저속으로 비행하면 발생한다.
③ 실속의 원인은 과도한 받음각이다.
④ 실속은 무게, 하중계수, 비행속도 등에 관계없이 다른 받음각에서 발생한다.

해설
실속은 무게, 하중계수, 비행속도에 관계없이 같은 받음각에서 발생한다.

[정답] 99 ① 100 ① 101 ① 102 ④ 103 ③ 104 ④

DRONE

Drone Pilotless Aircraft
Unmanned Aerial Vehicle

도로에는 차량 안전운전과 질서를 위해 교통법규가 있는 것처럼 하늘에도 항공법이 있다. 최저 비행고도, 공역, 공해 등의 여러가지의 제한을 받기 때문에 항공법에 의거하여 비행준수를 습득하여야야만 한다.

CHAPTER 04.
항공법규

SECTION 01　항공법 배경과 분류　222
SECTION 02　항공안전법(초경량 무인비행장치 항공안전법)　223
SECTION 03　항공사업법(초경량 무인비행장치　260
SECTION 04　공항시설법(초경량 무인비행장치)　265
EXERCISE　단원별 응용 문제풀이　268

SECTION 01 항공법 배경과 분류

1. 항공법규 배경

항공법은 항공기 비행의 안전을 도모하기 위한 방법을 정하고 항공시설의 설치나 관리의 효율화를 목적으로 하며 항공운송사업의 질서를 정해서 항공의 발전과 공공복리의 증진을 목적으로 정한 법률을 말한다. 항공법의 일반적인 분류 기준은 국내항공법, 국제항공법, 항공 공법, 항공 사법을 포함하여 항공기의 등록, 안전성 인증, 항공종사자의 자격증명 등등 항공관련 내용으로 분류가 된다.

2. 항공법규 분류

항공법의 분류는 지역에 따라서 국제법과 국내법으로 구성되고 있으며 국내법은 국제법의 규정을 준수하여 법을 규정하고 있다. 국제 민간항공의 질서와 발전에 가장 기본이 되는 국제조약으로 시카고 협약과 이 협약에 의거하여 설립된 국제민간항공기구들은 항공안전기준에 관하여 표준을 권고하고 있다. 국제적인 규정을 준수하여 국내법이 규정되고 있으며 국제기준 변화에 유동적으로 대응하고 국민들이 이해하기 쉽도록 항공안전법, 항공사업법 및 항공시설법으로 분류하고 있다.

① 국내항공법

ⓐ 해당 국가 내에서 적용되는 항공법으로 국제법상의 규정을 준수하여 법을 규정
ⓑ 항공안전법, 항공사업법, 공항시설법, 항공보안법, 항공/철도사고 조사에 관한 법률, 항공안전기술원법, 상법(항공운송편) 등이 있음

- 항공 안전법령 : 항공기 기술 기준, 종사자, 항공 교통, 초경량비행장치 등이 포함
- 항공 사업법령 : 항공운송사업, 사용사업, 교통이용자 보호 등이 포함
- 공항 시설법령 : 공항 및 비행장의 개발, 항행안전시설 등이 포함

② 국제항공법

ⓐ 시카고 협약

- 국제 민간항공의 항공 안전 기준을 수립하고 질서 있는 발전을 위해 사용되는 가장 기본이 되는 국제 조약
- 파리 협약(1919년)의 단점과 하바나 협약(1928년)의 장점을 반영
- 시카고 협약은 시카고 회의 결과 채택(1944.11.1 ~ 1944.12.7 기간 회의)

ⓑ 국제민간항공기구(ICAO : International Civil Aviation Organization)

- 시카고 협약을 근본으로 하여 국제 민간항공의 안전, 항공기술/시설, 질서 유지/ 발전 등의 보장과 증진을 위해 설립된 전문 기구

항공법규

- 준입법, 사법, 행정권한이 있는 UN전문기구

> **참고**
>
> 국내항공법은 1961년에 제작된 항공안전법, 항공사업법, 항공시설법
>
> - 항공안전법
>   - 항공안전에 관한 내용
>   - 법률 및 대통령령에서 국토교통부령으로 위임된 사항과 그 시행에 필요한 사항을 규정
> - 항공사업법 및 공항시설법
>   - 항공기의 등록·안전성 인증, 항공종사자의 자격증명, 국토교통부장관 이외의 자가 항공교통 업무를 제공하는 경우 항공교통업무 증명을 받도록 함
>   - 항공운송사업자에게 운항증명을 받도록 함

SECTION 02 항공안전법(초경량 무인비행장치 항공안전법)

1. 항공안전법의 목적

항공안전법의 목적에 대해서 정의하였다. 항공안전법 제1조(목적)의 법으로 다음과 같다.

항공안전법 제1조(목적)

이 법은「국제민간항공협약」및 같은 협약의 부속서에서 채택된 표준과 권고되는 방식에 따라 항공기, 경량항공기 또는 초경량비행장치가 안전하게 항행하기 위한 방법을 정함으로써 생명과 재산을 보호하고, 항공기술 발전에 이바지함을 목적으로 한다.

2. 항공안전법에 사용된 용어의 뜻

항공안전법 제2조(정의)에서는 항공안전법에서 사용하는 용어의 이해를 위하여 각각의 용어를 정의하였다.(참고 : 필요항목만 정리)

항공안전법 제2조(정의) 이 법에서 사용하는 용어의 뜻은 다음과 같다.

1. "항공기"란 공기의 반작용(지표면 또는 수면에 대한 공기의 반작용은 제외한다. 이하 같다)으로 뜰 수 있는 기기로서 최대이륙중량, 좌석수 등 국토교통부령으로 정하는 기준에 해당하는 다음 각 목의 기기와 그 밖에 대통령령으로 정하는 기기를 말한다.

가. 비행기
나. 헬리콥터
다. 비행선
라. 활공기(滑空機)

2. "경량항공기"란 항공기 외에 공기의 반작용으로 뜰 수 있는 기기로서 최대이륙중량, 좌석수 등 국토교통부령으로 정하는 기준에 해당하는 비행기, 헬리콥터, 자이로플레인(gyroplane) 및 동력패러슈트(powered parachute) 등을 말한다.

3. "초경량비행장치"란 항공기와 경량항공기 외에 공기의 반작용으로 뜰 수 있는 장치로서 자체중량, 좌석수 등 국토교통부령으로 정하는 기준에 해당하는 동력비행장치, 행글라이더, 패러글라이더, 기구류 및 무인비행장치 등을 말한다.

4. "국가기관등항공기"란 국가, 지방자치단체, 그 밖에 「공공기관의 운영에 관한 법률」에 따른 공공기관으로서 대통령령으로 정하는 공공기관(이하 "국가기관등"이라 한다)이 소유하거나 임차(賃借)한 항공기로서 다음 각 목의 어느 하나에 해당하는 업무를 수행하기 위하여 사용되는 항공기를 말한다. 다만, 군용·경찰용·세관용 항공기는 제외한다.
    가. 재난·재해 등으로 인한 수색(搜索)·구조
    나. 산불의 진화 및 예방
    다. 응급환자의 후송 등 구조·구급활동
    라. 그 밖에 공공의 안녕과 질서유지를 위하여 필요한 업무

5. (생략)

6. "항공기사고"란 사람이 비행을 목적으로 항공기에 탑승하였을 때부터 탑승한 모든 사람이 항공기에서 내릴 때까지[사람이 탑승하지 아니하고 원격조종 등의 방법으로 비행하는 항공기(이하 "무인항공기"라 한다)의 경우에는 비행을 목적으로 움직이는 순간부터 비행이 종료되어 발동기가 정지되는 순간까지를 말한다] 항공기의 운항과 관련하여 발생한 다음 각 목의 어느 하나에 해당하는 것으로서 국토교통부령으로 정하는 것을 말한다.
    가. 사람의 사망, 중상 또는 행방불명
    나. 항공기의 파손 또는 구조적 손상
    다. 항공기의 위치를 확인할 수 없거나 항공기에 접근이 불가능한 경우

7. (생략)

8. "초경량비행장치사고"란 초경량비행장치를 사용하여 비행을 목적으로 이륙[이수를 포함한다. 이하 같다]하는 순간부터 착륙[착수를 포함한다. 이하 같다]하는 순간까지

발생한 다음 각 목의 어느 하나에 해당하는 것으로서 국토교통부령으로 정하는 것을 말한다.

    가. 초경량비행장치에 의한 사람의 사망, 중상 또는 행방불명

    나. 초경량비행장치의 추락, 충돌 또는 화재 발생

    다. 초경량비행장치의 위치를 확인할 수 없거나 초경량비행장치에 접근이 불가능한 경우

9. "항공기준사고"(航空機準事故)란 항공안전에 중대한 위해를 끼쳐 항공기사고로 이어질 수 있었던 것으로서 국토교통부령으로 정하는 것을 말한다.

10. "항공안전장애"란 항공기사고 및 항공기준사고 외에 항공기의 운항 등과 관련하여 항공안전에 영향을 미치거나 미칠 우려가 있었던 것으로서 국토교통부령으로 정하는 것을 말한다.

11. "비행정보구역"이란 항공기, 경량항공기 또는 초경량비행장치의 안전하고 효율적인 비행과 수색 또는 구조에 필요한 정보를 제공하기 위한 공역(空域)으로서 「국제민간항공협약」 및 같은 협약 부속서에 따라 국토교통부장관이 그 명칭, 수직 및 수평 범위를 지정·공고한 공역을 말한다.

12. "영공"이란 대한민국의 영토와 「영해 및 접속수역법」에 따른 내수 및 영해의 상공을 말한다.

13. "항공로"(航空路)란 국토교통부장관이 항공기, 경량항공기 또는 초경량비행장치의 항행에 적합하다고 지정한 지구의 표면상에 표시한 공간의 길을 말한다.

14. "항공종사자"란 제34조 제1항에 따른 항공종사자 자격증명을 받은 사람을 말한다.

제34조(항공종사자 자격증명 등)

1 항공업무에 종사하려는 사람은 국토교통부령으로 정하는 바에 따라 국토교통부장관으로부터 항공종사자 자격증명(이하 자격증명이라 한다)을 받아야 한다. 다만, 항공업무 중 무인항공기의 운항 업무인 경우에는 그러하지 아니하다.

2. ~ 20. (생략)

21. "비행장"이란 「공항시설법」 제2조 제2호에 따른 비행장을 말한다.

    "비행장"이란 항공기·경량항공기·초경량비행장치의 이륙[이수를 포함한다. 이하 같다]과 착륙[착수를 포함한다. 이하 같다]을 위하여 사용되는 육지 또는 수면의 일정한 구역으로서 대통령령으로 정하는 것을 말한다.

22. ~ 23. (생략)

24. "항행안전시설"이란 「공항시설법」 제2조 제15호에 따른 항행안전시설을 말한다.

    "항행안전시설"이란 유선통신, 무선통신, 인공위성, 불빛, 색채 또는 전파(電波)를 이용하여 항공기의 항행을 돕기 위한 시설로서 국토교통부령으로 정하는 시설을 말한다.

25. "관제권(管制圈)"이란 비행장 또는 공항과 그 주변의 공역으로서 항공교통의 안전을 위하여 국토교통부장관이 지정·공고한 공역을 말한다.

26. "관제구(管制區)"란 지표면 또는 수면으로부터 200미터 이상 높이의 공역으로서 항공교통의 안전을 위하여 국토교통부장관이 지정·공고한 공역을 말한다.

27. ~ 31. (생략)

32. "초경량비행장치사용사업"이란 「항공사업법」 제2조 제 23호에 따른 초경량비행장치사용 사업을 말한다.

    "초경량비행장치사용사업"이란 타인의 수요에 맞추어 국토교통부령으로 정하는 초경량비행장치를 사용하여 유상으로 농약살포, 사진촬영 등 국토교통부령으로 정하는 업무를 하는 사업을 말한다.

33. "초경량비행장치사용사업자"란 「항공사업법」 제2조 제24호에 따른 초경량비행장치사용사업자를 말한다.

    "초경량비행장치사용사업자"란 제48조 제1항에 따라 국토교통부장관에게 초경량비행장치 사용사업을 등록한 자를 말한다.

항공사업법 제48조(초경량비행장치사용사업의 등록)

① 초경량비행장치사용사업을 경영하려는 자는 국토교통부령으로 정하는 바에 따라 신청서에 사업계획서와 그 밖에 국토교통부령으로 정하는 서류를 첨부하여 국토교통부장관에게 등록하여야 한다. 등록한 사항 중 국토교통부령으로 정하는 사항을 변경하려는 경우에는 국토교통부장관에게 신고하여야 한다.

② 제1항에 따른 초경량비행장치사용사업을 등록하려는 자는 다음 각 호의 요건을 갖추어야 한다.

1. 자본금 또는 자산평가액이 3천만 원 이상으로서 대통령령으로 정하는 금액 이상일 것. 다만, 최대이륙중량이 25킬로그램 이하인 무인비행장치만을 사용하여 초경량비행장치사용사업을 하려는 경우는 제외한다.
2. 초경량비행장치 1대 이상 등 대통령령으로 정하는 기준에 적합할 것

3. 그 밖에 사업 수행에 필요한 요건으로서 국토교통부령으로 정하는 요건을 갖출 것

③ 다음 각 호의 어느 하나에 해당하는 자는 초경량비행장치사용사업의 등록을 할 수 없다.

1. 제9조 각 호의 어느 하나에 해당하는 자
2. 초경량비행장치사용사업 등록의 취소처분을 받은 후 2년이 지나지 아니한 자

34. "이착륙장"이란 「항공시설법」 제2조 제19호에 따른 이착륙장을 말한다.

"이착륙장"이란 비행장 외에 경량항공기 또는 초경량비행장치의 이륙 또는 착륙을 위하여 사용되는 육지 또는 수면의 일정한 구역으로서 대통령령으로 정하는 것을 말한다.

3. 초경량비행장치의 범위와 종류

초경량비행장치란 "항공안전법 제2조 3항"에서 정의된 것처럼 항공기와 경량항공기 외에 공기의 반작용으로 뜰 수 있는 장치로서 자체중량, 좌석수 등 국토교통부령으로 정하는 기준에 해당하는 동력비행장치, 행글라이더, 패러글라이더, 기구류 및 무인비행장치 등을 말하며 무인비행장치, 회전익비행장치, 동력패러글라이더 및 낙하산류 등을 말하기도 한다. 또한 무인멀티콥터인 드론은 대형 무인항공기와 소형 무인항공기로 분류하지만 두 가지 모두 포함되어서 말하고 있으나 일정 무게를 중심으로 정한 기준 이하를 소형 무인항공기(초경량비행장치)라고 칭하고 있다. 우리나라의 경우에는 소형 무인 항공기를 무인 비행장치로 분류하며 이를 초경량 비행장치에 포함하고 있다. 초경량비행장치의 기준은 항공안전 시행규칙 제5조(초경량비행장치의 기준)에서 정의하고 있다.

항공안전법 시행규칙 제5조(초경량비행장치의 기준)

법 제2조 제3호에서 "자체중량, 좌석수 등 국토교통부령으로 정하는 기준에 해당하는 동력비행 장치, 행글라이더, 패러글라이더, 기구류 및 무인비행장치 등"이란 다음 각 호의 기준을 충족하는 동력비행장치, 행글라이더, 패러글라이더, 기구류, 무인비행장치, 회전익비행장치, 동력패러글라이더 및 낙하산류 등을 말한다.

1. 동력비행장치 : 동력을 이용하는 것으로서 다음 각 목의 기준을 모두 충족하는 고정익 비행장치

   가. 탑승자, 연료 및 비상용 장비의 중량을 제외한 자체중량이 115킬로그램 이하일 것
   나. 좌석이 1개일 것

2. 행글라이더 : 탑승자 및 비상용 장비의 중량을 제외한 자체중량이 70킬로그램 이하로서 체중이동, 타면조종 등의 방법으로 조종하는 비행장치

3. 패러글라이더 : 탑승자 및 비상용 장비의 중량을 제외한 자체중량이 70킬로그램 이하로서 날개에 부착된 줄을 이용하여 조종하는 비행장치

4. 기구류 : 기체의 성질·온도차 등을 이용하는 다음 각 목의 비행장치
   가. 유인자유기구 또는 무인자유기구
   나. 계류식(繋留式) 기구

5. 무인비행장치 : 사람이 탑승하지 아니하는 것으로서 다음 각 목의 비행장치
   가. 무인동력비행장치 : 연료의 중량을 제외한 자체중량이 150킬로그램 이하인 무인비행기, 무인헬리콥터 또는 무인멀티콥터
   나. 무인비행선 : 연료의 중량을 제외한 자체중량이 180킬로그램 이하이고 길이가 20미터 이하인 무인비행선

6. 회전익비행장치 : 제1호 각 목의 동력비행장치의 요건을 갖춘 헬리콥터 또는 자이로플레인

7. 동력패러글라이더 : 패러글라이더에 추진력을 얻는 장치를 부착한 다음 각 목의 어느 하나에 해당하는 비행장치
   가. 착륙장치가 없는 비행장치
   나. 착륙장치가 있는 것으로서 제1호 각 목의 동력비행장치의 요건을 갖춘 비행장치

8. 낙하산류 : 항력(抗力)을 발생시켜 대기 중을 낙하하는 사람 또는 물체의 속도를 느리게 하는 비행장치

9. 그 밖에 국토교통부장관이 종류, 크기, 중량, 용도 등을 고려하여 정하여 고시하는 비행장치

4. 초경량비행장치의 종류별 특징

항공기는 항공기, 경량항공기와 초경량 비행장치로 구분된다.

① 항공기

[항공기의 종류와 특징]

비행기	
	고정익 항공기로 엔진에 의해 추진력이 발생하고 날개에서 공기의 반작용을 이용해 양력을 만들어 비행하는 항공기

항공법규

비행선	
	주로 헬륨가스 등에 의해서 공중 부양되며 동체에 엔진을 부착하여 추진력을 발생해서 비행하는 항공기
활공기	
	주로 엔진이 없으며 공중 부양과 기류를 타고 비행하는 비행체로 항공기나 자동차를 이용해서 비행을 시키는 고정익 항공기
회전익항공기	
	동체 위쪽에 회전 날개를 부착하여 회전하며, 회전하는 프로펠러에서 발생하는 공기의 반작용으로 부양하는 항공기
항공우주선	
	우주 탐사를 위하여 지구 대기권을 통과해서 비행하는 비행체

② 경량항공기

[경량항공기의 종류와 특징]

경량헬리콥터	
	일반 항공기의 헬리콥터와 비슷하나 이륙중량과 성능에서 차이가 있다. 엔진을 구동해서 동체 위에 프로펠러를 회전하며 양력으로 회전면의 기울기를 조절하여 추진력을 얻게 된다. 또한 비행체의 꼬리부분에 회전날개를 이용하여 방향을 변화하면서 비행하는 항공기를 말한다.

자이로플레인 	• 고정익과 같이 공기력의 작용에 의하여 양력을 얻고 회전익 항공기와 같이 프로펠러에 의해 추진력을 얻어 비행하는 항공기 • 고정익과 회전익의 조합
동력패러슈트 	낙하산류에 추진력을 얻는 동력 장치를 부착한 경량 항공기이다. 패러글라이더에 동체를 연결하고 동체 뒤쪽에 엔진을 장착하고 앞쪽에 조종석을 장착하여 비행하는 항공기로서 조종줄로 비행의 방향과 속도를 조절하게 된다. • 낙하산류에 추진력을 얻는 동력 장치를 부착 • 패러글라이더에 동체를 연결 • 동체에 엔진과 조종석을 장착한 비행체

③ 초경량비행장치

[초경량비행장치 분류표]

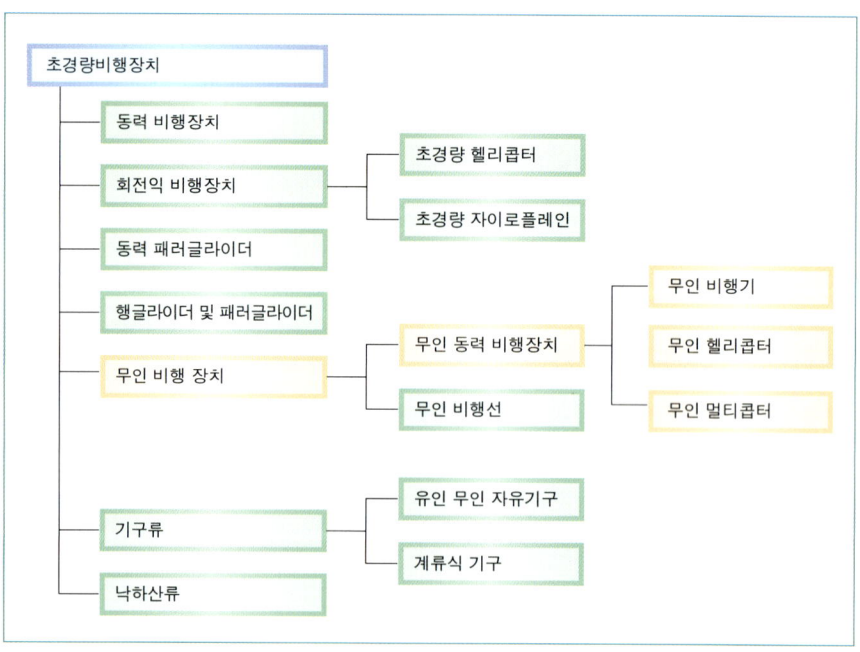

[초경량비행장치의 종류와 특징]

동력 비행장치	동력을 이용하는 것으로서 다음 각 목의 기준을 모두 충족하는 고정익비행장치 ① 탑승자, 연료 및 비상용 장비의 중량을 제외한 자체중량이 115 킬로그램 이하일 것 ② 좌석이 1개일 것 　• 타면조종형비행장치 　• 체중이동형비행장치

회전익 비행장치	1개 이상의 회전익에서 양력을 얻는 다음 각 목의 비행장치 ① 탑승자, 연료 및 비상용 장비의 중량을 제외한 자체중량이 115 킬로그램 이하일 것 ② 좌석이 1개일 것 　• 초경량 헬리콥터 　• 초경량 자이로플레인
 [초경량 헬리콥터]  [초경량 자이로플레인]	
동력 패러글라이드	패러글라이더에 추진력을 얻는 장치를 부착한 다음 각 목의 어느 하나에 해당하는 비행장치 ① 착륙장치가 없는 비행장치 ② 착륙장치가 있는 것으로서 제1호 각 목의 동력비행장치의 요건을 갖춘 비행장치

행글라이더 	행글라이더 : 탑승자 및 비상용 장비의 중량을 제외한 자체중량이 70킬로그램 이하로서 체중이동, 타면조종 등의 방법으로 조종하는 비행장치
패러글라이더 	패러글라이더 : 탑승자 및 비상용 장비의 중량을 제외한 자체중량이 70킬로그램 이하로서 날개에 부착된 줄을 이용하여 조종하는 비행장치
낙하산류 	항력(抗力)을 발생시켜 대기 중을 낙하하는 사람 또는 물체의 속도를 느리게 하는 비행장치
무인 비행장치  [무인 비행선]  [무인 헬리콥터]	무인비행장치란 사람이 탑승하지 않고 무선통신을 이용하여 원격조종하거나 미리 내장된 프로그램으로 비행하는 비행체를 말한다. 용도에 따라서 다양한 형태의 무인 비행장치가 있다. 또한 비행체 내부에 다양한 통신장비나 카메라 및 센서들을 장착하여 원하는 임무를 수행할 수 있다. • 무인비행기 : 형태는 일반 항공기과 비슷하게 생겼으며 정찰, 항공촬영, 감시용으로 사용 • 무인헬리콥터 : 회전익 비행체로 무인으로 구동되고 항공촬영, 항공방제 등에 사용 • 무인멀티콥터 : 프로펠러의 수가 3개 이상으로 존재하며 항공촬영, 항공방제 등에 사용 • 무인비행선 : 가스기구처럼 비행하며 스스로 구동장치가 있어 비행하는 비행체로 광고나 이벤트용으로 많이 사용

항공법규

무인 비행장치	
 [무인 멀티콥터]  [무인 비행선]	▶ 참고 • 무인동력비행장치 : 연료의 중량을 제외한 자체중량이 150킬로그램 이하인 무인비행기, 무인헬리콥터 또는 무인멀티콥터 • 무인비행선 : 연료의 중량을 제외한 자체중량이 180킬로그램 이하이고 길이가 20미터 이하인 무인비행선
기구류 	기구란 기체의 성질이나 온도차 등을 이용하여 부력을 발생하게 하여 하늘로 오르면서 비행하는 장치이다. 헬륨가스를 이용해서 하는 계류식 가스 기구와 열기구 내에 불꽃을 넣어서 온도를 뜨겁게 하여 올라가는 열기구가 있다. • 계류식 가스 기구는 공기보다 가벼운 헬륨가스의 부력을 이용하는 비행원리 • 열기구는 강한 불꽃을 발생하여 공기 주머니 내부에 뜨거운 공기를 넣어 온도차에 의해 공기 부력을 발생하여 하늘로 떠오르는 기구

5. 비행 승인

초경량비행장치를 사용하여 비행제한공역에서 비행하려는 사람은 국토교통부령으로 정하는 바에 따라 미리 국토교통부장관으로부터 비행승인을 받아야 한다. 그리고 25Kg를 초과하는 비행장치는 안전성 인증을 받고 비행할 경우에는 신청서를 제출하여 승인을 받아야 한다.

항공안전법 제127조(초경량비행장치 비행승인), 항공안전법 시행규칙 제308조
① 국토교통부장관은 초경량비행장치의 비행안전을 위하여 필요하다고 인정하는 경우에는 초경량비행장치의 비행을 제한하는 공역(이하 "초경량비행장치 비행제한공역"이라 한다)을 지정하여 고시할 수 있다.
② 동력비행장치 등 국토교통부령으로 정하는 초경량비행장치를 사용하여 국토교통부장관이 고시하는 초경량비행장치 비행제한공역에서 비행하려는 사람은 국토교통부령으로 정하는 바에 따라 미리 국토교통부장관으로부터 비행승인을 받아야 한다. 다만, 비행장 및 이착륙장의 주변 등 대통령령으로 정하는 제한된 범위에서 비행하려는 경우는 제외한다.

③ 제2항 본문에 따른 비행승인 대상이 아닌 경우라 하더라도 다음 각 호의 어느 하나에 해당하는 경우에는 제2항의 절차에 따라 국토교통부장관의 비행승인을 받아야 한다. 〈신설 2017.8.9.〉

1. 제68조제1호에 따른 국토교통부령으로 정하는 고도 이상에서 비행하는 경우
2. 제78조제1항에 따른 관제공역·통제공역·주의공역 중 국토교통부령으로 정하는 구역에서 비행하는 경우

> **요약**
> - 최대 이륙중량 25kg 이하의 기체는 비행금지구역 및 관제권을 제외한 공역에서 고도 150m이하에서는 비행승인 없이 비행이 가능
> - 최대 이륙중량 25kg초과의 기체는 전 공역에서 사전 비행승인 후 비행이 가능
> - 최대 이륙중량 상관없이 비행금지구역 및 관제권에서는 사전 비행승인 없이는 비행이 불가
> - 초경량비행장치 전용공역(UA)에서는 비행승인 없이 비행이 가능
> - 비행계획 제출 양식과 포함내용은 초경량비행장치 승인신청서를 참고

6. 구조 지원 장비 장착 의무(항공안전법 제128조, 항공안전법 시행규칙 제309조)

초경량비행장치를 사용하여 비행제한공역에서 비행하려는 사람은 안전한 비행과 초경량비행장치 사고 시 신속한 구조 활동을 위하여 국토교통부령으로 정하는 장비를 장착하거나 휴대하여야 한다.

항공안전법 제128조(초경량비행장치 구조 지원 장비 장착 의무)

초경량비행장치를 사용하여 초경량비행장치 비행제한공역에서 비행하려는 사람은 안전한 비행과 초경량비행장치사고 시 신속한 구조 활동을 위하여 국토교통부령으로 정하는 장비를 장착하거나 휴대하여야 한다. 다만, 무인비행장치 등 국토교통부령으로 정하는 초경량비행장치는 그러하지 아니하다.

항공안전법 시행규칙 제309조(초경량비행장치의 구조지원 장비 등)

① 법 제128조 본문에서 "국토교통부령으로 정하는 장비"란 다음 각 호의 어느 하나에 해당하는 것을 말한다.

1. 위치추적이 가능한 표시기 또는 단말기
2. 조난구조용 장비(제1호의 장비를 갖출 수 없는 경우만 해당한다)

7. 조종자 준수사항(항공안전법 제129조, 항공안전법 시행규칙 제310조)

초경량비행장치의 조종자는 초경량비행장치로 인하여 인명이나 재산에 피해가 발생하지 아니하도록 국토교통부령으로 정하는 준수사항을 지켜야 한다.

항공안전법 제129조(초경량비행장치 조종자 등의 준수사항)

① 초경량비행장치의 조종자는 초경량비행장치로 인하여 인명이나 재산에 피해가 발생하지 아니하도록 국토교통부령으로 정하는 준수사항을 지켜야 한다.
② 초경량비행장치 조종자는 무인자유기구를 비행시켜서는 아니 된다. 다만, 국토교통부령으로 정하는 바에 따라 국토교통부장관의 허가를 받은 경우에는 그러하지 아니하다.
③ 초경량비행장치 조종자는 초경량비행장치사고가 발생하였을 때에는 국토교통부령으로 정하는 바에 따라 지체 없이 국토교통부장관에게 그 사실을 보고하여야 한다. 다만, 초경량비행장치 조종자가 보고할 수 없을 때에는 그 초경량비행장치소유자 등이 초경량비행장치사고를 보고하여야 한다.
④ 무인비행장치를 사용하여「개인정보 보호법」제2조 제1호에 따른 개인정보(이하 "개인정보"라 한다) 또는「위치정보의 보호 및 이용 등에 관한 법률」제2조 제2호에 따른 개인위치정보(이하 "개인위치정보"라 한다)를 수집하거나 이를 전송하는 경우 개인정보 및 개인위치정보의 보호에 관하여는 각각 해당 법률에서 정하는 바에 따른다.

항공안전법 시행규칙 제310조(초경량비행장치 조종자의 준수사항)

① 초경량비행장치 조종자는 법 제129조 제1항에 따라 다음 각 호의 어느 하나에 해당하는 행위를 하여서는 아니 된다. 다만, 무인비행장치의 조종자에 대하여는 제4호 및 제5호를 적용하지 아니한다.
1. 인명이나 재산에 위험을 초래할 우려가 있는 낙하물을 투하하는 행위
2. 인구가 밀집된 지역이나 그 밖에 사람이 많이 모인 장소의 상공에서 인명 또는 재산에 위험을 초래할 우려가 있는 방법으로 비행하는 행위
3. 법 제78조 제1항에 따른 관제공역·통제공역·주의공역에서 비행하는 행위. 다만, 다음 각 목의 행위와 지방항공청장의 허가를 받은 경우에는 제외한다.

　가. 군사목적으로 사용되는 초경량비행장치를 비행하는 행위
　나. 다음의 어느 하나에 해당하는 비행장치를 별표 23 제2호에 따른 관제권 또는 비행금지구역이 아닌 곳에서 제202조 제1호 나목에 따른 최저비행고도(150미터) 미만의 고도에서 비행하는 행위

　　1) 무인비행기, 무인헬리콥터 또는 무인멀티콥터 중 최대이륙중량이 25킬로그램 이하인 것

2) 무인비행선 중 연료의 무게를 제외한 자체 무게가 12킬로그램 이하이고, 길이가 7미터 이하인 것

4. 안개 등으로 인하여 지상목표물을 육안으로 식별할 수 없는 상태에서 비행하는 행위
5. 별표 24에 따른 비행시정 및 구름으로부터의 거리기준을 위반하여 비행하는 행위
6. 일몰 후부터 일출 전까지의 야간에 비행하는 행위. 다만, 제202조 제1호 나목에 따른 최저비행고도(150미터) 미만의 고도에서 운영하는 계류식 기구 또는 법 124조 전단에 따른 허가를 받아 비행하는 초경량비행장치는 제외한다.
7. 「주세법」 제3조 제1호에 따른 주류, 「마약류 관리에 관한 법률」 제2조 제1호에 따른 마약류 또는 「화학물질관리법」 제22조 제1항에 따른 환각물질 등(이하 "주류등"이라 한다)의 영향으로 조종업무를 정상적으로 수행할 수 없는 상태에서 조종하는 행위 또는 비행 중 주류 등을 섭취하거나 사용하는 행위
8. 그 밖에 비정상적인 방법으로 비행하는 행위

② 초경량비행장치 조종자는 항공기 또는 경량항공기를 육안으로 식별하여 미리 피할 수 있도록 주의하여 비행하여야 한다.

③ 동력을 이용하는 초경량비행장치 조종자는 모든 항공기, 경량항공기 및 동력을 이용하지 아니 하는 초경량비행장치에 대하여 진로를 양보하여야 한다.

④ 무인비행장치 조종자는 해당 무인비행장치를 육안으로 확인할 수 있는 범위에서 조종하여야 한다. 다만, 법 제124조 전단에 따른 허가를 받아 비행하는 경우는 제외한다.

⑤ 「항공사업법」 제50조에 따른 항공레저스포츠사업에 종사하는 초경량비행장치 조종자는 다음 각 호의 사항을 준수하여야 한다.

1. 비행 전에 해당 초경량비행장치의 이상 유무를 점검하고, 이상이 있을 경우에는 비행을 중단할 것
2. 비행 전에 비행안전을 위한 주의사항에 대하여 동승자에게 충분히 설명할 것
3. 해당 초경량비행장치의 제작자가 정한 최대이륙중량을 초과하지 아니하도록 비행할 것
4. 동승자에 관한 인적사항(성명, 생년월일 및 주소)을 기록하고 유지할 것

※ 위의 준수사항을 위반할 경우 200만 원 이하의 벌금 또는 과태료 처분

항공법규

> **참고**
>
> **비행승인 기관 및 항공 사진 촬영**
>
> - 비행승인 기관
>   - 비행승인은 지역에 따라 승인기관이 다름
>   - 항공사진 촬영 허가는 모든 지역을 국방부에서 승인
>   (서울시내 비행금지공역(P-73)은 수도방위사령부에서 비행승인)
> - 항공 사진 촬영
>   - 모든 항공사진 촬영은 사전 승인을 득하고 촬영해야 함(명백히 주요 국가/군사시설이 없는 곳으로서 비행금지구역이 아닌 곳은 국방부에서 규제하지 않는다)
>   - 항공사진 촬영이 금지된 곳은 아래와 같다.
>   ① 국가 및 군사보안목표 시설, 군사시설(예. 군부대, 댐, 항만시설 등)
>   ② 군수산업시설 등 국가 보안상 중요한 시설 및 지역
>   ③ 비행금지구역(공익 목적 등인 경우 제한적으로 허용 가능)
>   - 항공사진 촬영 허가를 받았더라도 비행승인은 별도로 받아야만 비행이 가능하다.
>   즉 항공사진촬영 목적으로 비행을 하려면 먼저 국방부로부터 항공사진 촬영 허가를 받고 이를 첨부하여 공역별 관할기관에 비행승인을 신청해야 한다.

8. 비행 시 유의사항

드론 조종자가 준수해야 할 사항에 대해서 정리하면 다음과 같다. 항상 숙지하도록 하자.

- 비행 중에는 장치를 육안으로 항상 확인할 수 있어야 한다.
- 사람이 많이 모인 곳 상공에서 비행 금지
- 사고나 분실에 대비해 장치에는 소유자 이름과 연락처를 기재
- 야간비행은 불법(일몰 후부터 일출 전까지)
- 음주 약물복용 상태에서 조종 금지
- 비행 중 낙하물 투하 금지
- 비행 금지구역에서는 반드시 승인을 받고 비행
- 고도 150m 이상 비행 금지
- 제원에 표시된 최대이륙중량을 초과한 비행 금지
- 이륙 전 기체의 제반 사항과 엔진 안전점검 수행
- 비상시 큰소리로 외치고 주위에 알려야 한다.
- 비행장 주변 관제권(9.3Km)내에서 사전승인 없이 비행 금지

- 비나 눈이 내릴 때에는 비행 금지
- 태풍 및 돌풍이 불거나 번개가 칠 때 비행 금지
- 비행 중 급상승, 급강하하거나 급선회 금지
- 비행금지공역, 비행제한공역, 군부대상공 등에서 비행 금지
- 화재발생지역 상공, 화학공업단지 외 위험한 지역의 상공에서 비행 금지

9. 조종자 안전수칙

드론 조종자는 비행 전·후에는 항상 안전 수칙을 준수하면서 비행을 수행해야 한다.

① 비행 전 안전 수칙
- 조종자는 항상 주변의 상황 인식을 하고 사고 발생 시 안전하게 대처할 수 있는 방법을 생각해야 한다.
- 비행 전에 비행장소의 기상 상태, 주변 상황을 확인하고 비행을 수행해야 한다.
- 조종자는 가급적 혼자 비행하지 말고 보조요원과 같이 비행하도록 하고 이착륙 부근에 사람들이 접근하는 것을 통제해야 한다.
- 고전압, 송전소, 원자력발전소 등 비행해서는 안 되는 곳인지 확인해야 한다.
- 비행 중 전신주의 높이를 확인하고 주변에 전선의 위치들을 확인하여 주변 비행을 피해야 한다.
- 드론에 맞는 용량의 배터리를 사용하고 비행 전 반드시 확인하고 비행을 수행한다.
- 드론의 용량에 맞는 무게를 탑재하고 짐벌(카메라) 등의 고정여부를 확인하고 비행을 수행한다.
- 플롭, 모터, 암대 등 고정여부를 확인하고 비행을 수행한다.
- 음주 후 비행을 하면 안 된다.
- 비행 전에는 풍향, 풍속을 확인하고 비행을 수행한다.

② 비행 중 안전 수칙
- 비행 중 다른 비행체를 발견하였을 때는 회피를 위해 주변 경계를 하도록 한다.
- 군 헬기, 전투기가 저고도 비행할 경우에는 즉시 비행을 중지하고 착륙해야 한다.
- 비행 중 기체에 이상을 감지하면 즉시 가까운 이착륙 장소에 안전하게 착륙하도록 한다.
- 비행 중 비상사태가 발생할 경우에는 큰 소리로 외치고 비행 장치에 의해 인명이나 재산 피해가 최소화 되도록 노력해야 한다.
- 비행 중 연료 및 배터리의 잔량 상태를 항상 확인하고 안전한 비행을 수행하여야 한다.
- 드론을 이용하여 편대 비행을 하면 안 되며 다른 드론에게 접근하여 비행하면 안 된다.
- 비행 중 다른 비행체가 발견되면 최우선적으로 진로를 양보해서 충돌을 피해야 한다.

③ 비행 후 안전 수칙
- 비행 후 기체 점검을 수행하고 안전한 곳에 보관하여야 한다.
- 비행 후 항상 배터리를 체크하고 안전하게 보관하여야 한다.

10. 통신 안전수칙

드론에는 다양한 통신 장비가 활용되게 된다. 기본적으로 무선 조종기와 수신기가 있으며 드론의 위치를 판단하는 GPS, 지상과 통신하기 위한 Data Radio Link 등 영상을 송수신하는 무선장치들이 있다. 전파로 인해서 문제가 발생할 수 있기 때문에 항상 점검 및 대처 능력을 갖고 있어야 한다.

- 드론을 조종하기 위한 무선 조종기와 수신기간에 통신을 확인하며 통신 두절 및 제어가 되었을 경우에는 사고 피해가 최소화되도록 노력한다.
- Data Radio Link를 이용하여 조종 및 자율 비행 시 통신 두절 및 제어 불능 상태일 때 사고 피해가 최소화되도록 노력한다.
- GPS 수신 상태가 안 좋을 경우를 대비하여 안전 대책을 마련해야 한다.
- GPS 장애로 인하여 조종 불능(No Control) 상태가 될 경우에 상황에 맞는 적절한 대처를 수행한다.
- GPS로 인해 조종 불능(No Control)이 발생하면 조종자의 의도와 상관없이 비행하게 되어 멀리 비행하다 추락하여 사고가 발생할 수 있다. 자동으로 동력을 차단하거나 기능을 회복하여 비행할 수 있는 기능을 가지고 있는지 확인한다.(Failsafe 기능 내장 여부)
- 잡음이나 혼신으로 드론 조종에 문제가 발생할 경우에는 Failsafe 기능을 사용하거나 안전모드로 변환하여 착륙하거나 RTH 기능을 이용하여 이륙 위치로 복귀해야 한다.

11. 공역

① 공역의 개념

항공기 활동을 위한 공간으로서 공역의 특성에 따라 항행안전을 위한 적합한 통제와 필요한 항행지원이 이루어지도록 설정된 공간으로서 영공과는 다른 항공교통업무를 지원하기 위한 책임공역이다.

[공역의 설정 기준]

- 국가안전보장과 항공안전을 고려할 것
- 항공교통에 관한 서비스의 제공여부를 고려할 것
- 공역의 구분이 이용자의 편의에 적합할 것
- 공역의 활용에 효율성과 경제성이 있을 것

[공역의 종류]

ⓐ 제공하는 항공교통업무에 따른 구분(항공안전법 시행규칙 별표23)

구분		내용
관제 공역	A등급 공역	모든 항공기가 계기비행을 하여야 하는 공역
	B등급 공역	계기비행 및 시계비행을 하는 항공기가 비행가능하고 모든 항공기에 분리를 포함한 항공교통관제업무가 제공되는 공역
	C등급 공역	모든 항공기간에는 비행정보업무만 제공되는 공역
	D등급 공역	모든 항공기에 항공교통관제업무가 제공되나, 계기비행을 하는 항공기와 시계비행을 하는 항공기 및 시계비행을 하는 항공기간에는 비행정보업무만 제공되는 공역
	E등급 공역	계기비행을 하는 항공기에 항공교통관제업무가 제공되고 시계비행을 하는 항공기에 비행정보업무가 제공되는 공역
비관제 공역	F등급 공역	계기비행을 하는 항공기에 비행정보업무와 항공교통조언업무가 제공되는 공역
	G등급 공역	모든 항공기에 비행정보업무만 제공되는 공역

ⓑ 사용목적에 따른 공역 구분

구분		내용
관제 공역	관제권	항공안전법 제2조 제25호에 따른 공역으로서 비행정보구역 내의 B,C 또는 D등급 공역 중에서 시계 및 계기비행을 하는 항공기에 대하여 항공교통관제업무를 제공하는 공역
	관제구	항공안전법 제2조 제26호에 따른 공역(항공로 및 접근관제 구역을 포함)으로서 비행정보 구역 내의 A, B, C, D, E 등급 공역에서 시계 및 계기비행을 하는 항공기에 대하여 항공교통관제 업무를 제공하는 공역
	비행장 교통구역	항공안전법 제2조 제25호에 따른 공역 외의 공역으로서 비행정보구역 내의 D등급에서 시계비행을 하는 항공기 간에 교통정보를 제공하는 공역
비관제 공역	조언구역	항공교통조언업무가 제공되도록 지정된 비관제 공역
	정보구역	비행정보업무가 제공되도록 지정된 비관제공역

구분		내용
통제 공역	비행금지구역	안전, 국방상 그 밖의 이유로 항공기의 비행을 금지하는 공역
	비행제한구역	항공 사격, 대공 사격 등으로 인한 위험으로부터 항공기의 안전을 보호하거나 그 밖의 이유로 비행허가를 받지 아니한 항공기의 비행을 제한하는 공역
	초경량비행장치 비행제한구역	초경량비행장치의 비행안전을 확보하기 위하여 초경량비행장치의 비행활동에 대한 제한이 필요한 공역
주의 공역	훈련구역	민간항공기의 훈련공역으로서 계기비행항공기로부터 분리를 유지할 필요가 있는 공역
	군작전구역	군사작전을 위하여 설정된 공역으로서 계기비행항공기로부터 분리를 유지할 필요가 있는 공역
	위험구역	항공기의 비행 시 항공기 또는 지상시설물에 대한 위험이 예상되는 공역
	경계구역	대규모 조종사의 훈련이나 비정상 형태의 항공활동이 수행되는 공역

② 국내 초경량 비행장치 비행가능 공역

- 국내는 전국적으로 29개의 초경량 비행장치 공역을 지정 운영하고 있다.
  UA-2(구성산), UA-3(약산), UA-4(봉화산), UA-5(덕두산), UA-6(금산), UA-7(홍산), UA-9(양평), UA-10(고창), UA-14(공주), UA-19(시화), UA-20(성화대), UA-21(방장산), UA-22(고흥), UA-23(담양), UA-25(하동), UA-26(장암산), UA-27(마악산), UA-28(서운산), UA-29(옥천), UA-30(북좌), UA-31(청나), UA-32(토천), UA-33(변천천), UA-34(미호천), UA-35(김해), UA-36(밀량), UA-37(창원), UA-38(모슬포)

- 서울지역에 4개소가 운영되고 있다.
  가양비행장-가양대교 북단, 신정비행장 – 신정교 아래 공터, 광나루 비행장, 별내IC-식송마을 일대

③ 비행금지구역, 제한구역 및 군 훈련구역

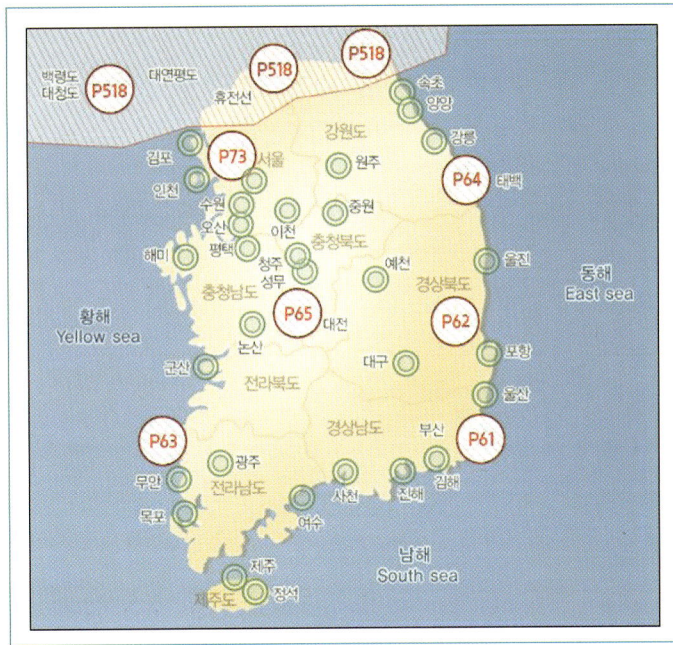

[전국 관제권 및 비행금지구역 현황]

[비행금지구역]

	구분	내용	관할기관
1	P-73	서울 도심으로 비행은 7일 전에 승인 받을 것	수도방위사령부(화력과)
2	P-518	휴전선 지역으로 비행 금지 됨	합동참모본부(항공작전과)
3	P-61A	고리 원자력발전소지역으로 비행금지 구역	합동참모본부 (공중종심작전과)
4	P-62A	월성 원자력발전소지역으로 비행금지 구역	
5	P-63A	한빛 원자력발전소지역으로 비행금지 구역	
6	P-64A	한울 원자력발전소지역으로 비행금지 구역	
7	P-65A	원자력연구소로 비행금지 구역	
8	P-61B	고리 원자력발전소지역으로 비행금지 구역	부산지방항공청(항공운항과)
9	P-62B	월성 원자력발전소지역으로 비행금지 구역	
10	P-63B	한빛 원자력발전소지역으로 비행금지 구역	
11	P-64B	한울 원자력발전소지역으로 비행금지 구역	
12	P65B	원자력연구소로 비행금지 구역	서울지방항공청(항공운항과)

> **참고**

- P(Prohibited)는 비행 금지구역 표시(미확인시 경고사격과 경고 없이 사격 가능)
- R(Restricted)은 비행제한구역으로 지대지, 지대공, 공대지 공격 가능
- D(Danger)는 비행위험구역, 실탄 배치
- A(Alert)는 비행경보 구역
- R-75 서울도심 내 비행을 위해서는 수도방위사령부(방공작전통제소)에 사전에 비행계획 승인을 받아야함
- 원전 지역 : 고리(P-61), 월성(P-62), 영광(P-63B), 한빛(P-63B), 울진(P-64), 대전(P-65A/B)
- 공군 작전공역(MOA, Military Operation Area)
- 공항지역(군/민간 비행장 주변 9.3km 비행 제한)
- 기타 군 사격장 등 공역

12. 안전성 인증

(1) 안전성 인증 개요
- 시험비행 등 국토교통부령으로 정하는 경우로서 국토교통부장관의 허가를 받은 경우를 제외하고는 동력비행장치 등 국토교통부령으로 정하는 초경량비행장치를 사용하여 비행하려는 사람은 국토교통부령으로 정하는 기관 또는 단체의 장으로부터 그가 정한 안정성 인증의 유효기간 및 절차·방법 등에 따라 그 초경량비행장치가 국토교통부장관이 정하여 고시하는 비행안전을 위한 기술상의 기준에 적합하다는 안전성 인증을 받아야 한다.
- 이 경우 안전성 인증의 유효기간 및 절차·방법 등에 대해서는 국토교통부장관의 승인을 받아야 하며, 변경할 때에도 또한 같다.
- 안전성 인증검사는 신청 유형에 따라 4가지로 구분된다.
    1. 초도 검사 : 국내에서 설계·제작하거나 외국에서 국내로 도입한 초경량비행장치를 사용하여 비행하기 위하여 최초로 안전성 인증을 받기 위하여 실시하는 검사
    2. 정기 검사 : 안전성 인증의 유효기간 만료일이 도래되어 새로운 안전성 인증을 받기 위하여 실시하는 검사
    3. 수시 검사 : 초경량비행장치의 비행안전에 영향을 미치는 대수리 또는 대개조 후 초경량비행장치 기술기준에 적합한지를 확인하기 위하여 실시하는 검사
    4. 재검사 : 초도검사, 정기검사 또는 수시검사에서 기술 기준에 부적합한 사항에 대하여 정비한 후 다시 실시하는 검사

(2) 안전성 인증(항공안전법 제124조)
- 비행안전을 위한 기술상의 기준에 적합하다는 안전성 인증을 받아야 한다.
- 최대 이륙중량 25kg 초과 무인비행장치는 교통안전공단으로부터 안정성 인증검사를 받고 비행해야 한다.
- 안전성 인증을 받지 아니하고 비행한 사람은 500만 원 이하의 과태료를 부과한다.[항공안전법 제166조(과태료)참고]

항공안전법 제124조(초경량비행장치 안전성 인증)

시험비행 등 국토교통부령으로 정하는 경우로서 국토교통부장관의 허가를 받은 경우를 제외하고는 동력비행장치 등 국토교통부령으로 정하는 초경량비행장치를 사용하여 비행하려는 사람은 국토교통부령으로 정하는 기관 또는 단체의 장으로부터 그가 정한 안정성 인증의 유효기간 및 절차·방법 등에 따라 그 초경량비행장치가 국토교통부장관이 정하여 고시하는 비행안전을 위한 기술상의 기준에 적합하다는 안전성 인증을 받지 아니하고 비행하여서는 아니 된다. 이 경우 안전성 인증의 유효기간 및 절차·방법 등에 대해서는 국토교통부장관의 승인을 받아야 하며, 변경할 때에도 또한 같다.

항공안전법 시행규칙 제305(초경량비행장치 안전성 인증 대상 등)

① 법 제124조 전단에서 "동력비행장치 등 국토교통부령으로 정하는 초경량비행장치"란 다음 각 호의 어느 하나에 해당하는 초경량비행장치를 말한다.

1. 동력비행장치
2. 행글라이더, 패러글라이더 및 낙하산류(항공레저스포츠사업에 사용되는 것만 해당한다)
3. 기구류(사람이 탑승하는 것만 해당한다)
4. 다음 각 목의 어느 하나에 해당하는 무인비행장치

   가. 제5조 제5호 가목에 따른 무인비행기, 무인헬리콥터 또는 무인멀티콥터 중에서 최대이륙 중량이 25킬로그램을 초과하는 것

   나. 제5조 제5호 나목에 따른 무인비행선 중에서 연료의 중량을 제외한 자체중량이 12킬로그램을 초과하거나 길이가 7미터를 초과하는 것

5. 회전익비행장치
6. 동력패러글라이더

② 법 제124조 전단에서 "국토교통부령으로 정하는 기관 또는 단체"란 교통안전공단, 기술원 또는 별표 43에 따른 시설기준을 충족하는 기관 또는 단체 중에서 국토교통부장관이 정하여 고시하는 기관 또는 단체(이하 "초경량비행장치 안전성 인증기관"이라 한다)를 말한다.

13. 초경량비행장치의 신고, 변경, 말소

초경량비행장치를 소유하게 되면 초경량비행장치의 종류, 용도, 소유자의 성명 등을 신고해야 하며 변경하거나 이전할 경우 또는 말소할 경우에도 신고해야 한다.

(1) 초경량비행장치의 신고(항공안전법 제122조, 항공안전법 시행규칙 제301조)
- 초경량비행장치의 자체 중량이 12kg를 초과하는 비행장치 또는 중량에 관계없이 모든 사업용 비행장치
- 초경량비행장치 신고서에 다음 각 호의 서류를 첨부하여 관할 지방항공청장에게 제출하여야 한다. 이 경우 신고서 및 첨부서류는 팩스 또는 정보통신을 이용하여 제출할 수 있다.
  1. 초경량비행장치를 소유하거나 사용할 수 있는 권리가 있음을 증명하는 서류
  2. 초경량비행장치의 제원 및 성능표
  3. 초경량비행장치의 사진(가로 15센티미터×세로 10센티미터의 측면사진)

항공안전법 제122조(초경량비행장치 신고)

① 초경량비행장치를 소유하거나 사용할 수 있는 권리가 있는 자(이하 "초경량비행장치 소유자 등"이라 한다)는 초경량비행장치의 종류, 용도, 소유자의 성명, 제129조 제4항에 따른 개인정보 및 개인위치정보의 수집 가능 여부 등을 국토교통부령으로 정하는 바에 따라 국토교통부장관에게 신고하여야 한다. 다만, 대통령령으로 정하는 초경량비행장치는 그러하지 아니하다.
② 국토교통부장관은 제1항에 따라 초경량비행장치의 신고를 받은 경우 그 초경량비행장치소유자 등에게 신고번호를 발급하여야 한다.
③ 제2항에 따라 신고번호를 발급받은 초경량비행장치소유자 등은 그 신고번호를 해당 초경량비행 장치에 표시하여야 한다.

항공안전법 시행규칙 제301조(초경량비행장치의 신고)

① 법 제122조 제1항 본문에 따라 초경량비행장치소유자 등은 법 제124조에 따른 안전성 인증을 받기 전까지(법 제124조에 따른 안전성 인증 대상이 아닌 초경량비행장치인 경우에는 초경량비행장치를 소유하거나 사용할 수 있는 권리가 있는 날부터 30일 이내에) 별지 제116호 서식의 초경량비행장치 신고서에 다음 각 호의 서류를 첨부하여 지방항공청장에게 제출하여야 한다. 이 경우 신고서 및 첨부서류는 팩스 또는 정보통신을 이용하여 제출할 수 있다.
1. 초경량비행장치를 소유하거나 사용할 수 있는 권리가 있음을 증명하는 서류
2. 초경량비행장치의 제원 및 성능표
3. 초경량비행장치의 사진(가로 15센티미터×세로 10센티미터의 측면사진)
② 지방항공청장은 초경량비행장치의 신고를 받으면 별지 제117호 서식의 초경량비행장치 신고증명서를 초경량비행장치소유자 등에게 발급하여야 하며, 초경량비행장치소유자 등은 비행 시 이를 휴대하여야 한다.
③ 지방항공청장은 제2항에 따라 초경량비행장치 신고증명서를 발급하였을 때에는 별지 제118호 서식의 초경량비행장치 신고대장을 작성하여 갖춰 두어야 한다. 이 경우 초경량비행장치 신고 대장은 전자적 처리가 불가능한 특별한 사유가 없으면 전자적 처리가 가능한 방법으로 작성·관리하여야 한다.
④ 초경량비행장치소유자 등은 초경량비행장치 신고증명서의 신고번호를 해당 장치에 표시하여야 하며, 표시방법, 표시장소 및 크기 등 필요한 사항은 지방항공청장이 정한다.
⑤ 지방항공청장은 제1항에 따른 신고를 받은 날부터 7일 이내에 수리 여부 또는 수리 지연 사유를 통지하여야 한다. 이 경우 7일 이내에 수리 여부 또는 수리 지연 사유를 통지하지 아니하면 7일이 끝난 날의 다음 날에 신고가 수리된 것으로 본다.

(2) 신고를 필요로 하지 아니하는 초경량비행장치(항공안전법 시행령 제24조)
초경량비행장치의 신고가 필요하지 않은 사항은 다음과 같다.

항공안전법 시행령 제24조(신고를 필요로 하지 아니하는 초경량비행장치의 범위)

법 제122조 제1항 단서에서 "대통령령으로 정하는 초경량비행장치"란 다음 각 호의 어느 하나에 해당하는 것으로서 「항공사업법」에 따른 항공기대여업·항공레저스포츠사업 또는 초경량비행장치사용사업에 허용되지 아니하는 것을 말한다.

1. 행글라이더, 패러글라이더 등 동력을 이용하지 아니하는 비행장치
2. 계류식(繫留式) 기구류(사람이 탑승하는 것은 제외한다.)
3. 계류식 무인비행장치
4. 낙하산류
5. 무인동력비행장치 중에서 연료의 무게를 제외한 자체무게(배터리 무게를 포함한다)가 12킬로그램 이하인 것
6. 무인비행선 중에서 연료의 무게를 제외한 자체무게가 12킬로그램 이하이고, 길이가 7미터 이하인 것
7. 연구기관 등이 시험·조사·연구 또는 개발을 위하여 제작한 초경량비행장치
8. 제작자 등이 판매를 목적으로 제작하였으나 판매되지 아니한 것으로서 비행에 사용되지 아니하는 초경량비행장치
9. 군사목적으로 사용되는 초경량비행장치

(3) 초경량비행장치의 변경 신고(항공안전법 제123조, 항공안전법 시행규칙 제302조)
- 초경량비행장의 용도, 소유자의 성명 등 국토교통부령으로 정하는 사항을 변경하려는 경우에는 국토교통부령으로 정하는 바에 따라 국토교통부장관에게 변경신고를 하여야 한다.
- 초경량비행장치 변경·이전 신고서를 지방항공청장에게 제출
- 초경량 비행장치의 소유자는 아래 사항을 변경 시 30일 이내에 변경신고를 하여야 한다.

다음 각 호의 어느 하나를 말한다.

1. 초경량비행장치의 용도
2. 초경량비행장치 소유자등의 성명, 명칭 또는 주소
3. 초경량비행장치의 보관 장소

항공안전법 제123조(초경량비행장치 변경신고 등)

① 초경량비행장치소유자 등은 제 122조 제1항에 따라 신고한 초경량비행장의 용도, 소유자의 성명 등 국토교통부령으로 정하는 사항을 변경하려는 경우에는 국토교통부령으로 정하는 바에 따라 국토교통부장관에게 변경신고를 하여야 한다.

② 초경량비행장치소유자 등은 제122조 제1항에 따라 신고한 초경량비행장치가 멸실되었거나 그 초경량비행장치를 해체(정비등, 수송 또는 보관하기 위한 해체는 제외한다)한 경우에는 그 사유가 발생한 날부터 15일 이내에 국토교통부장관에게 말소신고를 하여야 한다.

③ 초경량비행장치소유자 등이 제2항에 따른 말소신고를 하지 아니하면 국토교통부장관은 30일 이상의 기간을 정하여 말소신고를 할 것을 해당 초경량비행장치소유자 등에게 최고(催告)하여야 한다.

④ 제3항에 따른 최고를 한 후에도 해당 초경량비행장치소유자 등이 말소신고를 하지 아니하면 국토교통부장관은 직권으로 그 신고번호를 말소할 수 있으며, 신고번호가 말소된 때에는 그 사실을 해당 초경량비행장치소유자 등 및 그 밖의 이해관계인에게 알려야 한다.

항공안전법 시행규칙 제302조(초경량비행장치의 변경 신고)

① 법 제123조 제1항에서 "초경량비행장치의 용도, 소유자의 성명 등 국토교통부령으로 정하는 사항"이란 다음 각 호의 어느 하나를 말한다.

    1. 초경량비행장치의 용도
    2. 초경량비행장치 소유자 등의 성명, 명칭 또는 주소
    3. 초경량비행장치의 보관 장소

② 초경량비행장치소유자 등은 제1항 각 호의 사항을 변경하려는 경우에는 그 사유가 있는 날부터 30일 이내에 별지 제116호 서식의 초경량비행장치 변경·이전 신고서를 지방항공청장에게 제출하여야 한다.

③ 지방항공청장은 제2항에 따른 신고를 받은 날부터 7일 이내에 수리 여부 또는 수리 지연 사유를 통지하여야 한다. 이 경우 7일 이내에 수리 여부 또는 수리 지연 사유를 통지하지 아니하면 7일이 끝난 날의 다음 날에 신고가 수리된 것으로 본다.

(4) 초경량비행장치의 말소 신고(항공안전법 제303조)
- 초경량 비행장치의 소유자는 멸실, 해체(정비, 개조, 수송 또는 보관하는 경우 제외)되었을 경우는 15일 이내에 멸실 신고를 하여야 한다.

항공안전법 시행규칙 제303조(초경량비행장치의 말소 신고)

① 법 제123조 제2항에 따른 말소신고를 하려는 초경량비행장치 말소신고서를 지방항공청장에게 제출하여야 한다.
② 지방항공청장은 제1항에 따른 신고가 신고서 및 첨부서류에 흠이 없고 형식상 요건을 충족하는 경우 지체 없이 접수하여야 한다.
③ 지방항공청장은 법 제123조 제3항에 따른 최고(催告)를 하는 경우 해당 초경량비행장치의 소유자 등의 주소 또는 거소를 알 수 없는 경우에는 말소신고를 할 것을 관보에 고시하고, 국토교통부홈페이지에 공고하여야 한다.

14. 초경량비행장치 조종자 증명(항공안전법 제125조, 항공안전법 시행규칙 제306조)

① 초경량비행장치 조종자 증명
- 초경량 비행장치를 사용하여 비행하려는 사람은 초경량비행장치 조종자 증명을 취득하여야 한다.
- 동력비행장치 등 국토교통부령으로 정하는 초경량비행장치를 사용하여 비행하려는 사람은 국토교통부령으로 정하는 기관 또는 단체의 장으로부터 그가 정한 해당 초경량비행장치 별 자격기준 및 시험의 절차·방법에 따라 해당 초경량비행장치의 조종을 위하여 발급하는 증명(이하 "초경량비행장치 조종자 증명"이라 한다.)을 받아야 한다.
- 사업용으로 이용되는 자체 중량 12kg 초과 비행장치(교통안전공단으로부터 조종자 증명을 받고 비행)
- 대다수의 취미, 오락, 촬영용 드론은 자체 중량이 12kg 이하로서 자격취득 대상이 아니므로 자격 없이 비행이 가능하다.

② 조종자 자격시험 응시 자격
- 만 14세 이상 응시 가능
- 운전면허 또는 이를 갈음할 수 있는 신체검사 증명 소지자로서 해당 비행장치의 비행경력이 20시간 이상인 자
- 비행경력 20시간이 없어도 필기시험 응시는 가능
- 필기시험 합격과 비행경력 20시간(비행경력증명서)이상이면 실기시험 가능

항공법규

③ 초경량비행장치 조종자 자격시험 절차

접수 방법 및 절차	전문교육기관	사설교육기관	접수 방법 및 절차
• 방문접수나 홈페이지 접수	응시자격 신청 ↓	학과시험 접수 ↓	• 방문접수나 홈페이지 접수 • 접수시 수수료 결제 • 날짜, 장소, 시간 선택가능
• 법적조건 충족여부 심사	응시자격 심사 ↓	학과시험응시 ↓	• CBT 컴퓨터 시험 시행 • 지정된 전국시험장에서 실시 (서울, 대전, 광주, 부산)
• 서류확인 및 자격부여	응시자격 부여 ↓	합격자 발표 ↓	• 시험종료와 동시에 결과 발표 • 공식적인 결과 발표는 18:00 이후
• 방문접수나 홈페이지 접수 • 접수시 수수료 결제 • 시험일자 선택	실기시험 접수 ↓		• 방문접수나 홈페이지 접수 • 접수시 수수료 결제 • 시험일자 선택
• 전문교육기관에서 수행	실기시험 응시 ↓		• 지정된 전국시험장에서 실시
• 시험당일 18:00 결과발표	합격자 발표 ↓		• 시험당일 18:00 결과발표
• 방문 및 홈페이지 신청 • 수수료 결제 • 사진(필수)준비 • 신체검사증명서 등록	자격발급 신청 ↓		• 방문 및 홈페이지 신청 • 수수료 결제 • 사진(필수)준비 • 신체검사증명서 등록
• 방문하여 직접 수령 • 홈페이지에 등기우편 발송 → 수령(2일 이상 소요됨)	자격발급 수령		• 방문하여 직접 수령 • 홈페이지에 등기우편 발송 → 수령(2일 이상 소요됨)

④ 시험방법

[학과 시험]
- 한국교통안전공단 홈페이지(http://www.kotsa.or.kr/main.do)에서 신청
- 전문교육기관을 이용시 각 전문교육기관에 실기 시험 위임 실시
- 전문교육기관이 아닌 사설교육기관은 지정시험장소에서 필기 시험 실시

[경력 증명서]
- 전문교육기관이나 사설 교육기관에서 20시간 비행 경력증서 준비

[실기 시험]
- 한국교통안전공단 홈페이지(http://www.kotsa.or.kr/main.do)에서 신청
- 필기 시험(응시자격 부여) + 20시간 비행경력증이 준비되면 실기 시험 접수 가능
- 전문교육기관을 이용시 각 전문교육기관에 실기 시험 위임 실시
- 전문교육기관이 아닌 사설교육기관은 지정시험장소에서 실기 시험 실시

⑤ 조종자격 종류 및 시험 과목

[조종자격 기준]

시험종류(자격증명)	비행경력
무인멀티콥터	1. 학과시험 : 만 14세 이상인 사람 2. 실기시험 : 다음의 어느 하나에 해당하는 사람 　가. 무인멀티콥터를 조종한 시간이 총 20시간 이상인 사람 　나. 무인헬리콥터 조종자 증명을 받은 사람으로서 무인멀티콥터를 조종한 시간이 총 10시간 이상인 사람
필기시험 과목	• 무인항공기 운용 • 항공기상 • 항공역학 • 관련법규

[지도 조종자 자격기준]

시험종류(자격증명)	비행경력
무인멀티콥터	무인멀티콥터를 조종한 시간이 총 100시간 이상인 사람 (조종자격 20시간 + 추가 80시간 = 100시간)

15. 초경량비행장치사고, 보고, 보험, 벌칙

(1) 초경량비행장치 사고의 정의

① 초경량비행장치 사고의 정의

"초경량비행장치사고"란 초경량비행장치를 사용하여 비행을 목적으로 이륙하는 순간부터 착륙하는 순간까지 발생한 사고를 말한다.

- 초경량비행장치에 의한 사람의 사망, 중상 또는 행방불명
- 초경량비행장치의 추락, 충돌 또는 화재 발생
- 초경량비행장치의 위치를 확인할 수 없거나 초경량비행장치에 접근이 불가능한 경우

항공안전법 제2조(정리)

"초경량비행장치사고"란 초경량비행장치를 사용하여 비행을 목적으로 이륙[이수를 포함한다. 이하 같다]하는 순간부터 착륙[착수를 포함한다. 이하 같다]하는 순간까지 발생한 다음 각 목의 어느 하나에 해당하는 것으로서 국토교통부령으로 정하는 것을 말한다.

가. 초경량비행장치에 의한 사람의 사망, 중상 또는 행방불명
나. 초경량비행장치의 추락, 충돌 또는 화재 발생
다. 초경량비행장치의 위치를 확인할 수 없거나 초경량비행장치에 접근이 불가능한 경우

② 초경량비행장치 사고발생 시 조치사항

- 인명구호를 위해 신속히 필요한 조치를 취할 것
- 사고 조사를 위해 기체, 현장을 보존할 것
- 사고 조사에 도움이 될 수 있는 정황 및 장비 상태의 사진을 세부적으로 촬영할 것
- 사고 조사에 도움이 될 수 있는 정황 및 장비 상태의 동영상 자료를 세부적으로 촬영할 것
- 사고 발생 시 지체 없이 가입 보험사 담당자에게 전화를 하여 보상 및 절차를 진행한다.

(2) 초경량비행장치 사고의 보고 정의

① 초경량비행장치 사고의 보고 정의

- 초경량 비행장치 조종자 및 소유자는 초경량 비행장치 사고 발생 시 지체 없이 그 사실을 보고하여야 한다.
- 초경량비행장치사고를 일으킨 조종자 또는 그 초경량비행장치소유자 등은 다음 각 호의 사항을 지방항공청장에게 보고하여야 한다.

② 사고의 보고
- 조종자 및 그 초경량 비행장치 소유자의 성명 또는 명칭
- 사고가 발생한 일시 및 장소
- 초경량 비행장치의 종류 및 신고번호
- 사고의 경위
- 사람의 사상(死傷) 또는 물건의 파손 개요
- 사상자의 성명 등 사상자의 인적사항 파악을 위하여 참고가 될 사항

항공안전법 시행규칙 제312조(사고의 보고)

초경량 비행장치 조종자 및 소유자는 초경량 비행장치 사고 발생 시 지체 없이 그 사실을 보고하여야 한다. 초경량비행장치사고를 일으킨 조종자 또는 그 초경량비행장치소유자 등은 다음 각 호의 사항을 지방항공청장에게 보고하여야 한다.

① 조종자 및 그 초경량 비행장치 소유자의 성명 또는 명칭
② 사고가 발생한 일시 및 장소
③ 초경량 비행장치의 종류 및 신고번호
④ 사고의 경위
⑤ 사람의 사상(死傷) 또는 물건의 파손 개요
⑥ 사상자의 성명 등 사상자의 인적사항 파악을 위하여 참고가 될 사항

(3) 보험가입(항공사업법 제70조)
- 초경량비행장치를 초경량비행장치사용사업, 항공기대여업 및 항공레저스포츠사업에 사용하려는 자는 국토교통부령으로 정하는 보험 또는 공제에 가입하여야 한다.[(항공사업법 제70조)참조]
- 보험가입신고서 등 보험가입 등을 확인할 수 있는 자료를 국토교통부장관에게 제출

항공사업법 제70조(항공보험 등의 가입의무)

① 다음 각 호의 항공사업자는 국토교통부령으로 정하는 바에 따라 항공보험에 가입하지 아니 하고는 항공기를 운항할 수 없다.

1. 항공운송사업자
2. 항공기사용사업자
3. 항공기대여업자

② 제1항 각 호의 자 외의 항공기 소유자 또는 항공기를 사용하여 비행하려는 자는 국토교통부령으로 정하는 바에 따라 항공보험에 가입하지 아니하고는 항공기를 운항할 수 없다.

③ 「항공안전법」 제108조에 따른 경량항공기소유자 등은 그 경량항공기의 비행으로 다른 사람이 사망하거나 부상한 경우에 피해자(피해자가 사망한 경우에는 손해배상을 받을 권리를 가진 자를 말한다.)에 대한 보상을 위하여 같은 조 제1항에 따른 안전성 인증을 받기 전까지 국토교통부령으로 정하는 보험이나 공제에 가입하여야 한다.〈개정 2017.1.17.〉

④ 초경량비행장치를 초경량비행장치사용사업, 항공기대여업 및 항공레저스포츠사업에 사용하려는 자는 국토교통부령으로 정하는 보험 또는 공제에 가입하여야 한다.

⑤ 제1항부터 제4항까지의 규정에 따라 항공보험 등에 가입한 자는 국토교통부령으로 정하는 바에 따라 보험가입신고서 등 보험가입 등을 확인할 수 있는 자료를 국토교통부장관에게 제출하여야 한다. 이를 변경 또는 갱신할 때에도 또한 같다.〈신설 2017.1.17.〉

(4) 벌칙(항공안전법 제161조, 항공안전법 제166조)

다음과 같이 징역 및 3천만 원 이하의 벌금 또는 과태료를 부과할 수 있다.

- 3년 이하의 징역 또는 3천만 원 이하의 벌금(항공안전법 제 161조)
- 500만 원 이하의 과태료(항공안전법 제166조)
- 300만 원 이하의 과태료(항공안전법 제166조)
- 200만 원 이하의 과태료(항공안전법 제166조)
- 100만 원 이하의 과태료(항공안전법 제166조)
- 50만 원 이하의 과태료(항공안전법 제166조)
- 30만 원 이하의 과태료(항공안전법 제166조)

제161조(초경량비행장치 불법 사용 등의 죄) – 3년 이하의 징역 또는 3천만 원 이하의 벌금

① 다음 각 호의 어느 하나에 해당하는 자는 3년 이하의 징역 또는 3천만 원 이하의 벌금에 처한다.

1. 제131조에서 준용하는 제57조제1항을 위반하여 주류 등의 영향으로 초경량비행장치를 사용하여 비행을 정상적으로 수행할 수 없는 상태에서 초경량비행장치를 사용하여 비행을 한 사람
2. 제131조에서 준용하는 제57조제2항을 위반하여 초경량비행장치를 사용하여 비행하는 동안에 주류 등을 섭취하거나 사용한 사람
3. 제131조에서 준용하는 제57조제3항을 위반하여 국토교통부장관의 측정 요구에 따르지 아니한 사람

② 제124조에 따른 비행안전을 위한 기술상의 기준에 적합하다는 안전성 인증을 받지 아니한 초경량비행장치를 사용하여 제125조제1항에 따른 초경량비행장치 조종자

증명을 받지 아니하고 비행을 한 사람은 1년 이하의 징역 또는 1천만 원 이하의 벌금에 처한다.

③ 제122조 또는 제123조를 위반하여 초경량비행장치의 신고 또는 변경신고를 하지 아니하고 비행을 한 자는 6개월 이하의 징역 또는 500만 원 이하의 벌금에 처한다.

④ 제129조제2항을 위반하여 국토교통부장관의 허가를 받지 아니하고 무인자유기구를 비행시킨 사람은 500만 원 이하의 벌금에 처한다.

⑤ 제127조제2항을 위반하여 국토교통부장관의 승인을 받지 아니하고 초경량비행장치 비행제한공역을 비행한 사람은 200만 원 이하의 벌금에 처한다.

제166조(과태료)

① 다음 각 호의 어느 하나에 해당하는 자에게는 500만 원 이하의 과태료를 부과한다.
- **500만 원 이하의 과태료**

1. ~ 7. (생략)
8. 제72조제1항을 위반하여 위험물취급에 필요한 교육을 받지 아니하고 위험물취급을 한 자
9. 제115조제2항을 위반하여 국토교통부장관이 정하는 바에 따라 교육을 받지 아니하고 경량항공기 조종교육을 한 자
10. 제124조를 위반하여 초경량비행장치의 비행안전을 위한 기술상의 기준에 적합하다는 안전성 인증을 받지 아니하고 비행한 사람(제161조제2항이 적용되는 경우는 제외한다)

② 다음 각 호의 어느 하나에 해당하는 자에게는 300만 원 이하의 과태료를 부과한다.
- **300만 원 이하의 과태료**

1. 제108조제4항을 위반하여 국토교통부령으로 정하는 방법에 따라 안전하게 운용할 수 있다는 확인을 받지 아니하고 경량항공기를 사용하여 비행한 사람
2. 제120조제1항을 위반하여 국토교통부령으로 정하는 준수사항을 따르지 아니하고 경량항공기를 사용하여 비행한 사람
3. 제125조제1항을 위반하여 초경량비행장치 조종자 증명을 받지 아니하고 초경량비행장치를 사용하여 비행을 한 사람(제161조제2항이 적용되는 경우는 제외한다)

③ 다음 각 호의 어느 하나에 해당하는 자에게는 200만 원 이하의 과태료를 부과한다.〈개정 2017.8.9.〉 - **200만 원 이하의 과태료**

1. 제13조 또는 제15조제1항을 위반하여 변경등록 또는 말소등록의 신청을 하지 아니한 자
2. 제17조제1항을 위반하여 항공기 등록기호표를 부착하지 아니하고 항공기를 사용한 자

3. ~ 6. (생략)

7. 제108조제3항을 위반하여 부여된 안전성 인증 등급에 따른 운용범위를 준수하지 아니하고 경량항공기를 사용하여 비행한 사람

8. 제129조제1항을 위반하여 국토교통부령으로 정하는 준수사항을 따르지 아니하고 초경량비행장치를 이용하여 비행한 사람

9. 제127조제3항을 위반하여 국토교통부장관의 승인을 받지 아니하고 초경량비행장치를 이용하여 비행한 사람

10. 제129조제5항을 위반하여 국토교통부장관이 승인한 범위 외에서 비행한 사람

④ 다음 각 호의 어느 하나에 해당하는 자에게는 100만 원 이하의 과태료를 부과한다.

- **100만 원 이하의 과태료**

1. 제33조에 따른 보고를 하지 아니하거나 거짓으로 보고한 자
2. 제59조제1항(제106조에서 준용하는 경우를 포함한다)을 위반하여 항공기사고, 항공기준사고 또는 항공안전장애를 보고하지 아니하거나 거짓으로 보고한 자
3. 제121조제1항에서 준용하는 제17조제1항을 위반하여 경량항공기 등록기호표를 부착하지 아니한 경량항공기소유자 등
4. 제122조제3항을 위반하여 신고번호를 해당 초경량비행장치에 표시하지 아니하거나 거짓으로 표시한 초경량비행장치소유자 등
5. 제128조를 위반하여 국토교통부령으로 정하는 장비를 장착하거나 휴대하지 아니하고 초경량비행장치를 사용하여 비행을 한 자

⑤ 다음 각 호의 어느 하나에 해당하는 자에게는 50만 원 이하의 과태료를 부과한다.

- **50만 원 이하의 과태료**

1. 제120조제2항을 위반하여 경량항공기사고에 관한 보고를 하지 아니하거나 거짓으로 보고한 경량항공기 조종사 또는 그 경량항공기 소유자 등
2. 제121조제1항에서 준용하는 제13조 또는 제15조를 위반하여 경량항공기의 변경등록 또는 말소등록을 신청하지 아니한 경량항공기소유자 등

⑥ 다음 각 호의 어느 하나에 해당하는 자에게는 30만 원 이하의 과태료를 부과한다.

- **30만 원 이하의 과태료**

1. 제123조제2항을 위반하여 초경량비행장치의 말소신고를 하지 아니한 초경량비행장치 소유자 등
2. 제129조제3항을 위반하여 초경량비행장치사고에 관한 보고를 하지 아니하거나 거짓으로 보고한 초경량비행장치 조종자 또는 그 초경량비행장치소유자 등

[시행일 : 2019.3.30.] 제166조제1항제1호(제56조제1항제2호에 관한 부분만 해당한다), 제166조제1항제2호

> **참고**
> 무인비행장치를 구입하여 안전하게 비행하려면 어떤 절차를 거쳐야 할까?
> - 12Kg 이하와 12Kg를 초과할 경우로 구분
> - 비사업용과 사업용으로 구분

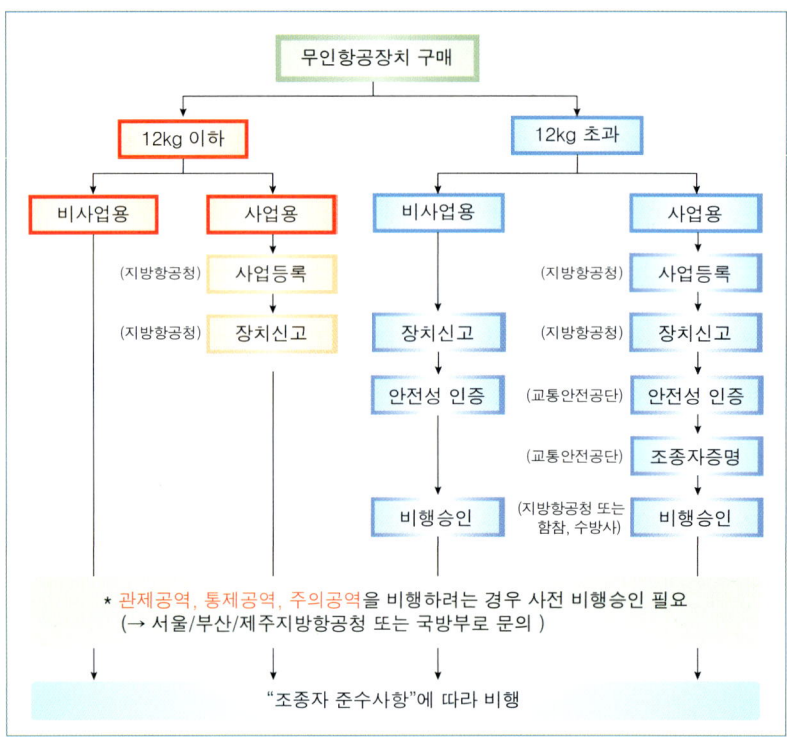

16. 전문교육기관

(1) 전문교육기관의 개요

- 국토교통부장관은 초경량비행장치 조종자를 양성하기 위하여 국토교통부령으로 정하는 바에 따라 초경량비행장치 전문교육기관(이하 "초경량비행장치 전문교육기관"이라 한다.)을 지정할 수 있다.
- 항공안전법 제126조, 항공안전법 시행규칙 제307조 참고

(2) 기록 및 보관

- 전문교육기관은 피교육생의 기록을 그 교육과정을 수료한 날로부터 최소한 10년간 보관해야 함

(3) 전문교육기관의 지정관련 법규(항공안전법 제126조, 항공안전법 시행규칙 제307조)

항공안전법 제126조(초경량비행장치 전문교육기관의 지정 등)

① 국토교통부장관은 초경량비행장치 조종자를 양성하기 위하여 국토교통부령으로 정하는 바에 따라 초경량비행장치 전문교육기관(이하 "초경량비행장치 전문교육기관"이라 한다.)을 지정할 수 있다.

② 국토교통부장관은 초경량비행장치 전문교육기관이 초경량비행장치 조종자를 양성하는 경우에는 예산의 범위에서 필요한 경비의 전부 또는 일부를 지원할 수 있다.

③ 초경량비행장치 전문교육기관의 교육과목, 교육방법, 인력, 시설 및 장비 등의 지정기준은 국토교통부령으로 정한다.

④ 국토교통부장관은 초경량비행장치 전문교육기관으로 지정받은 자가 다음 각 호의 어느 하나에 해당하는 경우에는 그 지정을 취소할 수 있다. 다만, 제1호에 해당하는 경우에는 그 지정을 취소하여야 한다.

   1. 거짓이나 그 밖의 부정한 방법으로 초경량비행장치 전문교육기관으로 지정받은 경우
   2. 제3항에 따른 초경량비행장치 전문교육기관의 지정기준 중 국토교통부령으로 정하는 기준에 미달하는 경우

항공안전법 시행규칙 제307조(전문교육기관의 지정 등)

① 법 제126조 제1항에 따른 초경량비행장치 조종자 전문교육기관으로 지정받으려는 자는 별지 제120호 서식의 초경량비행장치 조종자 전문교육기관 지정신청서에 다음 각 호의 사항이 적힌 서류를 첨부하여 국토교통부장관에게 제출하여야 한다.

   1. 전문교관의 현황
   2. 교육시설 및 장비의 현황
   3. 교육훈련계획 및 교육훈련규정

② 법 제126조 제3항에 따른 초경량비행장치 조종자 전문교육기관의 지정기준은 다음 각 호와 같다.

   1. 다음 각 목의 전문교관이 있을 것

      가. 비행시간이 100시간 이상이고, 국토교통부 장관이 인정한 조종교육교관과정을 이수한 지도조종자 1명, 실기평가교관조종자 과정을 이수한 조종경력이 150시간 이상이고 실기 평가를 실시하는데 필요한 경험과 기량이 있는 자

   2. 다음 각 목의 시설 및 장비(시설 및 장비에 대한 사용권을 포함한다)를 갖출 것

      가. 강의실 및 사무실 각 1개 이상
      나. 이착륙 시설
      다. 훈련용 비행장치 1대 이상

3. 교육과목, 교육시간, 평가방법 및 교육훈련규정 등 교육훈련에 필요한 사항으로서 국토교통부장관이 정하여 고시하는 기준을 갖출 것

③ 국토교통부장관은 제1항에 따라 초경량비행장치 조종자 전문교육기관 지정신청서를 제출한자

가. 제2항에 따른 기준에 적합하다고 판단되는 경우에는 초경량비행장치 조종자 전문교육기관 지정서를 발급하여야 한다.

SECTION 03 항공사업법(초경량 무인비행장치)

1. 항공사업법의 목적

항공사업법 제1조에 다음과 같이 항공사업법의 목적이 있다.

항공사업법 제1조(목적)

이 법은 항공정책의 수립 및 항공사업에 관하여 필요한 사항을 정하여 대한민국 항공사업의 체계적인 성장과 경쟁력 강화 기반을 마련하는 한편, 항공사업의 질서유지 및 건전한 발전을 도모하고 이용자의 편의를 향상시켜 국민경제의 발전과 공공복리의 증진에 이바지함을 목적으로 한다.

2. 항공사업법의 용어 정의

항공사업법 제2조에 다음과 같이 항공사업, 항공기대여업, 초경량비행장치사용사업(초경량비행장치), 초경량비행장치사용사업자, 항공레저스포츠사업(항공레저스포츠)에 대한 항공사업법의 용어를 정리하고 있다.

항공사업법 제2조(정의)

이 법에서 사용하는 용어의 뜻은 다음과 같다.

1. "항공사업"이란 이 법에 따라 국토교통부장관의 면허, 허가 또는 인가를 받거나 국토교통부 장관에게 등록 또는 신고하여 경영하는 사업을 말한다.
2. ~ 3. (생략)
4. "초경량비행장치사용사업자"란 제48조 제1항에 따라 국토교통부장관에게 초경량비행장치 사용사업을 등록한 자를 말한다.
5. ~20. (생략)
21. "항공기대여업"이란 타인의 수요에 맞추어 유상으로 항공기, 경량항공기 또는 초경량비행 장치를 대여하는 사업(제26호 나목의 사업은 제외한다)을 말한다.

23. "초경량비행장치사용사업"이란 타인의 수요에 맞추어 국토교통부령으로 정하는 초경량비행장치를 사용하여 유상으로 농약살포, 사진촬영 등 국토교통부령으로 정하는 업무를 하는 사업을 말한다.
24. "초경량비행장치사용사업자"란 제48조 제1항에 따라 국토교통부장관에게 초경량비행장치 사용사업을 등록한 자를 말한다.
25. "항공레저스포츠"란 취미·오락·체험·교육·경기 등을 목적으로 하는 비행[공중에서 낙하하여 낙하산(落下傘)류를 이용하는 비행을 포함한다]활동을 말한다.
26. "항공레저스포츠사업"이란 타인의 수요에 맞추어 유상으로 다음 각 목의 어느 하나에 해당하는 서비스를 제공하는 사업을 말한다.

> 가. 항공기(비행선과 활공기에 한정한다), 경량항공기 또는 국토교통부령으로 정하는 초경량비행장치를 사용하여 조종교육, 체험 및 경관조망을 목적으로 사람을 태워 비행하는 서비스
> 나. 다음 중 어느 하나를 항공레저스포츠를 위하여 대여하여 주는 서비스
> > 1) 활공기 등 국토교통부령으로 정하는 항공기
> > 2) 경량항공기
> > 3) 초경량비행장치
> 다. 경량항공기 또는 초경량비행장치에 대한 정비, 수리 또는 개조서비스

3. 초경량비행장치 사용사업과 범위

초경량비행장치사용사업은 초경량비행장치를 사용하여 유상으로 농약살포, 사진촬영 등의 업무를 수행하는 사업을 말하며 그 사업 범위는 다음과 같이 다양하게 존재한다.(사업을 하게 되면 "조종자 증명"을 반드시 받아야 한다.)

[유상으로 농약 살포, 사진촬영 업무]

1. 비료 또는 농약 살포, 씨앗 뿌리기 등 농업 지원
2. 사진촬영, 육상·해상 측량 또는 탐사
3. 산림 또는 공원 등의 관측 또는 탐사
4. 조종교육

항공사업법 제2조(초경량비행장치 사용사업)

23. "초경량비행장치사용사업"이란 타인의 수요에 맞추어 국토교통부령으로 정하는 초경량비행장치를 사용하여 유상으로 농약살포, 사진촬영 등 국토교통부령으로 정하는 업무를 하는 사업을 말한다.

항공사업법 시행규칙 제6조 2항

② 법 제2조 제23호에서 "농약살포, 사진촬영 등 국토교통부령으로 정하는 업무"란 다음 각 호의 어느 하나에 해당하는 업무를 말한다.

1. 비료 또는 농약 살포, 씨앗 뿌리기 등 농업 지원
2. 사진촬영, 육상·해상 측량 또는 탐사
3. 산림 또는 공원 등의 관측 또는 탐사
4. 조종교육
5. 그 밖의 업무로서 다음 각 목의 어느 하나에 해당하지 아니하는 업무

   가. 국민의 생명과 재산 등 공공의 안전에 위해를 일으킬 수 있는 업무
   나. 국방·보안 등에 관련된 업무로서 국가 안보에 위협을 가져올 수 있는 업무

4. 초경량 무인비행장치 공항시설법

항공사업의 분야 중에 항공기대여업, 초경량비행장치사용사업, 항공레저스포츠사업 등에 대한 등록과 준용 규정에 대해서 살펴보자.

(1) 항공기 대여업의 등록과 준용규정

항공사업법 제46조(항공기대여업의 등록)

① 항공기대여업을 경영하려는 자는 국토교통부령으로 정하는 바에 따라 신청서에 사업계획서와 그 밖에 국토교통부령으로 정하는 서류를 첨부하여 국토교통부장관에게 등록하여야 한다. 등록한 사항 중 국토교통부령으로 정하는 사항을 변경하려는 경우에는 국토교통부장관에게 신고하여야 한다.

② 제1항에 따른 항공기대여업을 등록하려는 자는 다음 각 호의 요건을 갖추어야 한다.

1. 자본금 또는 자산평가액이 3천만 원 이상으로서 대통령령으로 정하는 금액 이상일 것
2. 항공기, 경량항공기 또는 초경량비행장치 1대 이상 등 대통령령으로 정하는 기준에 적합할 것
3. 그 밖에 사업 수행에 필요한 요건으로서 국토교통부령으로 정하는 요건을 갖출 것

제항공사업법 제47조(항공기대여업에 대한 준용규정)

⑧ 항공기대여업의 등록취소 또는 사업정지에 관하여는 제40조(같은 조 제1항제13호는 제외한다)를 준용한다.

⑨ 항공기대여업에 대한 과징금의 부과에 관하여는 제41조를 준용한다. 이 경우 제41조제1항 중 "10억원"은 "3억원"으로 본다.

(2) 초경량비행장치 사용사업의 등록과 준용규정

항공사업법 제48조(초경량비행장치사용사업의 등록)

① 초경량비행장치사용사업을 경영하려는 자는 국토교통부령으로 정하는 바에 따라 신청서에 사업계획서와 그 밖에 국토교통부령으로 정하는 서류를 첨부하여 국토교통부장관에게 등록하여야 한다. 등록한 사항 중 국토교통부령으로 정하는 사항을 변경하려는 경우에는 국토교통부장관에게 신고하여야 한다.

② 제1항에 따른 초경량비행장치사용사업을 등록하려는 자는 다음 각 호의 요건을 갖추어야 한다. 〈개정 2016.12.2.〉

  1. 자본금 또는 자산평가액이 3천만 원 이상으로서 대통령령으로 정하는 금액 이상일 것. 다만, 최대이륙중량이 25킬로그램 이하인 무인비행장치만을 사용하여 초경량비행장치사용사업을 하려는 경우는 제외한다.

  2. 초경량비행장치 1대 이상 등 대통령령으로 정하는 기준에 적합할 것

  3. 그 밖에 사업 수행에 필요한 요건으로서 국토교통부령으로 정하는 요건을 갖출 것

③ 다음 각 호의 어느 하나에 해당하는 자는 초경량비행장치사용사업의 등록을 할 수 없다.

  1. 제9조 각 호의 어느 하나에 해당하는 자

  2. 초경량비행장치사용사업 등록의 취소처분을 받은 후 2년이 지나지 아니한 자

항공사업법 제49조(초경량비행장치사용사업에 대한 준용규정)

⑧ 초경량비행장치사용사업의 등록취소 또는 사업정지에 관하여는 제40조(같은 조 제1항제13호는 제외한다)를 준용한다.

⑨ 초경량비행장치사용사업에 대한 과징금의 부과에 관하여는 제41조를 준용한다. 이 경우 제41조제1항 중 "10억원"은 "3천만 원"으로 본다.

(3) 항공레저스포츠 사업의 등록 과 준용규정

항공사업법 제50조(항공레저스포츠사업의 등록)

① 항공레저스포츠사업을 경영하려는 자는 국토교통부령으로 정하는 바에 따라 국토교통부장관에게 등록하여야 한다. 등록한 사항 중 국토교통부령으로 정하는 사항을 변경하려는 경우에는 국토교통부장관에게 신고하여야 한다.

② 제1항에 따른 항공레저스포츠사업을 등록하려는 자는 다음 각 호의 요건을 갖추어야 한다.

  1. 자본금 또는 자산평가액이 3천만 원 이상으로서 대통령령으로 정하는 금액 이상일 것

  2. 항공기, 경량항공기 또는 초경량비행장치 1대 이상 등 대통령령으로 정하는 기준에 적합할 것

3. 그 밖에 사업 수행에 필요한 요건으로서 국토교통부령으로 정하는 요건을 갖출 것

③ 다음 각 호의 어느 하나에 해당하는 자는 항공레저스포츠사업의 등록을 할 수 없다.
1. 제9조 각 호의 어느 하나에 해당하는 자
2. 항공기취급업, 항공기정비업, 또는 항공레저스포츠사업(제2조제26호 각 목의 사업 중 해당하는 사업의 경우에 한정한다) 등록의 취소처분을 받은 후 2년이 지나지 아니한 자

④ 항공레저스포츠사업이 다음 각 호의 어느 하나에 해당하는 경우 국토교통부장관은 항공레저스포츠사업 등록을 제한할 수 있다.
1. 항공레저스포츠 활동의 안전사고 우려 및 이용자들에게 심한 불편을 주거나 공익을 해칠 우려가 있는 경우
2. 인구밀집지역, 사생활 침해, 교통, 소음 및 주변환경 등을 고려할 때 영업행위가 부적합하다고 인정하는 경우
3. 그 밖에 항공안전 및 사고예방 등을 위하여 국토교통부장관이 항공레저스포츠사업의 등록제한이 필요하다고 인정하는 경우

항공사업법 제51조(항공레저스포츠사업에 대한 준용규정)

⑦ 항공레저스포츠사업의 등록취소 또는 사업정지에 관하여는 제40조(같은 조 제1항제5호 및 제13호는 제외한다)를 준용한다.
⑧ 항공레저스포츠사업에 대한 과징금의 부과에 관하여는 제41조를 준용한다. 이 경우 제41조제1항 중 "10억원"은 "3억원"으로 본다.

5) 항공사업의 벌칙

항공사업의 분야 중에 항공기대여업, 초경량비행장치사용사업, 항공레저스포츠사업 등에 대한 벌칙에 대해서 살펴보자.

- 보조금, 융자금을 거짓이나 부정한 방법으로 교부 받아서는 안된다.
- 초경량비행장치를 사용사업외 용도로 사용해서는 안된다.
- 지정된 용도 외에 별도의 영리행위를 위해서는 안된다.

항공사업법 제77조(보조금 등의 부정 교부 및 사용 등에 관한 죄)

제65조에 따른 보조금, 융자금을 거짓이나 그 밖의 부정한 방법으로 교부받은 자는 5년 이하의 징역 또는 5천만 원 이하의 벌금에 처한다.

항공사업법 제78조(항공사업자의 업무 등에 관한 죄)

① 다음 각 호의 어느 하나에 해당하는 자는 3년 이하의 징역 또는 3천만 원 이하의 벌금에 처한다.

3. 제30조제1항에 따른 등록을 하지 아니하고 항공기사용사업을 경영한 자
4. 제67조제1항을 위반하여 보조금, 융자금을 교부목적 외의 목적에 사용한 항공사업자
5. 제70조제1항을 위반하여 항공보험에 가입하지 아니하고 항공기를 운항한 항공사업자
6. 제70조제2항을 위반하여 항공보험에 가입하지 아니하고 항공기를 운항한 자

② 다음 각 호의 어느 하나에 해당하는 자는 1년 이하의 징역 또는 1천만 원 이하의 벌금에 처한다.

7. 제46조에 따른 등록을 하지 아니하고 항공기대여업을 경영한 자
8. 제47조제2항에서 준용하는 제33조에 따른 명의대여 등의 금지를 위반한 항공기대여업자
9. 제48조제1항에 따른 등록을 하지 아니하고 초경량비행장치사용사업을 경영한 자
10. 제49조제2항에서 준용하는 제33조에 따른 명의대여 등의 금지를 위반한 초경량비행장치사용사업자
11. 제50조제1항에 따른 등록을 하지 아니하고 항공레저스포츠사업을 경영한 자
12. 제51조제1항에서 준용하는 제33조에 따른 명의대여 등의 금지를 위반한 항공레저스포츠사업자

③ 다음 각 호의 어느 하나에 해당하는 자는 1천만 원 이하의 벌금에 처한다.

12. 제47조제7항에서 준용하는 제39조에 따른 명령을 위반한 항공기대여업자
13. 제49조제7항에서 준용하는 제39조에 따른 명령을 위반한 초경량비행장치사용사업자
14. 제51조제6항에서 준용하는 제39조에 따른 명령을 위반한 항공레저스포츠사업자

SECTION 04 공항시설법(초경량 무인비행장치)

1. 공항시설법의 목적

항공시설법 제1조에 다음과 같이 항공시설법의 목적이 있다.

공항시설법 제1조(목적)

이 법은 공항·비행장 및 항행안전시설의 설치 및 운영 등에 관한 사항을 정함으로써 항공산업의 발전과 공공복리의 증진에 이바지함을 목적으로 한다.

2. 공항시설법의 용어 정의

공항시설법 제2조에 다음과 같이 공항·비행장 및 항행안전시설에 관한 내용을 규정하고 있다.

공항시설법 제2조(정의)

이 법에서 사용하는 용어의 뜻은 다음과 같다.

1. "항공기"란 「항공안전법」 제2조제1호에 따른 항공기를 말한다.
2. "비행장"이란 항공기·경량항공기·초경량비행장치의 이륙[이수(離水)를 포함한다. 이하 같다]과 착륙[착수(着水)를 포함한다. 이하 같다]을 위하여 사용되는 육지 또는 수면(水面)의 일정한 구역으로서 대통령령으로 정하는 것을 말한다.
3. ~ 6. (생략)
7. "공항시설"이란 공항구역에 있는 시설과 공항구역 밖에 있는 시설 중 대통령령으로 정하는 시설로서 국토교통부장관이 지정한 다음 각 목의 시설을 말한다.
   가. 항공기의 이륙·착륙 및 항행을 위한 시설과 그 부대시설 및 지원시설
   나. 항공 여객 및 화물의 운송을 위한 시설과 그 부대시설 및 지원시설
8. "비행장시설"이란 비행장에 설치된 항공기의 이륙·착륙을 위한 시설과 그 부대시설로서 국토교통부장관이 지정한 시설을 말한다.
9. ~ 11. (생략)
12. "활주로"란 항공기 착륙과 이륙을 위하여 국토교통부령으로 정하는 크기로 이루어지는 공항 또는 비행장에 설정된 구역을 말한다.
13. "착륙대(着陸帶)"란 활주로와 항공기가 활주로를 이탈하는 경우 항공기와 탑승자의 피해를 줄이기 위하여 활주로 주변에 설치하는 안전지대로서 국토교통부령으로 정하는 크기로 이루어지는 활주로 중심선에 중심을 두는 직사각형의 지표면 또는 수면을 말한다.
14. "장애물 제한표면"이란 항공기의 안전운항을 위하여 공항 또는 비행장 주변에 장애물(항공기의 안전운항을 방해하는 지형·지물 등을 말한다)의 설치 등이 제한되는 표면으로서 대통령령으로 정하는 구역을 말한다.
15. "항행안전시설"이란 유선통신, 무선통신, 인공위성, 불빛, 색채 또는 전파(電波)를 이용하여 항공기의 항행을 돕기 위한 시설로서 국토교통부령으로 정하는 시설을 말한다.
16. "항공등화"란 불빛, 색채 또는 형상(形象)을 이용하여 항공기의 항행을 돕기 위한 항행안전시설로서 국토교통부령으로 정하는 시설을 말한다.
17. "항행안전무선시설"이란 전파를 이용하여 항공기의 항행을 돕기 위한 시설로서 국토교통부령으로 정하는 시설을 말한다.
18. "항공정보통신시설"이란 전기통신을 이용하여 항공교통업무에 필요한 정보를 제공·교환하기 위한 시설로서 국토교통부령으로 정하는 시설을 말한다.
19. "이착륙장"이란 비행장 외에 경량항공기 또는 초경량비행장치의 이륙 또는 착륙을 위하여 사용되는 육지 또는 수면의 일정한 구역으로서 대통령령으로 정하는 것을 말한다.

3. 공항시설법의 관리시설

공항시설법 제24조에는 공항시설 및 비행장시설의 설치기준에 대해서 정하고 있으며 제25조는 이 착륙장의 설치 기준에 대해서 정의되어 있으며 공항시설법 시행령 제34조에는 이착륙장의 관리기준에 대해 정리가 되어 있다.

공항시설법 제24조(공항시설 및 비행장시설의 설치기준 등)

제6조제1항 및 제2항에 따른 개발사업에 필요한 공항시설 또는 비행장시설 및 항행안전시설의 설치에 관한 기준(이하 "시설설치기준"이라 한다)은 대통령령으로 정한다.

공항시설법 제25조(이착륙장)

① 국토교통부장관은 이착륙장을 설치할 수 있으며, 국토교통부장관 외의 자가 이착륙장을 설치하려는 경우에는 대통령령으로 정하는 바에 따라 국토교통부장관으로부터 허가를 받아야 한다. 국토교통부장관이 이착륙장의 설치를 허가하려는 경우에는 관계 중앙행정기관의 장 및 관할 시장·군수·구청장과 사전에 협의하여야 한다.

공항시설법 시행령 제34조 2항 (이착륙장의 관리기준)

② 이착륙장을 관리하는 자는 다음 각 호의 사항이 포함된 이착륙장 관리규정을 정하여 관리하여야 한다.
   1. 이착륙장의 운용 시간
   2. 이륙 또는 착륙의 방향과 비행구역 등을 특별히 한정하는 경우에는 그 내용
   3. 경량항공기 또는 초경량비행장치를 위한 연료·자재 등의 보급 장소, 정비·점검 장소 및 계류 장소(해당 보급·정비·점검 등의 방법을 지정하려는 경우에는 그 방법을 포함한다)
   4. 이착륙장의 출입 제한 방법
   5. 이착륙장 안에서의 행위를 제한하는 경우에는 그 제한 대상 행위
   6. 경량항공기 또는 초경량비행장치의 안전한 이륙 또는 착륙을 위한 이착륙 절차의 준수에 관한 사항

Chapter 04 항공법규
단원별 응용 문제풀이

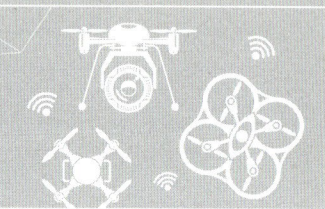

응용문제 Key Point

1. 응용 문제풀이는 복습, 예습문제로 엮었습니다. WHY : 실제시험에도 순서에 관계없이 출제됩니다.
2. 예습 후 다음 장에 공부한 문제가 있으면 기억이 배가 됩니다.
3. 문제를 반복적으로 풀면서 암기하는 것이 합격의 지름길입니다.

---

01 자격증이 없이 초경량비행장치를 이용하여 영리행위를 한 자는 어떤 처벌을 받는가?

① 1년 이하의 징역 또는 1천만 원 이하의 벌금
② 100만 원 이하의 과태료
③ 200만 원 이하의 과태료
④ 300만 원 이하의 과태료

해설

벌칙(항공안법 제161조, 항공안전법 제166조)
자격증이 없이 초경량비행장치를 이용하여 영업행위를 한 자는 300만 원 이하의 과태료에 처하게 된다.

02 다음은 초경량비행장치들이다. 초경량비행장치가 아닌 것은?

① 비행선(비행기)
② 동력 패러글라이더
③ 행글라이더
④ 인력활공기

해설

초경량 비행장치의 종류는 동력비행장치, 회전익비행장치(초경량 자이로플레인), 동력패러글라이더, 인력활공기, 무인비행장치, 패러플레인, 기구류 등이 있다.

03 초경량비행장치의 안전성 인증 검사 없이 비행해도 되는 것은?

① 유인자유기구
② 패러글라이더
③ 초경량 동력비행장치
④ 25Kg 이상 회전익비행장치

해설

행글라이더, 패러글라이더는 70 킬로그램 이하로 안정성 인증 검사가 필요 없다.

04 초경량비행장치의 안전성 인증 검사 없이 비행한 자의 과태료는?

① 500만 원   ② 400만 원
③ 100만 원   ④ 200만 원

해설

- 비행안전을 위한 기술상의 기준에 적합하다는 안전성 인증을 받아야 한다.
- 최대 이륙중량 25kg 초과 무인비행장치는 교통안전공단으로부터 안정성 인증검사를 받고 비행해야 한다.
- 안전성 인증을 받지 아니하고 비행한 사람은 500만 원 이하의 과태료를 부과한다.[항공안전법 제166조(과태료)참고]

05 방제 드론으로 농약 살포를 하기 위한 운용시간이 맞는 것은?

① 일출 1시간 후부터 일몰 1시간 후까지
② 일출 1시간 후부터 일몰 30분 전까지
③ 일출 30분부터 일몰 1시간 후까지
④ 일출부터 일몰까지

해설

일몰부터 일출까지 야간 비행은 금지

[정답]   01 ④   02 ①   03 ②   04 ①   05 ④

06 드론 조종자가 준수해야 할 사항 중 틀린 것은?

① 인공조명 등을 켜고 야간에 비행을 한다.
② 드론에 낙하물을 설치하여 투하하면 안 된다.
③ 사람이 많이 모인 곳 상공에서 비행을 하면 안 된다.
④ 비행 중 육안으로 항상 확인할 수 있어야 한다.

해설
야간 비행은 금지되어 있다.

07 초경량비행장치를 조종하는 조종자가 운영할 수 없는 혈중 알콜농도는 몇인가?

① 0.04% 이상　② 0.03% 이상
③ 0.01% 이상　④ 0.02% 이상

해설
음주 약물복용 상태에서 조종이 금지되어 있다.
• 혈중 알콜 농도 0.02% 이상 비행 금지
3년 이하의 징역 또는 3천만 원 이하의 벌금
1. 제131조에서 준용하는 제57조제1항을 위반하여 주류 등의 영향으로 초경량비행장치를 사용하여 비행을 정상적으로 수행할 수 없는 상태에서 초경량비행장치를 사용하여 비행을 한 사람
2. 제131조에서 준용하는 제57조제2항을 위반하여 초경량비행장치를 사용하여 비행하는 동안에 주류 등을 섭취하거나 사용한 사람

08 초경량 비행장치를 구입하게 되면 다음 중 누구에게 신고를 해야 하나?

① 항공안전공단 이사장
② 지역경찰청장
③ 지방항공청장
④ 국토부 자격관리과장

해설
초경량 비행장치의 신고는 지방항공청장에게 신고를 해야 한다.

09 초경량 비행장치를 사전 승인 없이 비행제한구역에서 비행한 자의 과태료는?

① 30만 원　② 50만 원
③ 100만 원　④ 200만 원

해설
초경량 비행장치를 사용하여 비행제한공역에서 비행하려는 사람은 국토교통부령으로 정하는 바에 따라 미리 국토교통부장관으로부터 비행승인을 받아야 한다. 위반시 200만 원 이하의 벌금 또는 과태료다 부과된다. 그리고 25Kg을 초과하는 비행장치는 안전성 인증을 받고 비행할 경우에는 신청서를 제출하여 승인을 받아야 한다

10 다음 초경량비행장치 중에 신고를 하지 않고 운영해도 되는 것은?

① 인력활공기　② 회전익 비행장치
③ 동력비행장치　④ 초경량 자이로플레인

해설
인력활공기는 신고를 하지 않고 운영해도 된다.

11 인력활공기에 속하는 초경량 비행장치는 어떤 것인가?

① 초경량 자이로 플레인
② 행글라이더
③ 동력패러글라이더
④ 체중 이동형 비행장치

해설
인력활공기는 행글라이더, 패러글라이더 등이다.

12 신고번호를 해당 초경량비행장치에 표시하지 않거나 거짓으로 표시한 경우에 1차 과태료는?

① 10만 원　② 50만 원
③ 100만 원　④ 200만 원

[정답] 06 ①　07 ④　08 ③　09 ④　10 ①　11 ②　12 ①

해설

신고번호를 해당 초경량비행장치에 표시하지 않거나 거짓으로 표시한 경우 1차 위반 시 10만 원, 2차 위반 시 50만 원, 3차 위반 시 100만 원의 과태료가 부과된다.

13 초경량비행장치를 이용하여 비행할 때 자격증명이 필요한 것은?

① 행글라이더 ② 계류식 기구
③ 패러글라이더 ④ 회전익 무인 비행장치

해설

회전익 무선 비행장치는 자격증명이 필요하다.

14 행글라이더가 초경량 비행 장치에 속하기 위한 무게는?

① 70kg ② 80kg
③ 115kg ④ 160kg

해설

초경량비행 장치 중에 행글라이더와 패러글라이더는 자체 중량이 70kg 이하인 경우 해당한다.

15 초경량비행장치의 무인비행장치에 대한 설명으로 옳은 것은?

① 연료의 중량을 제외한 자체 중량이 150kg 이하인 무인비행기, 무인헬리콥터, 무인멀티콥터
② 낙하산류에 추진력을 얻는 장치를 부착한 비행장치
③ 좌석이 1개이며 자체중량이 115kg이하인 동력비행장치
④ 연료의 중량을 포함한 자체 중량이 115kg 이하인 비행장치

16 무인멀티콥터 초경량비행장치 자격증명 시험에 응시할 수 있는 나이는?

① 나이에 관계없다. ② 만 13세
③ 만 14세 ④ 만 15세

해설

만 14세부터 응시가 가능하다.

17 초경량 비행장치 조종자 준수사항을 위반할 경우 과태료가 얼마까지 부과되나?

① 50만 원 ② 100만 원
③ 200만 원 ④ 300만 원

해설

200만 원 이하의 과태료
1. 제13조 또는 제15조 제1항을 위반하여 변경등록 또는 말소등록의 신청을 하지 아니한 자
2. 제17조 제1항을 위반하여 항공기 등록기호표를 부착하지 아니하고 항공기를 사용한 자
3. ~ 7. (생략)
8. 제129조 제1항을 위반하여 국토교통부령으로 정하는 준수사항을 따르지 아니하고 초경량비행장치를 이용하여 비행한 사람
9. 제127조 제3항을 위반하여 국토교통부장관의 승인을 받지 아니하고 초경량비행장치를 이용하여 비행한 사람

18 초경량비행장치의 비행 계획 신청서를 제출하는데 필요한 사항이 아닌 것은?

① 동승자의 자격증 소지여부
② 비행장치의 종류
③ 비행경로
④ 조종자의 비행 경력 사항

해설

동승자의 자격증 소지여부를 필요가 없다.

[정답] 13 ④ 14 ① 15 ① 16 ③ 17 ③ 18 ①

19 초경량비행장치를 조종하다 사고가 발생하여 사망하거나 중상자가 발생하게 되면 사고 조사를 하는 담당 기관은 어디인가?

① 관할 지방항공청
② 교통안전공단 교통과
③ 보험 회사
④ 항공사고조사위원회

해설
초경량비행장치를 조종하다 사고가 발생하여 사망하거나 중상자가 발생하게 되면 항공·철도사고조사위원회에 조사하게 된다.

20 초경량비행장치를 사용하여 비행제한공역에서 비행하려는 사람은 누구에게 비행 승인을 받아야 하는가?

① 지역 군부대
② 관할 지방항공청
③ 국토교통부장관
④ 교통안전공단 이사장

해설
비행제한공역을 비해하려면 국도교통부장관의 승인을 받아야 한다.

21 초경량비행장치를 사용하여 비행제한공역에서 비행하려고 한다. 안전성 인증을 받고 비행해야 하는 무게는?

① 12kg을 초과하는 비행장치
② 20kg을 초과하는 비행장치
③ 25Kg을 초과하는 비행장치
④ 30Kg을 초과하는 비행장치

해설
초경량 비행장치를 사용하여 비행제한공역에서 비행하려는 사람은 국토교통부령으로 정하는 바에 따라 미리 국토교통부장관으로부터 비행승인을 받아야 한다. 그리고 25Kg을 초과하는 비행장치는 안전성 인증을 받고 비행할 경우에는 신청서를 제출하여 승인을 받아야 한다.

22 초경량 비행장치를 사용하여 비행제한공역을 비행하려는 사람은 누구에게 비행계획 승인 신청서를 제출해야 하는가?

① 지방항공청장
② 국토교통부 장관
③ 교통안전공단 이사장
④ 지역 군부대 정보과장

해설
비행제한공역을 비행하려는 자는 지방항공청장에게 비행계획 승인 신청서를 제공해야한다.

23 초경량비행장치를 조종하다 사고가 발생하였을 때 사고로 분류하기 어려운 것은?

① 무인비행장치의 위치 확인이 안 되는 경우
② 비행 장치끼리 충돌 후 추락한 경우
③ 착륙도중 랜딩기어가 파손
④ 사람의 사망 및 상해

24 초경량비행장치 조종 자격증명이 취소 처분된 후 몇 년 내에 다시 응시가 가능한가?

① 자격 취소처분 후 6개월 이내
② 자격 취소처분 후 1년 이내
③ 자격 취소처분 후 2년 이내
④ 자격 취소처분 후 3년 이내

해설
조종 자격증명이 취소 처분된 후 1년 이내 다시 응시 가능하다.

25 공역의 사용목적이 통제공역이 아닌 것은 어떤 것인가?

① 정보 구역
② 비행금지 구역
③ 비행제한 구역
④ 초경량비행장치 비행제한 구역

[정답] 19 ④ 20 ③ 21 ③ 22 ① 23 ③ 24 ② 25 ①

> **해설**
>
> 통제공역은 비행금지구역, 비행제한구역, 초경량비행장치 비행제한 구역 등이 있다.

26 공역의 사용목적이 주의 공역이 아닌 것은 어떤 것인가?

① 훈련구역
② 군작전구역
③ 경계구역
④ 조언구역

> **해설**
>
> 주의 공역은 훈련구역, 군작전구역, 위험구역, 경계구역 등이 있다.

27 비행장 또는 공항과 그 주변의 공역으로서 항공교통의 안전을 위해서 국토교통부장관이 지정·공고한 공역은?

① 관제구
② 관제권
③ 정보구역
④ 훈련구역

> **해설**
>
> 항공안전법 제2조 제25호에 따른 공역으로서 비행정보구역 내의 B,C 또는 D등급 공역 중에서 시계 및 계기비행을 하는 항공기에 대하여 항공교통관제 업무를 제공하는 공역

28 항공교통업무에 따른 관제공역의 등급구분에 속하지 않는 것은 어떤 것인가?

① A등급
② C등급
③ E등급
④ G등급

29 항공교통업무에 따른 공역의 등급구분에서 모든 항공기에 비행정보업무만 제공되는 공역은 어떤 것인가?

① A등급
② C등급
③ E등급
④ G등급

> **해설**
>
> 제공하는 항공교통업무에 따른 공역의 구분은 다음과 같다.

구분		내용
관제 공역	A등급 공역	모든 항공기가 계기비행을 하여야 하는 공역
	B등급 공역	계기비행 및 시계비행을 하는 항공기가 비행 가능하고 모든 항공기에 분리를 포함한 항공교통관제업무가 제공되는 공역
	C등급 공역	모든 항공기간에는 비행정보업무만 제공되는 공역
	D등급 공역	모든 항공기에 항공교통관제업무가 제공되나, 계기비행을 하는 항공기와 시계비행을 하는 항공기 및 시계비행을 하는 항공기간에는 비행정보업무만 제공되는 공역
	E등급 공역	계기비행을 하는 항공기에 항공교통관제업무가 제공되고 시계비행을 하는 항공기에 비행정보업무가 제공되는 공역
비관제 공역	F등급 공역	계기비행을 하는 항공기에 비행정보업무와 항공교통조언업무가 제공되는 공역
	G등급 공역	모든 항공기에 비행정보업무만 제공되는 공역

30 초경량비행장치의 비행금지 지역 중에 비행이 가능한 지역은 어느 것인가?

① (RK)R-518
② MOA
③ UA-10
④ P-63

> **해설**
>
> P-518 : 군사분계선
> MOA : 공군 작전공역
> P-63 : 영광 원자력발전소 지역
> UA-10 : 고창 지역으로 비행 가능 구역

[정답] 26 ④   27 ②   28 ④   29 ④   30 ③

31 다음 중 초경량비행장치의 비행 가능한 지역은 어느 것인가?

① P-61 ② R19
③ P-73B ④ UA-19

해설

비행금지구역
P-61 : 고리 원자력발전소 지역
R19 : 조치원 군 사격장 공역
P-73B : 수도권 비행금지 공역
UA-19 : 경기도 시화호지역으로 비행 가능 구역
- P(Prohibited) : 비행금지구역, 미확인 시 경고사격 및 경고 없이 사격이 가능한 지역
- R(Restricted): 비행제한구역, 지대대, 지대공, 공대지 공격 가능 지역
- D(Danger) : 비행위험 구역, 실탄배치 지역
- A(Alert) : 비행경보 구역

32 초경량비행장치의 비행금지 지역에서 비행허가를 승인 받고자 한다. 다음 중 틀린 것은?

① 서울 도심 비행금지구역(P-73A/B)은 수도방위사령부에서 받아야 한다.
② 원전 비행금지구역(P-61A)은 부산지방항공청에서 받아야 한다.
③ 원전 비행금지구역(P-61B)은 부산지방항공청에서 받아야 한다.
④ 민간 관제권 지역은 국토부에서 받아야 한다.

해설
- P-73 서울 수도권 지역은 수도방위사령부에서 허가를 받아야 한다.
- 원전주변 A 지역(3.7km)은 합동참모본부에서 허가를 받아야 한다.
- 원전주변 B 지역(19km)은 부산지방항공청에서 허가를 받아야 한다.
- 민간 관제권 지역은 국토부의 허가를 받아야 한다.

33 초경량비행장치 운영 시 다음의 행위 중 범칙금이 가장 높은 경우는?

① 안전성 인증검사를 받지 않고 운영하는 경우
② 조종자 비행준수사항을 위반하고 비행하는 경우
③ 허가 없이 비행제한공역을 비행한 경우
④ 조종자 증명 없이 영업 행위를 하는 경우

해설

안전성 인증검사를 받지 않고 운영하는 경우 : 500만 원
조종자 비행준수사항을 위반하고 비행하는 경우 : 200만 원
비행제한공역을 비행한 경우 : 200만 원
신고 또는 변경신고를 아니하고 비행한 경우 : 6개월 이하의 징역 또는 500만 원 이하의 벌금
조종자 증명 없이 영업 행위를 하는 경우 : 300만 원
말소 신고를 하지 않고 초경량비행장치를 소지한 경우 : 30만 원 이하의 과태료

34 초경량비행장치 중 회전익 무인비행장치의 자체중량은 몇 kg 인가?

① 100kg 이하 ② 120kg 이하
③ 150kg 이하 ④ 170kg 이하

해설

무인동력비행장치 : 연료의 중량을 제외한 자체중량이 150킬로그램 이하인 무인비행기, 무인헬리콥터 또는 무인멀티콥터

35 보험에 들지 않고 초경량비행장치를 이용하여 영업 행위를 하게 되면 처벌받는 것은?

① 과태료 100만 원 ② 과태료 200만 원
③ 과태료 300만 원 ④ 과태료 500만 원

해설

보험에 들지 않고 초경량비행장치를 이용하여 영업행위를 하게 되면 500만 원 이하 과태료를 부과한다.

36 초경량비행장치를 구입한 후에 지방항공청장에게 신고하고자 한다. 신고할 때 필요 없는 것은?

[정답] 31 ④ 32 ② 33 ① 34 ③ 35 ④ 36 ①

① 내부 설계도면 및 부품 목록
② 기체의 제원과 성능표
③ 기술 기준에 적합성 증명 서류
④ 소유자의 증명 서류

> **해설**
>
> 초경량비행장치를 신고할 때 필요한 것은 다음과 같다.
> - 기술상의 기준에 적합함을 증명하는 서류
> - 초경량비행장치의 제원 및 성능표
> - 초경량비행장치의 사진(가로 15센티미터×세로 10센티미터의 측면사진)
> - 소유자를 증명할 수 있는 서류

37 초경량비행장치의 비행계획승인 시 비행계획승인 신청서에 어떤 서류를 첨부하여 지방항공청장에게 제출하여야 하는가?

① 초경량비행장치의 설계도
② 초경량비행장치의 외형 사진
③ 초경량비행장치의 제원 및 성능표
④ 초경량비행장치 신고증명서

> **해설**
>
> **항공안전법 시행규칙 제308조 (초경량비행장치의 비행 승인)**
> 초경량비행장치를 사용하여 비행제한공역을 비행하려는 사람은 법 제127조제2항 본문에 따라 별지 제122호서식의 초경량비행장치 비행승인신청서를 지방항공청장에게 제출하여야 한다. 이 경우 비행승인신청서는 서류, 팩스 또는 정보통신만을 이용하여 제출할 수 있다. 〈개정 2017.7.18〉
> - 초경량비행장치 비행승인신청서 내용은 신청인, 비행장치 종류, 신고 번호, 안전성 인증서 번호, 비행계획, 조종자내용, 동승자, 탑재장치 등을 기록하여 제출한다.

38 초경량비행장치 중 탑승자가 1인으로 비행하고자 한다. 기체의 자체중량은 몇 kg인가?

① 100kg 이하
② 115kg 이하
③ 120kg 이하
④ 125kg 이하

> **해설**
>
> **초경량비행장치의 기준(항공안전법 시행규칙 제5조)**
> 1항 동력비행장치 : 동력을 이용하는 것으로서 다음 각 목의 기준을 모두 충족하는 고정익비행장치
> 　가. 탑승자, 연료 및 비상용 장비의 중량을 제외한 자체중량이 115kg 이하일 것
> 　나. 좌석이 1개일 것

39 초경량비행장치의 운영 중에 사고가 발생하였다. 다음 항목 중 항공사고조사위원회가 사고의 조사를 수행하지 않아도 되는 것은?

① 비행 중에 발생한 충돌 사고
② 비행 중에 사람에게 중상을 가한 경우
③ 차량이 착륙된 초경량비행장치를 파손시킨 경우
④ 비행 중에 시야에서 초경량비행장치가 없어진 경우

> **해설**
>
> 비행 중이 아닌 경우에 사고가 나면 항공사고조사위원회의 조사를 수행하지 않아도 된다.

40 초경량비행장치를 운영하는데 보험에 가입해서 사용해야 하는 것은?

① 영리의 목적으로 사용되는 회전익 멀티콥터
② 영리의 목적으로 사용되는 인력활공기
③ 취미생활로 사용되는 개인 낙하산
④ 취미생활로 사용되는 개인 행글라이더

> **해설**
>
> 회전익 멀티콥터를 영리목적으로 사용할 경우에는 보험에 가입해야 한다.

41 초경량비행장치 중에 신고를 안 해도 되는 비행 장치에 속하지 않은 것은?

① 낙하산류
② 프로펠러로 추력을 얻는 비행 장치

[정답] 37 ④　38 ②　39 ③　40 ①　41 ②

③ 동력이 없는 비행 장치
④ 계류식 기구류

> **해설**

프로펠러로 추력을 얻는 비행 장치는 신고를 수행해야 한다.

나. 제5조 제5호 나목에 따른 무인비행선 중에서 연료의 중량을 제외한 자체중량이 12킬로그램을 초과하거나 길이가 7미터를 초과하는 것
5. 회전익비행장치
6. 동력패러글라이더

42 국내 항공안전법 제1조의 목적은 무엇인가?

① 항공기가 안전하게 항행하기 위한 기준을 법으로 정함
② 국제 민간항공의 안전 항행을 위해 정한 기준
③ 항공기가 안전하게 항행하기 위한 방법 정함
④ 국내 민간항공의 안전 항행을 위해 정한 기준

> **해설**

항공안전법 제1조(목적)
이 법은 「국제민간항공협약」 및 같은 협약의 부속서에서 채택된 표준과 권고되는 방식에 따라 항공기, 경량항공기 또는 초경량비행장치가 안전하게 항행하기 위한 방법을 정함으로써 생명과 재산을 보호하고, 항공기술 발전에 이바지함을 목적으로 한다.

43 안전성 인증 검사를 안 받아도 되는 초경량비행장치는?

① 행글라이더
② 패러 플레인
③ 초경량 동력비행장치
④ 초경량 회전익비행장치

> **해설**

항공안전법 시행규칙 제305(초경량비행장치 안전성 인증 대상 등)
① 법 제124조 전단에서 "동력비행장치 등 국토교통부령으로 정하는 초경량비행장치"란 다음 각 호의 어느 하나에 해당하는 초경량비행장치를 말한다.
  1. 동력비행장치
  2. 행글라이더, 패러글라이더 및 낙하산류(항공레저스포츠사업에 사용되는 것만 해당한다)
  3. 기구류(사람이 탑승하는 것만 해당한다)
  4. 다음 각 목의 어느 하나에 해당하는 무인비행장치
    가. 제5조 제5호 가목에 따른 무인비행기, 무인헬리콥터 또는 무인멀티콥터 중에서 최대이륙 중량이 25킬로그램을 초과하는 것

44 초경량비행장치 중에 낙하산류에 동력장치를 장착하여 비행하는 것은?

① 행글라이더
② 자이로플레인
③ 초경량헬리콥터
④ 패러플레인

> **해설**

패러플레인은 낙하산류에 동력장치를 부착하여 비행하는 비행장치

45 신고를 요하지 않는 초경량비행장치 범위에 해당하지 않는 것은?

① 동력을 이용하지 않는 비행장치
② 계류식 기구
③ 낙하산류
④ 초경량헬리콥터

46 공항시설법상 항공등화의 종류에 해당하지 않는 것은?

① 비행장등대
② 풍향등
③ 활주로등
④ 유도활주로등

> **해설**

항공시설법상 항공등화의 종류
비행장등대, 활주로등, 접지구역등, 유도등(파란색), 정지선등(붉은색), 활주로 경계등(노란색), 풍향등, 금지구역등, 유도로중심선등, 지향신호등, 정지로등(붉은색), 유도로안내등, 착륙구역등(녹색)

[정답] 42 ① 43 ① 44 ④ 45 ④ 46 ④

47 공항시설법상 활주로 경계등의 색은?

① 파란색 ② 붉은색
③ 백색   ④ 노란색

48 항공고시보(NOTAM)의 최대 유효기간은 몇 개월인가?

① 1개월 미만 ② 3개월 이상
③ 3개월 미만 ④ 6개월 이상

해설

항공고시보(NOTAM)의 최대 유효기간은 3개월 미만으로 일시적으로 유효한 정보이며 항공정보간행물(AIP)은 영구적으로 유효한 정보이다.

49 초경량비행장치의 변경신고는 며칠 이내에 신고해야하나?

① 10일 ② 20일
③ 30일 ④ 60일

50 영리 목적으로 초경량비행장치를 사용할 경우 보험에 가입 안 해도 되는 것은?

① 초경량비행장치를 제조 판매할 경우
② 초경량비행장치를 이용한 조종 교육용일 경우
③ 초경량비행장치를 항공기 대여업으로 사용할 경우
④ 초경량비행장치를 사업에 사용할 경우

51 다음은 초경량비행장치의 전문교육기관으로 지정되기 위한 지정기준이다. 알맞은 것은?

① 비행경력(시간)이 100시간 이상인 실기평가 조종자를 1명 이상 보유해야 한다.
② 비행경력(시간)이 150시간 이상인 실기평가 조종자를 2명 이상 보유해야 한다.
③ 비행경력(시간)이 100시간 이상인 지도조종자를 1명 이상 보유해야 한다.
④ 비행경력(시간)이 150시간 이상인 지도조종자를 2명 이상 보유해야 한다.

해설

초경량비행장치 조종자 전문교육기관의 지정 기준
- 비행시간이 100시간 이상이고 조종교육교관과정을 이수한 지도조종자 1명 이상
- 비행시간이 150시간 이상이고 실기평가과정을 이수한 실기평가 조종자 1명 이상

52 우리나라 항공법에서 국제법의 기본이 되는 조약은?

① 시카고 협약
② 파리 협약
③ 하바나 협약
④ 국제민간항공조약 및 같은 조약의 부속서

해설

국제민간항공기구(ICAO : International Civil Aviation Organization)
- 시카고 협약을 근본으로 하여 국제 민간항공의 안전, 항공기술/시설, 질서 유지/ 발전 등의 보장과 증진을 위해 설립된 전문 기구
- 준입법, 사법, 행정권한이 있는 UN전문기구
- 항공안전 기준과 관련하여 부속서(Annex)를 채택하고 있으며, 부속서에서는 모든 체약국들이 준수할 필요가 있는 '표준(Standards)'과 준수하는 것이 바람직하다고 권고하는 '권고 방식(Recommened Practices)'을 규정
- SARPs(Standards and Recommended Practices)에 따라 항공법규를 제정하여 운영
- 우리나라도 SARPs에 따라 국내 항공 법령에 규정하여 적용

53 시카고 협약을 근본으로 하여 국제 민간항공의 안전, 항공기술/시설, 질서유지/발전 등의 보장과 증진하기 위해 설립된 전문 기구는?

① 국제민간항공기구
② 국제항공안전협회

[정답] 47 ④ 48 ③ 49 ③ 50 ① 51 ③ 52 ④ 53 ①

③ 국제민간항공안전협회
④ 국제항공관리국

54 항공기가 비행함에 있어서 모든 상태 즉 활주로의 설치, 폐쇄, 비행 금지 및 제한 구역, 위험구역의 설정, 상태의 변경 등에 관한 정보를 수록하여 항공종사자들에게 배포하는 공고문이란?

① NOTAM   ② AIRAC
③ AIC   ④ AIP

해설
- NOTAM : 항공기가 비행할 때 특정지역, 고도 등의 제한 사항을 전달하는 것으로 '노탐'이라고 함.
- AIRAC : 각 국의 항공 교통정보 및 ICAO에서 정한 웨이포인트 정보 수록된 항공정보규정과 통제
- AIC : 비행안전, 항행, 기술, 행정, 규정 개정 등에 관한 내용으로 AIP 와 NOTAM에 의한 전파의 대상이 되지 않는 사항을 수록하고 있는 공고문
- AIP : 항공기 비행 및 운항에 필요한 지속적인 항공정보를 수록하고 공지하기 위한 항공정보간행물

55 초경량비행장치 조종자 전문교육기관이 구비해야 할 내용 중 틀린 것은?

① 훈련 비행을 수행할 훈련용 비행장치 2대 이상
② 사무업무를 수행할 사무실 1개 이상
③ 강의를 할 수 있는 강의실 1개 이상
④ 비행 교육을 할 수 있는 이착륙 시설

해설
훈련용 비행 장치는 1개 이상이면 된다.

56 국토부장관이 고시한 기술상의 기준에 적합 증명을 받지 않아도 되는 초경량비행장치는 어떤 것인가?

① 패러플레인   ② 회전익 무인 비행장치
③ 무인 동력비행장치 ④ 비행선

57 다음은 초경량비행장치의 안전성 인증검사들이다. 초경량 비행장치의 비행안전에 영향을 미치는 수리 및 부품의 교체 후 비행장치 안전 기준에 적합한지를 확인하기 위하여 하는 검사는 무엇인가?

① 초도검사   ② 정기검사
③ 수시검사   ④ 재검사

해설
안전성 인증검사는 신청 유형에 따라 4가지로 구분된다.
- 초도 검사 : 국내에서 설계·제작하거나 외국에서 국내로 도입한 초경량비행장치의 비행을 위하여 최초로 안전성 인증을 받기 위하여 실시하는 검사
- 정기 검사 : 안전성 인증의 유효기간 만료일이 도래되어 새로운 안전성 인증을 받기 위하여 실시하는 검사
- 수시 검사 : 초경량비행장치의 비행안전에 영향을 미치는 대수리 또는 대개조 후 초경량비행장치 기술기준에 적합한지를 확인하기 위하여 실시하는 검사
- 재검사 : 초도검사, 정기검사 또는 수시검사에서 기술 기준에 부적합한 사항에 대하여 정비한 후 다시 실시하는 검사

58 초경량비행장치가 멸실하였을 경우 며칠 이내에 말소 신고를 해야 하는가?

① 10일   ② 15일
③ 30일   ④ 1개월

해설
말소신고는 사유가 발생한 날부터 15일 이내에 말소신고서를 지방항공청장에게 제출

59 초경량비행장치를 말소 신고하지 않았을 때 1차 과태료는 얼마인가?

① 5만 원   ② 10만 원
③ 15만 원   ④ 30만 원

해설
초경량비행장치의 말소 신고를 하지 않은 경우 1차 위반 5만 원, 2차 위반 15만 원, 3차 위반 30만 원이 부과된다.

[정답] 54 ① 55 ① 56 ④ 57 ③ 58 ② 59 ①

60 안전관리제도에 대한 설명이다. 맞게 설명한 것은?

① 무게에 관계없이 모든 초경량비행장치는 안정성검사와 비행 시 비행승인을 받아야 한다.
② 초경량비행장치의 자체 중량이 12kg이하인 경우 사업하면 안정성검사를 안 받아도 된다.
③ 초경량비행장치의 자체 중량이 12kg이하인 경우 취미용 드론은 조종자 준수사항이 필요 없다.
④ 초경량비행장치의 자체 중량이 12kg이상이라도 개인취미용으로 사용하면 조종자격증명이 필요하다.

해설
- 무게에 따라서 안정성검사와 비행 시 비행승인을 받아야 한다.
- 조종자 준수사항은 무게에 관계없이 항상 지켜야 한다.
- 개인취미용으로 사용할 경우 12kg이상이여도 조종자격증명이 필요 없다.

61 초경량비행장치 조종자 전문교육기관을 지정받고자 한다. 준비해야 할 서류가 아닌 것은?

① 비행장치의 특징과 제원
② 교육훈련계획 및 규정
③ 교육장비 현황
④ 교육시설 현황

해설
항공안전법 시행규칙 제307조(전문교육기관의 지정 등)
① 법 제126조 제1항에 따른 초경량비행장치 조종자 전문교육기관으로 지정받으려는 자는 별지 제120호 서식의 초경량비행장치 조종자 전문교육기관 지정신청서에 다음 각 호의 사항이 적힌 서류를 첨부하여 국토교통부장관에게 제출하여야 한다.
 1. 전문교관의 현황
 2. 교육시설 및 장비의 현황
 3. 교육훈련계획 및 교육훈련규정

62 초경량비행장치를 말소 신고하지 않았을 때 최대 과태료는 얼마까지 인가?

① 5만 원   ② 15만 원
③ 30만 원 ④ 50만 원

해설
3차 위반 시 30만 원이 부과 된다.

63 초경량 비행장치의 안전성 인증검사는 어디에서 받아야 하는가?

① 지방항공청   ② 국토교통부
③ 교통안전공단 ④ 항공안전기술원

해설
안전성 인증검사는 교통안전공단에서 수행하였으나 항공안전기술원으로 이관하여 수행하고 있다.

64 초경량비행장치의 비행제한공역을 비행하고자 한다. 필요하지 않은 것은?

① 비행안전을 위한 기술상의 기준에 적합하다는 안전성 인증 증명이 있어야 한다.
② 국토교통부령이 인정하는 전문교육기관에서 비행 승인을 받아야 한다.
③ 비행자격증명이 있어야 한다.
④ 미리 비행계획을 수립하고 국토교통부장관의 승인을 받아야 한다.

해설
전문교육기관에서 비행 승인은 할 수가 없다.

65 초경량 비행장치의 등록일련번호를 부여하는 기관과 기관장은?

① 지방항공청의 청장
② 항공협회의 회장
③ 국토교통부의 장관
④ 교통안전공단의 이사장

[정답] 60 ② 61 ① 62 ③ 63 ④ 64 ② 65 ③

해설

항공안전법 제122조(초경량비행장치 신고)

① 초경량비행장치를 소유하거나 사용할 수 있는 권리가 있는 자(이하 "초경량비행장치소유자 등"이라 한다)는 초경량비행장치의 종류, 용도, 소유자의 성명, 제129조 제4항에 따른 개인정보 및 개인위치정보의 수집 가능 여부 등을 국토교통부령으로 정하는 바에 따라 국토교통부장관에게 신고하여야 한다. 다만, 대통령령으로 정하는 초경량비행장치는 그러하지 아니하다.

② 국토교통부장관은 제1항에 따라 초경량비행장치의 신고를 받은 경우 그 초경량비행장치소유자 등에게 신고번호를 발급하여야 한다.

66 동력을 이용하는 초경량비행장치 조종자가 진로의 양보를 하는데 맞는 것은?

① 동력이 있는 인력활공기에는 진로를 양보할 필요가 없다.
② 동력이 없는 초경량비행장치에 진로를 양보해야 한다.
③ 모든 항공기에 진로를 양보할 필요가 없다.
④ 경량항공기에 진로를 양보할 필요가 없다.

67 초경량비행장치 사용 사업의 범위가 아닌 경우는?

① 비료 또는 농약살포, 씨앗 뿌리기 등 농업 지원
② 사진촬영, 육상 해상측량 또는 탐사
③ 시범비행 및 행사 비행
④ 조종 교육

해설

초경량비행장치 사용 사업 범위

[유상으로 농약 살포, 사진촬영 업무]
- 비료 또는 농약 살포, 씨앗 뿌리기 등 농업 지원
- 사진촬영, 육상.해상 측량 또는 탐사
- 산림 또는 공원 등의 관측 또는 탐사
- 조종교육

68 초경량비행장치 조종자 증명을 받지 않고 비행할 경우 1차 과태료는 얼마인가?

① 30만 원   ② 60만 원
③ 150만 원 ④ 300만 원

해설

초경량비행장치 조종자 증명을 받지 않고 비행한 경우 1차 위반 시 30만 원, 2차 위반 시 150만 원 3차 위반 시 300만 원의 과태료가 부과된다.

69 초경량비행장치의 비행 후 착륙보고의 포함 사항이 아닌 것은 어느 것인가?

① 항공기 식별 부호
② 비행경로
③ 출발 및 도착 비행장
④ 목적비행장과 착륙시간

해설

착륙보고 사항은 항공기의 식별부호, 출발 및 도착 비행장, 착륙시간, 목적비행장 등이다.

70 초경량비행장치의 사고발생시 조치 사항이 틀린 것은?

① 인명구조를 위해 신속히 필요한 조치를 취할 것
② 사고조사를 위해 기체, 현장을 보존할 것
③ 사고조사에 도움이 될 수 있는 정황 및 장비 상태에 대한 사진 촬영을 할 것
④ 사고발생시 2차 사고를 방지를 위해서 바로 현장을 깔끔하게 치울 것

해설

초경량비행장치의 사고발생시 현장을 보존해야한다.

[정답] 66 ② 67 ③ 68 ① 69 ② 70 ④

71 초경량비행장치 사고에 관한 보고를 하지 않거나 거짓으로 보고하는 경우 1차 과태료는 얼마인가?

① 5만 원
② 15만 원
③ 30만 원
④ 50만 원

해설

초경량비행장치 사고에 관한 보고를 하지 않거나 거짓으로 보고한 경우 1차 위반 시 5만 원, 2차 위반 시 15만 원, 3차 위반 시 30만 원의 과태료가 부과된다.

[정답] 71 ①

DRONE

Drone Pilotless Aircraft
Unmanned Aerial Vehicle

Drone Pilotless Aircraft
Unmanned Aerial Vehicle

많은 문제를 접함으로써 실전 시험에 대비할 수 있도록 준비하였다. 마지막 합격예상 기출문제를 통하여 최종적으로 테스트 후 시험장에서 고득점을 받을 수 있는 기출문제로 출제하였다.

총 7회의 합격예상 기출문제로 구성하였으며 모든 문제를 수험자들이 탄력적으로 이해할 수 있게 풍부한 문제로 실제 시험에 가장 비슷한 유형의 문제들로 구성하였다.

CHAPTER 05.
합격예상기출문제

SECTION 01　1차. 합격예상 기출문제　284
SECTION 02　2차. 합격예상 기출문제　289
SECTION 03　3차. 합격예상 기출문제　294
SECTION 04　4차. 합격예상 기출문제　299
SECTION 05　5차. 합격예상 기출문제　305
SECTION 06　6차. 합격예상 기출문제　310
SECTION 07　7차. 합격예상 기출문제　315

Chapter 05 합격예상 기출 문제

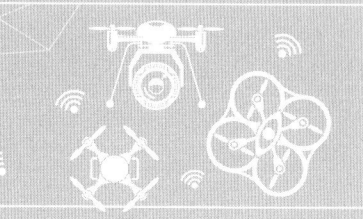

응용문제
Key Point

1. 응용 문제풀이는 복습, 예습문제로 엮었습니다. WHY : 실제시험에도 순서에 관계없이 출제됩니다.
2. 예습 후 다음 장에 공부한 문제가 있으면 기억이 배가 됩니다.
3. 문제를 반복적으로 풀면서 암기하는 것이 합격의 지름길입니다.

① 1차 합격예상 기출문제

국가기술자격검정필기시험문제

초경량비행장치(멀티콥터) 조종자격시험 1차 예상문제	시험시간	문항수
	50분	40문항

01 추력과 항력의 관계에 대한 설명이다. 틀린 것은?
① 추력이 항력보다 크면 비행 속력이 커진다.
② 추력과 항력이 같고 양력이 커지면 등속수평 비행한다.
③ 추력과 항력이 균형이 맞추어지면 속력이 일정하게 유지된다.
④ 추력이 항력보다 작으면 비행 속력이 작아진다.

02 무인 멀티콥터의 기체 구성품 중에 맞지 않는 것은?
① 클러치
② 프로펠러
③ ESC 와 BLDC 모터
④ FC

03 무인 멀티콥터들의 비행 모드가 아닌 것은?
① Manual Mode(수동모드)
② Attitude Mode(고도제어 모드)
③ GPS Mode(GPS모드)
④ RTH Mode(자동복귀모드)

04 공기 중에 존재하는 수증기의 양을 표현하는 것은?
① 기압
② 온도
③ 습도
④ 압력

05 자격증이 없이 초경량비행장치를 이용하여 영리행위를 한 자는 어떤 처벌을 받는가?
① 1년 이하의 징역 또는 1천만 원 이하의 벌금
② 300만 원 이하의 과태료
③ 200만 원 이하의 과태료
④ 100만 원 이하의 과태료

06 다음은 초경량비행장치들이다. 초경량비행장치가 아닌 것은?
① 인력활공기
② 동력 패러글라이더
③ 행글라이더
④ 비행선(비행기)

07 3개 이상의 모터(프로펠러)가 있으면서 조종을 쉽게 수 있는 비행체는?
① 틸트로터형 비행체
② 멀티콥터 비행체
③ 무인 헬리콥터
④ 고정익 비행체

[정답] 01 ② 02 ① 03 ② 04 ③ 05 ② 06 ④ 07 ②

08 수직성분인 양력과 중력(무게)의 관계에 따라서 비행기가 상승/하강하게 된다. 상승선회 조건은?

① 수직성분인 양력과 중력의 관계는 관련이 없다.
② 수직성분인 양력 = 중력
③ 수직성분인 양력 < 중력
④ 수직성분인 양력 > 중력

09 비행기가 비행 중에 항력과 추력을 같게 하면 어떻게 비행을 수행하는가?

① 정지비행
② 등속도 비행
③ 감속정지비행
④ 가속도 비행

10 대기압에서 고기압과 저기압에 대한 설명이 맞는 것은?

① 저기압 지역에서 공기는 정체한다.
② 저기압 지역에서 공기는 하강한다.
③ 고기압 지역에서 공기는 상승한다.
④ 고기압 지역에서 공기는 하강한다.

11 바람이 발생하는 원인은 무엇인가?

① 공기밀도
② 기압차이
③ 지구 자전
④ 고도 높이

12 초경량비행장치의 안전성인증 검사 없이 비행해도 되는 것은?

① 유인자유기구
② 초경량 동력비행장치
③ 패러글라이더
④ 25Kg 이상 회전익비행장치

13 초경량비행장치의 안전성인증 검사 없이 비행한 자의 과태료는?

① 200만 원
② 400만 원
③ 100만 원
④ 500만 원

14 항공기를 비행 중에 부양시키고자 한다. 어떤 힘을 변화해야하는가?

① 항력
② 양력
③ 추력
④ 중력

15 항공기가 비행 중에 추력이 항력보다 크면 어떤 비행을 수행하는가?

① 등속 수평비행
② 등속도 운동
③ 감속도 운동
④ 가속도 운동

16 무인 멀티콥터들의 비행모드에서 RTH Mode에 대한 설명이 틀린 것은?

① RTH Mode를 설정하면 이륙했던 장소로 돌아온다.
② 이륙하기 전에 다른 RTH 장소를 설정할 수 없다.
③ 이륙할 때 현재의 위치를 인식하고 있다
④ 일반적으로 GPS 위성 숫자가 4개 이상으로 설정이 가능하다.

[정답] 08 ④ 09 ② 10 ④ 11 ② 12 ③ 13 ④ 14 ② 15 ④ 16 ②

17 모터 속도 제어기(ESC)에 대한 설명이 틀린 것은?

① 브러시 리스 모터의 코일에 전류를 세세하게 제어한다.
② 영어로는 Electric Speed Controller의 약자이다.
③ 모터의 용량이 높을수록 낮은 ESC를 선택하여야 한다.
④ 배터리에서 보내오는 대전류를 제어신호에 따라서 제어하는 역할을 한다.

18 비행기가 일정한 고도를 유지하면서 등가속 수평비행 할 때 수직성분과 수평성분의 관계로 맞는 것은?

① 양력 = 중력, 추력 = 항력
② 양력 > 중력, 추력 = 항력
③ 양력 > 중력, 추력 > 항력
④ 양력 = 중력, 추력 > 항력

19 멀티콥터 조종기의 조종 방법 중 Mode2에 대한 설명으로 틀린 것은?

① 왼쪽의 스틱이 상승/하강을 제어한다.
② 기체의 좌/우 회전은 오른쪽 스틱에 의해서 조정된다.
③ 전진/후진은 오른쪽 스틱에 의해 조정된다.
④ 왼쪽의 스틱은 Throttle로 설정된다.

20 방제 드론으로 농약 살포를 하기 위한 운용시간이 맞는 것은?

① 일출 1시간 후부터 일몰 1시간 후까지
② 일출 1시간 후부터 일몰 30분 전까지
③ 일출 30분부터 일몰 1시간 후까지
④ 일출부터 일몰까지

21 드론 조종자가 준수해야 할 사항 중 틀린 것은?

① 비행 중 육안으로 항상 확인할 수 있어야 한다.
② 드론에 낙하물을 설치하여 투하하면 안 된다.
③ 사람이 많이 모인 곳 상공에서 비행을 하면 안 된다.
④ 인공조명 등을 켜고 야간에 비행을 한다.

22 베르누이 정리에서 속도와 정압에 대한 설명으로 맞는 것은?

① 속도가 일정하고 정압은 감소한다.
② 속도가 감소하고 정압은 증가한다.
③ 속도가 일정하고 정압은 증가한다.
④ 속도가 빨라지고 정압은 낮아진다.

23 진고도(true altitude)에 대한 설명이다. 맞는 것은?

① 표준대기압 해면으로부터 항공기까지 높이
② 고도계가 지시하는 높이
③ 오차를 수정한 실제 해면으로부터의 항공기까지 높이
④ 지면으로부터 항공기까지 높이

24 멀티콥터에서 사용되는 리튬폴리머(Li-Po) 배터리의 보관법에 대해 틀린 것은?

① 배터리의 1개의 셀이 고장난 경우에는 수리해서 사용해도 된다.
② 배터리가 부풀었을 때는 사용해서는 안 된다.
③ 온도가 50°C 이상으로 높은 곳에서는 사용해서는 안 된다.
④ 비가 오는 곳이나 습기가 많은 지역에는 절대로 보관해서는 안 된다.

[정답] 17 ③ 18 ④ 19 ② 20 ④ 21 ④ 22 ④ 23 ③ 24 ①

25 멀티콥터를 기수전환 하고자 한다. 어떤 스틱을 조작해야 하는가?

① 스로틀 ② 엘리베이터
③ 에일러론 ④ 러더

26 초경량비행장치를 조종하는 조종자가 운영할 수 없는 혈중 알콜농도는 몇인가?

① 0.04% 이상 ② 0.03% 이상
③ 0.02% 이상 ④ 0.01% 이상

27 초경량 비행장치를 구입하게 되면 다음 중 누구에게 신고를 해야 하나?

① 항공안전공단 이사장
② 지역경찰청장
③ 지방항공청장
④ 국토부 자격관리과장

28 비행기에 작용하는 힘에 대한 설명이다. 틀린 것은?

① 양력 = 무게 이면 수평 비행 시
② 양력 > 무게 이면 하강 중
③ 항력 < 추력 이면 감속비행중
④ 항력 > 추력 이면 가속비행 중

29 비행기에 작용하는 힘 중에 양력에 대한 설명이다. 틀린 것은?

① 비행기 속도와 비례
② 공기밀도에 비례
③ 비행기 속도의 제곱에 비례
④ 날개면적에 비례

30 항공기의 날개가 양력의 변화를 줄 수 있는 것은 어떤 것인가?

① 코닝각 ② 임계각
③ 받음각 ④ 피치각

31 초경량 비행장치를 사전 승인 없이 비행제한구역에서 비행한 자의 과태료는?

① 30만 원 ② 50만 원
③ 100만 원 ④ 200만 원

32 공기 중에 존재하는 수증기의 양을 나타내는 것이 습도이고 습도의 양을 달라지게 하는 것은?

① 온도 ② 풍속
③ 기압 ④ 지표면 물의 양

33 다음 초경량비행장치 중에 신고를 하지 않고 운영해도 되는 것은?

① 인력활공기
② 회전익 비행장치
③ 동력비행장치
④ 초경량 자이로플레인

34 멀티콥터에 사용되는 배터리가 아닌 것은?

① 니켈아연(Ni-Zi)
② 수소연료전지
③ 니켈폴리머(Ni-Po)
④ 니켈 카드뮴(Ni-Cd)

[정답] 25 ④ 26 ③ 27 ③ 28 ② 29 ① 30 ③ 31 ④ 32 ① 33 ① 34 ③

35 무선기기를 사용하는데 있어서 무선국 허가를 받을 필요가 없는 경우는?

① 방제용 드론 조종시 미약주파수 대역을 사용하여 가시권에서 조종하는 경우
② 멀티콥터 운용자가 고출력 무전기를 이용하여 서로 연락하는 경우
③ 멀티콥터를 이용하여 영상 송신시 5W 고출력을 사용하는 경우
④ 멀티콥터를 가시권 밖으로 멀리 조종이 필요한 경우

36 기압 고도(Pressure altitude)에 대한 설명이다. 맞는 것은?

① 항공기와 지표면의 실측 높이
② 표준대기압 해면(29.92inHg)으로부터 항공기까지 높이
③ 지면으로부터 표준온도와 기압을 수정한 높이
④ 고도계 수정치를 해면에 맞춘 높이

37 비행기가 일정한 고도를 유지하면서 기압이 낮은 곳에서 높은 곳으로 비행한다. 이때 비행기 내에 있는 기압 고도계의 지침은 어떻게 움직이나?

① 지시고도는 실제 고도와 일치한다.
② 지시고도는 실제 고도 보다 낮게 지시한다.
③ 지시고도는 실제 고도 보다 높게 지시한다.
④ 지시고도는 실제 고도보다 높게 지시하고 점차 일치한다.

38 절대고도(absolute altitude)의 설명이다. 맞는 것은?

① 그 당시 지표면으로부터 항공기까지 고도
② 해수면에서부터 고도계가 지시하는 고도
③ 계기오차를 해수면에 맞춘 고도
④ 표준기준면에서부터 항공기까지 고도

39 인력활공기에 속하는 초경량 비행장치는 어떤 것인가?

① 초경량 자이로 플레인
② 체중 이동형 비행장치
③ 동력패러글라이더
④ 행글라이더

40 신고번호를 해당 초경량비행장치에 표시하지 않거나 거짓으로 표시한 경우에 1차 과태료는?

① 10만 원   ② 50만 원
③ 100만 원 ④ 200만 원

[정답] 35 ①   36 ②   37 ②   38 ①   39 ④   40 ①

2 2차 합격예상 기출문제

국가기술자격검정필기시험문제

초경량비행장치(멀티콥터) 조종자격시험 2차 예상문제	시험시간	문항수
	50분	40문항

01 초경량비행장치를 이용하여 비행할 때 자격증명이 필요한 것은?

① 행글라이더
② 계류식 기구
③ 패러글라이더
④ 회전익 무인 비행장치

02 고도계를 수정하지 않고 저온지역으로 비행하면 실제 고도 지시는?

① 변화가 없다.
② 낮게 지시 후 높게 유지한다.
③ 낮게 지시한다.
④ 높게 지시한다.

03 항공기 속도가 증가할수록 감소하는 항력은?

① 유도항력   ② 유해항력
③ 형상항력   ④ 전체 항력

04 초경량비행장치의 무인비행장치에 대한 설명으로 옳은 것은?

① 연료의 중량을 제외한 자체 중량이 150kg 이하인 무인비행기, 무인헬리콥터, 무인멀티콥터
② 낙하산류에 추진력을 얻는 장치를 부착한 비행장치
③ 좌석이 1개이며 자체중량이 115kg 이하인 동력비행장치
④ 연료의 중량을 포함한 자체 중량이 115kg 이하인 비행장치

05 배터리의 사용법으로 틀린 것은?

① 배터리 수명이 끝났으면 쓰레기통에 버린다.
② 배터리 연결시 같은 색끼리 일치하여 연결한다.
③ 배터리는 매 사용시 충전 상태를 체크한다.
④ 배터리는 완전 방전되면 다시 충전해서 사용할 수 없다.

06 기압고도(Pressure altitude)의 설명으로 맞는 것은?

① 표준대기압 해면(29.92inHg)에 맞춘 상태에서 고도계가 지시하는 고도
② 절대고도의 비표준기압으로 설정한 고도
③ 항공기 고도계가 지시하는 고도
④ 절대고도와 진고도의 차이를 더한 고도

07 행글라이더가 초경량 비행 장치에 속하기 위한 무게는?

① 70kg   ② 80kg
③ 115kg   ④ 160kg

08 해수면의 표준 기온은?

① 15°C   ② 20°C
③ 15°F   ④ 20°F

[정답] 01 ④   02 ③   03 ①   04 ①   05 ①   06 ①   07 ①   08 ①

09 GPS 수신율 저하가 발생하는 원인이 맞는 것은?

① 위성 수신 숫자가 5개 이상인 곳
② 주변에 산이 없는 지역
③ 주변에 빌딩이 없는 지역
④ 타임 존의 신호 수신이 바뀌는 지역

10 무인멀티콥터 초경량비행장치 자격증명 시험에 응시할 수 있는 나이는?

① 나이에 관계없다. ② 만 13세
③ 만 14세 ④ 만 15세

11 항력과 속도와의 관계 설명 중 틀린 것은?

① 유도항력은 유해항력과 반비례 관계이다.
② 유도항력은 속도의 제곱에 반비례하고 유해항력은 속도에 비례한다.
③ 유해항력은 항공기 속도가 증가할수록 증가한다.
④ 유도항력은 유도기류에 의한 항력으로 저속과 제자리 비행 시 가장 크고 항공기 속도가 증가할수록 감소한다.

12 초경량 비행장치 조종자 준수사항을 위반할 경우 과태료가 얼마까지 부과되나?

① 50만 원 ② 100만 원
③ 200만 원 ④ 300만 원

13 초경량비행장치의 비행 계획 신청서를 제출하는데 필요한 사항이 아닌 것은?

① 동승자의 자격증 소지여부
② 비행장치의 종류
③ 비행경로
④ 조종자의 비행 경력 사항

14 배터리 충전시 주의할 사항이 아닌 것은?

① 배터리 충전 시에는 항상 옆에서 모니터링을 할 필요가 없다.
② 정격 용량이 적합한 충전기를 이용하여 충전한다.
③ 비행 직후에 배터리 온도가 높아진 상태에서 충전하지 말아야 한다.
④ 배터리 충전기가 손상되었을 경우에는 사용해서는 안 된다.

15 해수면의 표준기압은?

① 760 inch.Hg ② 29.92"mb
③ 29.92 inch.Hg ④ 760"mb

16 항공기 속도가 증가할수록 증가하는 항력은?

① 유도항력 ② 유해항력
③ 형상항력 ④ 전체 항력

17 비행기에 작용하는 힘 중에 양력이 커지면 증가하는 것은?

① 항력 ② 동력
③ 추력 ④ 중력

18 비행 중 배터리가 없다는 신호가 수신될 경우에 조치해야 할 사항은?

[정답] 09 ④ 10 ③ 11 ② 12 ③ 13 ① 14 ① 15 ③ 16 ② 17 ① 18 ③

① 신호 수신한 바로 그 위치에서 착륙을 시도한다.
② 비행 시작한 위치로 돌아오게 하고 올 때까지 기다린다.
③ 빠르고 신속하게 안전한 장소를 찾아서 착륙을 한다.
④ 남아있는 배터리를 사용하고 방전직전에 착륙을 한다.

19 초경량비행장치를 사용하여 비행제한공역에서 비행하려고 한다. 안전성 인증을 받고 비행해야 하는 무게는?

① 12kg를 초과하는 비행장치
② 20kg를 초과하는 비행장치
③ 25Kg를 초과하는 비행장치
④ 30Kg를 초과하는 비행장치

20 항력(drag)에 대한 설명이다. 틀린 것은?

① 유도항력(유도기류에 의한 항역)은 항공기 속도가 증가할수록 감소한다.
② 전체 항력이 최소 속도로 비행하면 항공기는 가장 멀리 날아갈 수 있다.
③ 유해항력(마찰성 저항)은 항공기 속도가 증가할수록 감소한다.
④ 항력은 비행기가 전진할 때 공기의 저항으로 인해 비행을 방해하여 끌어당기는 힘을 말한다.

21 해수면의 표준기온과 기압이 틀린 것은?

① 표준기온은 59°F
② 표준기압은 29.92"mb
③ 압력은 1,013.25hPa
④ 압력은 760mmHg

22 초경량비행장치를 조종하다 사고가 발생하여 사망하거나 중상자가 발생하게 되면 사고 조사를 하는 담당 기관은 어디인가?

① 관할 지방항공청
② 교통안전공단 교통과
③ 보험 회사
④ 항공사고조사위원회

23 배터리 충전시 주의할 사항으로 가장 가까운 것은?

① 충전할 때 폭발 위험이 있기 때문에 소방서 근처에서 충전한다.
② 충전할 때는 위험한 상황이 발생할 수 있기 때문에 자리를 지킨다.
③ 배터리 충전이 오래 걸리기 때문에 항상 야간에 충전한다.
④ 충전할 때 화재가 발생할 수 있기 때문에 소화기를 항상 준비하고 충전한다.

24 초경량비행장치를 사용하여 비행제한공역에서 비행하려는 사람은 누구에게 비행 승인을 받아야 하는가?

① 지역 군부대
② 관할 지방항공청
③ 국토교통부장관
④ 교통안전공단 이사장

25 평균 해면에서의 온도가 22℃ 이다. 1,000ft 올라가게 되면 온도는 몇 도인가?

① 30℃ ② 24℃
③ 20℃ ④ 10℃

[정답] 19 ③ 20 ③ 21 ② 22 ④ 23 ② 24 ③ 25 ③

26 기압의 측정 단위 설명이 틀린 것은?

① 1기압(atm)은 큰 압력을 측정하는 단위로 사용한다.
② 국제단위계의 압력 단위 1Pa는 $1m^3$ 당 1N의 힘으로 정의한다.
③ 단위면적($1cm^2$)에서 1기압의 높이는 10km이다.
④ 기압의 단위는 헥토파스칼(hPa)이다.

27 표준 대기(Standard atmosphere)에서의 1,000ft 거리 당 기온 감소율은?

① 1℃ ② 2℃
③ 1℉ ④ 2℉

28 항공기가 비행하면서 발생하는 항력 중에 유해항력이 아닌 것은?

① 간접항력
② 표면 마찰항력
③ 형상항력
④ 유도항력

29 비행중 조종기의 배터리 경고음과 진동이 발생한 경우에 조치해야 할 사항은?

① 경고음과 진동이 멈출 때까지 기다린다.
② 기체를 호버링하게 해 놓고 빨리 조종기 배터리를 교체한다.
③ 스로틀을 아래로 내려서 착륙시키고 엔진 시동을 정지한다.
④ 기체를 착륙시키고 전원이 켜 있는 상태에서 조종기 배터리를 빨리 교체한다.

30 산악지형과 같은 공간이 좁은 지역에서 이착륙이 가능한 비행체가 아닌 것은?

① 무인 헬리콥터
② Y6 멀티콥터
③ 틸트로터 비행기
④ 고정익 비행기

31 멀티콥터의 모터와 배터리를 연결하는 장치로서 모터의 회전을 조종하는 장치는?

① 비행 제어보드(FC)
② 전자속도 제어보드(ESC)
③ 리튬폴리머
④ 로터

32 다음은 기압의 특징을 설명한 것이다. 틀린 것은?

① 고도가 낮을 수록 기압은 높아진다.
② 대기의 기압은 기상 조건에 따라 변한다.
③ 기준기압이 평균 해수면을 기준으로 하여 지역의 기압을 측정한다.
④ 더운 날씨에는 공기를 희박하게 하여 공기 밀도가 낮다.

33 대기권의 구성이 지표면으로부터 순서가 맞게 구성된 것은?

① 대류권, 성층권, 중간권, 열권, 외기권
② 대류권, 중간권, 성층권, 열권, 외기권
③ 성층권, 대류권, 중간권, 열권, 외기권
④ 대류권, 성층권, 열권, 중간권, 외기권

[정답] 26 ③ 27 ② 28 ④ 29 ③ 30 ④ 31 ② 32 ④ 33 ①

34 기압의 단위를 나타내는 것은?

① m/s ② knot
③ hPa ④ ft

35 드론과 같이 회전익 항공기의 프로펠러(블레이드)가 회전하면서 공기 마찰에 의해 발생하는 항력은?

① 유도항력 ② 유해항력
③ 형상항력 ④ 전체 항력

36 초경량 비행장치를 사용하여 비행제한공역을 비행하려는 사람은 누구에게 비행계획 승인 신청서를 제출해야 하는가?

① 지방항공청장 ② 국토교통부 장관
③ 교통안전공단 이사장 ④ 지역 군부대 정보과장

37 다음은 틸트로터형 비행체에 대한 설명이다. 틀린 것은?

① 프로펠러/로터가 자유로워서 이착륙시 돌풍에 안전하다.
② 조종 및 제어가 다른 비행체보다 운용하기가 어렵다.
③ 회전익의 수직 이륙과 고정익의 고속 비행이 가능한 장점을 가지고 있다.
④ 단시간에 고속으로 임무를 수행하는데 장점을 가지고 있다.

38 대기를 구성하는 요소가 맞는 것은?

① 질소(78.08%), 산소(20.95%), 아르곤(0.93%), 이산화탄소(0.035%)
② 질소(20.95%), 산소(78.08%), 아르곤(0.93%), 이산화탄소(0.035%)
③ 질소(78.08%), 산소(20.95%), 아르곤(0.035%), 이산화탄소(0.93%)
④ 질소(20.95%), 산소(78.08%), 아르곤(0.035%), 이산화탄소(0.93%)

39 해양성 아열대 기단으로 우리나라의 여름철에 발생하며 7월 ~ 8월경 남동해상에서 발생하는 바다안개의 원인이 되는 고온 다습한 기단은?

① 시베리아 기단 ② 양쯔강 기단
③ 오호츠크해 기단 ④ 북태평양 기단

40 베르누이 정리에 대한 설명이다. 맞게 설명한 것은?

① 전압 – 일정
② 정압 – 일정
③ 동압 – 일정
④ 전압과 정압의 합 – 일정

[정답] 34 ③ 35 ③ 36 ① 37 ① 38 ① 39 ④ 40 ①

3차 합격예상 기출문제

초경량비행장치(멀티콥터) 조종자격시험 3차 예상문제	시험시간	문항수
	50분	40문항

01 배터리를 오래 효율적으로 사용하는 방법으로 적절한 것은?

① 장기간 보관할 경우에는 100% 만충해서 보관한다.
② 충전이 100% 만충되어 있어도 계속 충전기에 연결하여 방전을 방지한다.
③ 비행 직후에 배터리 온도가 높아진 상태에서 바로 충전하여 만충한다.
④ 비행할 때는 항상 배터리를 100%로 만충하여 사용해야 한다.

02 초경량비행장치 조종 자격증명이 취소 처분된 후에 몇 년 내에 다시 응시가 가능한가?

① 자격 취소처분 후 6개월 이내
② 자격 취소처분 후 1년 이내
③ 자격 취소처분 후 2년 이내
④ 자격 취소처분 후 3년 이내

03 대기권 중에서 지표면에서 약 10km까지로 복사에너지 때문에 대류 현상이 발생하는 층은?

① 대류권　　② 성층권
③ 열권　　　④ 중간권

04 무인멀티콥터를 조종할 때 방향타(Rudder)의 사용 목적은?

① 항공기 기수를 상하 조정
② 왼쪽 선회 조정
③ 요잉(Yawing) 조종
④ 항공기 피칭을 조정

05 온난전선의 특징이 아닌 것은?

① 따뜻한 기단이 차가운 기단 쪽으로 이동하는 전선을 말한다.
② 권층운, 고층운 등이 나타나고 난층운이 와서 비나 눈이 오게 된다.
③ 가는 비가 오랫동안 온다.
④ 찬 기단이 따뜻한 기단 위로 올라가게 된다.

06 초경량비행장치를 조종하다 사고가 발생하였을 때 사고로 분류하기 어려운 것은?

① 무인비행장치의 위치 확인이 안 되는 경우
② 비행 장치끼리 충돌 후 추락한 경우
③ 착륙도중 랜딩기어가 파손
④ 사람의 사망 및 상해

07 대기권 중에 올라갈수록 복사에너지 때문에 온도가 하강하는 층은 어느 층인가?

① 열권　　　② 대류권
③ 중간권　　④ 성층권

08 항공기가 빠른 속도로 비행하는데 비행을 방해하는 모든 항력은 어떤 것인가?

① 유도항력　　② 유해항력
③ 형상항력　　④ 압력항력

[정답]　01 ④　02 ②　03 ①　04 ③　05 ④　06 ③　07 ②　08 ②

09 배터리에 대한 설명이다 틀린 것은?

① 배터리의 1셀(1S)의 공칭 전압은 3.7V 이다.
② 배터리의 1셀(1S)의 완충전압은 4.2V 이다.
③ 배터리의 6셀(6S)의 공칭 전압은 22.2V 전압이다.
④ 배터리의 6셀(6S)의 완충전압은 24.2V 전압이다.

10 대기권 중에서 전체 대기의 70 ~ 80 % 구간으로 기상이 발생하는 층은?

① 대류권   ② 성층권
③ 중간권   ④ 열권

11 항공기에서 정압을 이용하는 계기에 속하지 않는 것은?

① 고도계   ② 속도계
③ 승강계   ④ 방향지시계

12 기온의 변화가 거의 없으며 가장 낮은 수준의 기온 저하율이 2℃/km 이하인 대기권 층은 무엇인가?

① 대류권   ② 대류권계면
③ 성층권   ④ 성층권계면

13 항공기가 비행 중에 방향 안정성을 확보하기 위한 것은?

① 수직안정판
② 수평안정판
③ 에일러론
④ 엘리베이터

14 항공기의 수직축을 중심으로 진행방향에 대한 좌우 회전운동을 무엇이라 하는가?

① 롤링(rolling)   ② 피칭(pitching)
③ 요잉(yawing)   ④ 에일론(Aileron)

15 공역의 사용목적이 통제공역이 아닌 것은 어떤 것인가?

① 정보 구역
② 비행금지 구역
③ 비행제한 구역
④ 초경량비행장치 비행제한 구역

16 항공기를 조종하는데 필요한 조종면이 아닌 것은?

① 러더(rudder) – 방향타
② 에일러론(ailleron) – 보조익
③ 엘리베이터(elevator) – 승강타
④ 트림(Trim) – 조종타

17 비행장 또는 공항과 그 주변의 공역으로서 항공교통의 안전을 위해서 국토교통부장관이 지정·공고한 공역은?

① 관제구   ② 관제권
③ 정보구역 ④ 훈련구역

18 항공기의 3축 운동과 조종면의 관계를 맞게 연결한 것은?

① 롤링(Rolling) – 보조날개
② 롤링(Rolling) – 방향타
③ 피칭(Pitching) – 보조날개
④ 요잉(Yawing) – 승강타

[정답] 09 ④ 10 ① 11 ③ 12 ② 13 ① 14 ③ 15 ① 16 ④ 17 ② 18 ①

19 항공교통업무에 따른 관제공역의 등급구분에 속하지 않는 것은 어떤 것인가?

① A등급　　② C등급
③ E등급　　④ G등급

20 비행 중 GPS 에러 경고등이 점등될 때 원인에 대한 설명으로 맞는 것은?

① 건물 근처에서는 발생하지 않는다.
② 사람들이 많은 주변에서는 발생하지 않는다.
③ 건물 내부에서는 절대로 발생하지 않는다.
④ GPS 신호는 안정적이고 재밍(Jamming)의 위험이 낮다.

21 섭씨(celsius) 0℃를 절대온도(Kelvin)로 변환하면?

① 0K　　② 10K
③ 64K　　④ 273.15K

22 항공기의 3축 운동과 조종면의 관계를 연결한 것이다. 틀린 것은?

① 롤링(Rolling) - 보조날개
② 롤링(Rolling) - 방향타
③ 피칭(Pitching) - 승강타
④ 요잉(Yawing) - 방향타

23 비행 중 GPS 에러 경고등이 점등될 때 취해야 할 조치가 맞는 것은?

① 바로 스로틀을 아래로 내려서 착륙한다.
② GPS 신호는 전파 세기가 강하여 재밍의 위험이 낮다.
③ GPS 신호가 다시 감지될 때까지 호버링 한다.
④ 조종자는 바로 자세제어모드 상태 변환하여 수동으로 조종하여 복귀해야한다.

24 항공교통업무에 따른 공역의 등급 구분에서 모든 항공기에 비행정보업무만 제공되는 공역은 어떤 것인가?

① A등급　　② C등급
③ E등급　　④ G등급

25 초경량비행장치의 비행금지 지역 중에 비행이 가능한 지역은 어느 것인가?

① (RK)R-518　　② MOA
③ UA-10　　④ P-63

26 풍속을 측정하고자 한다. 풍속의 단위로 틀린 것은?

① knot　　② mile
③ kph　　④ m/s

27 조종기의 보관 방법이 맞는 것은?

① 차량의 내부에 세워서 보관하면 된다.
② 그늘지면서 습기가 적당한 곳에 세워서 보관하면 된다.
③ 하드케이스에 세워서 보관한다.
④ 구매할 때 제공된 포장 박스에 잘 눕혀서 보관한다.

[정답]　19 ④　20 ②　21 ④　22 ②　23 ④　24 ④　25 ③　26 ②　27 ③

28 섭씨(celsius) 0°C를 화씨(fahrenheit)온도로 변환하면?

① 0°F   ② 10°F
③ 32°F ④ 273.15°F

29 비행 후 점검 사항이 아닌 것은?

① 모터의 고정 여부 검사
② 프로펠러 나사 조임 상태 검사
③ 랜딩기어의 깨짐 현상 검사
④ 송수신 거리를 검사

30 항공기의 3층 운동에서 세로안정성과 관계있는 운동은 어떤 것인가?

① 롤링(Rolling)
② 요잉(Yawing)
③ 피칭(Pitching)
④ 롤링(Rolling)과 요잉(Yawing)

31 나뭇잎이 흔들리기 시작하며 바람을 느끼는 정도의 Wind Sock 각도가 30°~ 40° 범위일 때 풍속은?

① 0 ~ 1m/sec   ② 2 ~ 3m/sec
③ 3 ~ 5m/sec   ④ 5 ~ 7m/sec

32 공역의 사용목적이 주의 공역이 아닌 것은 어떤 것인가?

① 훈련구역   ② 군작전구역
③ 경계구역   ④ 조언구역

33 항공기의 3층 운동에서 방향안정성과 관계있는 운동은 어떤 것인가?

① 롤링(Rolling)
② 요잉(Yawing)
③ 피칭(Pitching)
④ 롤링(Rolling)과 요잉(Yawing)

34 GPS의 특징에 대한 설명이다. 틀린 것은?

① 실내에서는 GPS 신호 감지가 어렵다.
② GPS 수신기를 여러 개 장착하여 수신하면 위치 정밀도가 높아진다.
③ GPS 수신기는 기온, 습도의 영향을 받으며 건물 사이에서는 영향이 없다.
④ 드론의 현재 위치를 인식하는데 꼭 필요한 장치다.

35 초경량비행장치의 비행금지 지역에서 비행허가 승인을 받고자 한다. 다음 중 틀린 것은?

① 서울 도심 비행금지구역(P-73A/B)은 수도방위사령부에서 받아야 한다.
② 원전 비행금지구역(P-61A)은 부산지방항공청에서 받아야 한다.
③ 원전 비행금지구역(P-61B)은 부산지방항공청에서 받아야 한다.
④ 민간 관제권 지역은 국토부에서 받아야 한다.

36 지상 일기도는 날씨 분석을 위한 기본 일기도로 날씨의 분포를 파악하고 앞으로 날씨 변화를 예측하는데 사용된다. 다음 중 지상일기도의 특징이 아닌 것은?

① 지상일기도는 해면기압의 분포, 지상기온, 풍향, 풍속 등이 표시된다.

[정답] 28 ③ 29 ④ 30 ③ 31 ② 32 ④ 33 ① 34 ③ 35 ② 36 ④

② 지상일기도는 등압선, 등온선, 구름 자료를 분석한다.
③ 지상일기도에서 등압선은 1,000hPa을 기준으로 하여 4hPa 간격으로 그린다.
④ 지상일기도에는 구름의 형성과정 및 모양을 표시한다.

37 다음 중 대기현상이 아닌 것은?
① 일몰과 일출
② 해륙풍
③ 대륙풍
④ 비와 안개

38 항공기의 3축 운동에서 가로안정성과 관계있는 운동은 어떤 것인가?
① 롤링(Rolling)
② 요잉(Yawing)
③ 피칭(Pitching)
④ 롤링(Rolling)과 요잉(Yawing)

39 다음 중 초경량비행장치의 비행 가능한 지역은 어느 것인가?
① P-61
② R19
③ P-73B
④ UA-19

40 조종자가 비행을 마친 후에 해야 할 일이 맞는 것은?
① 바로 기체 점검을 수행한다.
② 기체를 분해하면서 이물질이 있으면 세척한다.
③ 배터리가 남아 있으면 다시 비행해서 방전시킨다.
④ 점검하지 않고 바로 창고에 잘 보관한다.

[정답] 37 ① 38 ② 39 ④ 40 ①

4차 합격예상 기출문제

국가기술자격검정필기시험문제

초경량비행장치(멀티콥터) 조종자격시험 4차 예상문제	시험시간	문항수
	50분	40문항

01 다음은 고기압과 저기압에 관한 설명이다. 옳게 설명한 것은?

① 저기압은 북극(북반구) – 시계방향,
　　　　　남극(남반구) – 시계방향으로 회전
　고기압은 북극(북반구) – 반시계방향,
　　　　　남극(남반구) – 시계방향으로 회전
② 저기압은 북극(북반구) – 시계방향,
　　　　　남극(남반구) – 반시계방향으로 회전
　고기압은 북극(북반구) – 시계방향,
　　　　　남극(남반구) – 반시계방향으로 회전
③ 저기압은 북극(북반구) – 반시계방향,
　　　　　남극(남반구) – 시계방향으로 회전
　고기압은 북극(북반구) – 시계방향,
　　　　　남극(남반구) – 반시계방향으로 회전
④ 저기압은 북극(북반구) – 반시계방향,
　　　　　남극(남반구) – 시계방향으로 회전
　고기압은 북극(북반구) – 반시계방향,
　　　　　남극(남반구) – 시계방향으로 회전

02 해륙풍 중 해풍에 대한 설명이 맞는 것은?

① 밤에 육지에서 바다로 공기가 이동하면서 부는 바람
② 밤에 바다에서 육지로 공기가 이동하면서 부는 바람
③ 낮에 육지에서 바다로 공기가 이동하면서 부는 바람
④ 낮에 바다에서 육지로 공기가 이동하면서 부는 바람

03 항공기가 활주로에 안정적으로 착륙하기 위하여 양력을 증가시키는 장치로 항공기 주 날개 안쪽에 위치한 고양력장치는?

① 보조익　　　　② 승강타
③ 방향타　　　　④ 플랩(flap)

04 비행기가 비행할 때 작용하는 4가지 힘이 균형을 이루었다. 이 때 어떤 비행을 수행하는가?

① 정지 비행
② 상승 비행
③ 가속도 비행
④ 등가속도 비행

05 초경량비행장치 중 회전익 무인비행장치의 자체중량은 몇 kg인가?

① 100kg 이하
② 120kg 이하
③ 150kg 이하
④ 170kg 이하

06 비행 후 무인 비행 장치를 장기간 보관하려고 할 때 맞는 것은?

① 기체에 배터리를 장착하여 보관한다.
② 장기간 보관하는데 방전되기 때문에 100% 충전하여 보관한다.
③ 기체의 관리를 위하여 분해한 후 정리하여 보관한다.
④ 배터리는 40 ~ 50% 정도 충전한 후에 보관한다.

[정답]　01 ③　02 ④　03 ④　04 ④　05 ③　06 ④

07 방제를 위한 방제용 멀티콥터 이동시 적당한 방법은?

① 이동의 편리성을 위하여 암대를 분리한 후에 박스에 보관하여 이동한다.
② 진동에 취약하기 때문에 ESC, FC 등 전자 장비는 별도로 이동한다.
③ 차량의 내부에 움직이지 않도록 잘 고정한 후에 이동하도록 한다.
④ 이동할 때 프로펠러의 깨짐이 생기기 때문에 분리하여 이동한다.

08 여름철에는 바다에서 육지로 바람이 불고, 겨울철에는 육지에서 바다로 부는 바람은?

① 해륙풍   ② 산곡풍
③ 대륙풍   ④ 계절풍

09 초경량비행장치 운영 시 다음의 행위 중 범칙금이 가장 높은 경우는?

① 안전성 인증검사를 받지 않고 운영하는 경우
② 조종자 비행준수사항을 위반하고 비행하는 경우
③ 허가 없이 비행제한공역을 비행한 경우
④ 조종자 증명 없이 영업 행위를 하는 경우

10 비행기가 비행할 때 작용하는 4가지 힘에 대한 설명이다. 틀린 것은?

① 양력(lift)은 공기의 흐름으로 비행기를 공중에 뜨게 하는 힘으로 부력이라고도 한다.
② 중력은 지구 중력의 효과로 비행기의 무게에 작용하여 하강하게 하는 힘을 말한다.
③ 추력(thrust)은 비행기를 앞으로 전진하게 하려는 힘으로 엔진 혹은 프로펠러에 의해 생기는 힘이다.
④ 항력(drag)은 받음각에 따라서 달라지며 받음각이 임계받음각보다 크면 항력이 작아져 비행이 쉽다.

11 비행기가 안전하게 일정한 비행속도로 비행하는 정도를 안정성이라 한다. 안정성이 좋은 경우는?

① 조종자가 비행 조종이 쉽다.
② 조종자가 이착륙하기가 쉽다.
③ 실속이 발생하지 않는다.
④ 받음각이 쉽게 제어가 된다.

12 다음은 산악지역에서 부는 산바람과 골바람에 대한 설명이다. 올바른 설명은?

① 산바람은 낮에 산 아래(골짜기)에서 산 정상으로 공기가 이동하는 바람
② 산바람은 산 정상에서, 골바람은 산 정상에서 산 아래로 공기가 이동하는 바람
③ 골바람은 산 아래에서, 산바람은 산 아래에서 산 정상으로 공기가 이동하는 바람
④ 골바람은 낮에 산 아래(골짜기)에서 산 정상으로 공기가 이동하는 바람

13 초경량비행장치를 구입한 후에 지방항공청장에게 신고하고자 한다. 신고할 때 필요 없는 것은?

① 내부 설계도면 및 부품 목록
② 기체의 제원과 성능표
③ 기술 기준에 적합성 증명 서류
④ 소유자의 증명 서류

[정답] 07 ③ 08 ④ 09 ① 10 ④ 11 ① 12 ④ 13 ①

14 태양 때문에 육지와 바다가 가열되면서 바람이 불게 되는데 낮에는 바다에서 육지로 바람이 불고 밤에는 육지에서 바다로 부는 바람은?

① 해륙풍
② 계절풍
③ 산곡풍
④ 해풍

15 국제민간항공기구(ICAO)에서 대중적으로 사용한 초경량 비행장치(무인멀티콥터)의 명칭은?

① UAS(Unmanned Aircraft System)
② RPAS(Remoted Piloted Aircraft System)
③ UGV(Under Ground Vehicle)
④ Drone

16 지구 대류권에서 일어나는 대기 순환의 근본적인 원인은?

① 태양열 에너지의 변화
② 해수면의 온도
③ 구름의 변화
④ 대륙의 온도

17 보험에 들지 않고 초경량비행장치를 이용하여 영업 행위를 하게 되면 처벌받는 것은?

① 과태료 100만 원
② 과태료 200만 원
③ 과태료 300만 원
④ 과태료 500만 원

18 다음은 지면효과에 대한 설명이다. 올바른 것은?

① 지면효과는 양력을 감소시키기 때문에 헬리콥터의 비행에 아주 위험하다.
② 지면효과는 양력을 감소시키지만 항공기 비행에 있어서는 안전한 비행을 수행한다.
③ 지면효과는 고도가 낮아질수록 더욱 강해지며 항공기의 무게를 유지하는데 효과적이다.
④ 지면효과는 헬리콥터가 전진 비행을 하면 더욱 강하게 나타난다.

19 무인항공기(드론)의 용어의 정의에 대해서 올바르지 않은 것은?

① 드론은 GPS 없이 원격 제어가 되는 무인 항공기 말한다.
② 조종사가 탑승하지 않으면서 원격으로 자동/수동으로 제어하는 항공기를 말한다.
③ 자동 비행 장치가 내장되어 자동으로 비행할 수 있는 무인 항공기를 말한다.
④ 드론은 초기에 군사용으로 사용하다 민수용으로 확대되었다.

20 초경량비행장치의 비행계획승인 시 비행계획승인 신청서에 어떤 서류를 첨부하여 지방항공청장에게 제출하여야 하는가?

① 초경량비행장치의 설계도
② 초경량비행장치의 외형 사진
③ 초경량비행장치의 제원 및 성능표
④ 초경량비행장치 신고증명서

21 초경량비행장치 중 탑승자가 1인으로 비행하고자 한다. 기체의 자체중량은 몇 kg인가?

① 100kg 이하
② 115kg 이하
③ 120kg 이하
④ 125kg 이하

[정답]　14 ①　15 ④　16 ①　17 ④　18 ③　19 ①　20 ④　21 ②

22 다음은 지면효과(Ground effect)에 관한 설명이다. 틀린 것은?

① 유도항력이 감소하면 필수 추력도 감소시킨다.
② 지면효과로 인해서 이착륙 시 활주거리가 짧아진다.
③ 지면효과는 국지적 정압을 증가시켜 속도와 고도를 더 낮게 지지한다.
④ 지면효과는 프로펠러의 1/2 이하인 고도에서 효율이 효과적으로 증가한다.

23 초경량비행장치의 운영 중에 사고가 발생하였다. 다음 항목 중 항공사고조사위원회가 사고의 조사를 수행하지 않아도 되는 것은?

① 비행 중에 발생한 충돌 사고
② 비행 중에 사람에게 중상을 가한 경우
③ 차량이 착륙된 초경량비행장치를 파손시킨 경우
④ 비행 중에 시야에서 초경량비행장치가 없어진 경우

24 기체는 장소에 따라서 캘리브레이션해야 한다. 그 방법 중 틀린 것은?

① 건물이 많은 곳에서 멀리 떨어져서 한다.
② 자기장이 많이 있는 지역에서 멀리 떨어져서 한다.
③ 휴대폰 등 자성체가 있는 물건을 휴대한 상태에서 하면 안 된다.
④ 지속적으로 캘리브레이션이 실패할 경우에는 다른 장소로 이동하여 수행한다.

25 얼음을 물의 상태로 변화시키는데 소비되는 열에너지를 무엇이라 하는가?

① 잠열
② 열량
③ 비열
④ 현열

26 다음은 지면 효과 상태의 호버링에 관한 설명이다. 잘못된 것은?

① 영각(받음각)이 증가한다.
② 헬리콥터의 무게를 유지하는데 효과적이다.
③ 하강류가 지면과 충돌하고 반사하여 수직 양력이 증가한다.
④ 항력이 증가하여 추력은 감소한다.

27 조종자가 비행 전일이나 당일에 확인해야 할 것으로 옳지 않은 것은?

① 예비 배터리의 충전 상태를 확인한다.
② 드론의 기체 점검을 수행한다.
③ 비행체를 분해한 후 조립하여 이상 여부를 점검한다.
④ 배터리의 만충 상태를 확인한다.

28 헬리콥터나 비행기가 이착륙을 할 때에 지표면 또는 수면과 거리가 가까워지면서 하강풍이 지면과 충돌하여 항력은 감소하고 양력은 커지게 되는 현상은?

① 유도효과
② 양력효과
③ 날개효과
④ 지면효과

29 초경량비행장치를 운영하는데 보험에 가입해서 사용해야 하는 것은?

① 영리의 목적으로 사용되는 회전익 멀티콥터
② 영리의 목적으로 사용되는 인력활공기

[정답] 22 ② 23 ③ 24 ④ 25 ① 26 ④ 27 ③ 28 ④ 29 ①

③ 취미생활로 사용되는 개인 낙하산
④ 취미생활로 사용되는 개인 행글라이더

30 회전익 무인 비행장치의 이륙 절차로서 적절한 것은?
① 시동이 걸리면 바로 높은 고도로 상승시킨다.
② 이륙은 수직으로 바로 상승시킨다.
③ 제자리 비행을 하면서 전/후/좌/우 작동 검사를 한다.
④ 비행 전에는 각 조종부의 작동 점검을 할 필요가 없다.

31 드론 방제 작업을 수행할 때 필수 요원에 속하지 않는 사람은?
① 보조자 ② 조종자
③ 운전자 ④ 신호자

32 드론 방제 중 사고 발생 시 신고기관은 어디인가?
① 가까운 경찰서
② 관할 지방항공청
③ 가까운 119구조대
④ 교통안전공단

33 단위 질량(1g)의 물질 온도를 1°C 높이는 데 드는 열에너지는 무엇인가?
① 잠열 ② 열량
③ 비열 ④ 현열

34 다음은 지면효과에 대한 설명이다. 맞는 것은?
① 프로펠러의 회전이 공기의 흐름을 방해하여 발생한다.
② 지표면과 프로펠러 사이에 발생하는 공기의 흐름으로 유해항력이 증가하여 발생한다.
③ 공기흐름 패턴과 같이 지표면의 간섭으로 발생한 결과이다.
④ 유도기류 속도가 증가하여 유도항력이 증가한 결과이다.

35 비행기의 지느러미효과(Keel effect)를 얻기 위해서 수직 안정판이 앞쪽으로 뻗은 것이다. 이 수직 안전판의 목적은 무엇인가?
① 방향 안정성 ② 수직 안전성
③ 횡축선의 안전성 ④ 종축선상의 안전성

36 초경량비행장치 중에 신고를 안 해도 되는 비행 장치에 속하지 않은 것은?
① 낙하산류
② 프로펠러로 추력을 얻는 비행 장치
③ 동력이 없는 비행 장치
④ 계류식 기구류

37 열량에 대한 설명이다. 맞는 것은?
① 단위 질량의 물질 온도를 1도 높이는 데 드는 열에너지
② 고체 상태인 채로 온도만이 변화하는 경우의 열
③ 고체를 액체의 상태로 변화시키는데 소비되는 열
④ 물질의 온도가 올라가서 열을 에너지의 양으로 나타내는 것

[정답] 30 ③ 31 ③ 32 ② 33 ③ 34 ③ 35 ① 36 ② 37 ④

38 국내 항공안전법 제1조의 목적은 무엇인가?

① 항공기가 안전하게 항행하기 위한 기준을 법으로 정함
② 국제 민간항공의 안전 항행을 위해 정한 기준
③ 항공기가 안전하게 항행하기 위한 방법 정함
④ 국내 민간항공의 안전 항행을 위해 정한 기준

39 방제 작업 중 보조자의 역할이 맞지 않은 것은?

① 전적으로 조종자만 믿고 있으면서 위급사항에만 알려줘야 한다.
② 방제 중 장애물이 있을 경우에는 조종자에게 바로 알려야 한다.
③ 방제하기 전에 조종자와 연락할 수단을 준비해야만 한다.
④ 기체 방향과 방제 상황을 항상 집중하여 관찰한다.

40 대기의 온도(기온)를 측정할 때는 어떤 방법으로 측정하는가?

① 직사광선을 피해서 3m 높이에서 측정
② 직사광선이 있는 곳에서 3m 높이에서 측정
③ 직사광선을 피해서 1.5m 높이에서 측정
④ 직사광선을 피해서 1m 높이에서 측정

[정답]   38 ①   39 ①   40 ③

5차 합격예상 기출문제

국가기술자격검정필기시험문제

초경량비행장치(멀티콥터) 조종자격시험 5차 예상문제	시험시간	문항수
	50분	40문항

01 안개, 구름이 형성되기 위한 조건으로 맞는 것은?

① 기온이 일정하게 유지될 경우
② 대기 중에 수증기가 없이 맑은 날씨일 경우
③ 대기 중에 수증기가 응축될 경우
④ 대기 중에 수증기가 존재할 경우

02 항공기의 꼬리날개(empennage)의 구성을 정리하였다. 맞은 것은?

① 방향타, 플랩, 수평안정판, 수직안정판
② 승강타, 플랩, 방향타, 수평안정판
③ 방향타, 수직안정판, 승강타, 수평안정판
④ 방향타, 승강타, 수직안정판, 플랩

03 안전성인증 검사를 안 받아도 되는 초경량비행장치는?

① 행글라이더
② 패러 플레인
③ 초경량 동력비행장치
④ 초경량 회전익비행장치

04 항공기의 3축(X, Y, Z) 운동이 교차되는 곳은 무엇인가?

① X축의 중간점
② Y축의 중간점
③ 무게 중심
④ 거리 중심

05 초경량비행장치 중에 낙하산류에 동력장치를 장착하여 비행하는 것은?

① 행글라이더
② 자이로플레인
③ 초경량헬리콥터
④ 패러플레인

06 드론 방제 중 부조종사의 역할이 맞는 것은?

① 조종사에게 지시하여 조종하게 한다.
② 농약을 살포할 때 조종사에게 농약을 준비하게 한다.
③ 무전기 등으로 조종자와 수시로 연락한다.
④ 기체의 방향이나 방제 상황은 조종사가 알아서 하게 놓아둔다.

07 안개의 설명으로 틀린 것은?

① 관측자의 수평가시거리를 2km 미만으로 감소시키면 안개라고 한다.
② 대기 중의 수증기가 응결하여 지표면 가까이에서 작은 물방울로 떠 있는 것.
③ 대기 중에 응결을 촉진시키는 응결핵이 존재한다.
④ 외부에 많은 수증기의 공급이 있다.

08 공기의 온도가 증가하면 기압이 낮아지는 이유는?

① 공기 온도 증가로 유동성이 없어서 기압은 낮아지게 된다.
② 공기 온도 증가로 가벼워지면서 기압은 낮아지게 된다.
③ 공기 온도 증가로 유동적이어서 기압은 낮아지게 된다.
④ 공기 온도 증가로 무거워지면서 기압은 낮아지게 된다.

[정답] 01 ③ 02 ③ 03 ① 04 ③ 05 ④ 06 ③ 07 ② 08 ②

09 항공기의 3축에서 항공기의 앞과 뒤를 연결하여 무게 중심 축으로 사용하는 축은?

① 세로축　　② 가로축
③ 수직축　　④ 평형축

10 비행기의 가로 안정성(가로조종)이 아는 것은?

① 수직꼬리날개
② 수평꼬리날개
③ 상반각
④ 날개의 후퇴각

11 신고를 요하지 않는 초경량비행장치 범위에 해당하지 않는 것은?

① 동력을 이용하지 않는 비행장치
② 계류식 기구
③ 낙하산류
④ 초경량헬리콥터

12 대기권의 기상에 대한 7가지 요소에 포함 안 되는 것은?

① 기온, 습도　　② 기압, 전선
③ 바람, 시정　　④ 바람, 강수

13 공항시설법상 항공등화의 종류에 해당하지 않는 것은?

① 비행장등대　　② 풍향등
③ 활주로등　　　④ 유도활주로등

14 다음은 에어포일(airfoil)에 대한 상대풍을 설명한 것이다. 틀린 것은?

① 에이포일의 방향이 바뀌게 되면 상대풍의 방향도 바뀌게 된다.
② 에어포일이 상측으로 움직이면 상대풍도 같이 상측으로 향하게 된다.
③ 에어포일의 움직임이 변하게 되면 상대풍의 방향도 움직이게 된다.
④ 에어포일에 의한 상대적인 공기의 흐름을 말한다.

15 방제 살포 후 물 세척시 주의 사항으로 틀린 것은?

① 메인바디로 튀지 않게 주의
② 살포 확인 시 펌프가동은 최소한으로 한다.
③ 분해 세척시는 분실의 위험이 있으므로 주의하여 세척한다.
④ 살포 후 잔량은 하수구에 희석하여 버린다.

16 대기 중에 기압, 습도, 온도 변화에 따른 공기밀도에 대한 설명이다. 틀린 것은?

① 공기밀도는 온도, 습도에 비례하고 기압에 반비례한다.
② 공기밀도는 온도에 비례하고 기압에 반비례한다.
③ 공기밀도는 기압에 비례하며 습도에 반비례한다.
④ 공기밀도는 습도에 비례하며 온도에 반비례한다.

17 드론 방제할 때 적당한 것은?

① 약제의 혼합비는 조종사가 선택해서 살포한다.
② 방제 작업할 경우에는 항상 편한 반바지 복장으로 편하게 방제한다.
③ 약제의 준비는 조종사가 직접 준비해야 한다.
④ 살포할 약제의 혼용 상태를 확인한다.

[정답]　09 ①　10 ④　11 ④　12 ③　13 ④　14 ②　15 ④　16 ④　17 ④

18 항공기가 세로축(종축)을 중심으로 하는 운동은?

① 롤링(Rolling) – 보조익
② 피칭(Pitching) – 보조익
③ 요잉(Yawing) – 방향타
④ 피칭(Pitching) – 승강타

19 공항시설법상 활주로 경계등의 색은?

① 파란색   ② 붉은색
③ 백색   ④ 노란색

20 항공고시보(NOTAM)의 최대 유효기간은 몇 개월인가?

① 1개월 미만
② 3개월 이상
③ 3개월 미만
④ 6개월 이상

21 비행 전에 계획 수립해야 하는 것으로 틀린 것은?

① 비행 당일의 기상 여건을 확인한다.
② 운전면허 유효기간을 확인한다.
③ 비행 통제 구역인지 확인한다.
④ 수행할 임무에 대해서 사전에 확인한다.

22 대칭형 Airfoil에 관한 내용으로 맞지 않은 것은?

① 제작이 용이하고 제작비용도 저렴하다는 장점을 가지고 있다.
② 양력이 적게 발생하여 비대칭 Airfoil에 비해 실속이 더 발생할 수 있다.
③ 상부와 하부가 대칭이나 평균 캠버선과 익현선은 서로 일치하지 않는 구조이다.
④ 압력중심 이동이 일정하여 주로 저속 항공기에 사용된다.

23 초경량비행장치의 변경신고는 며칠 이내에 신고해야 하나?

① 10일   ② 20일
③ 30일   ④ 60일

24 드론 방제할 때 안전한 운용을 위하여 최소 복장 요구 사항으로 틀린 것은?

① 조종기 목걸이를 착용한다.
② 안전모를 착용한다.
③ 시원하고 편리한 복장을 착용한다.
④ 보호 안경과 마스크를 착용한다.

25 영리 목적으로 초경량비행장치를 사용할 경우 보험에 가입 안 해도 되는 것은?

① 초경량비행장치를 제조 판매할 경우
② 초경량비행장치를 이용한 조종 교육일 경우
③ 초경량비행장치를 항공기 대여업으로 사용할 경우
④ 초경량비행장치를 사업에 사용할 경우

26 자기장 센서(Magnetic Compass)가 가리키는 북쪽 방향을 어떻게 표현하는가?

① 진북   ② 자북
③ 북극   ④ 도북

[정답] 18 ①   19 ④   20 ③   21 ②   22 ③   23 ③   24 ③   25 ①   26 ②

27 다음은 상대풍(Relative Wind)에 대한 설명이다. 맞는 것은?

① 프로펠러 후류에 의해 형성되는 공기로 항공기의 옆으로 흐르는 옆바람을 말한다.
② 항공기가 진행할 때 날개골의 비행경로와 평행하며 같은 방향으로 흐르는 공기를 말한다.
③ 항공기의 진행방향과 반대방향으로 흐르는 공기를 말한다.
④ 항공기의 진행방향과 같은 방향으로 흐르는 공기를 말한다.

28 드론 방제 작업을 수행할 때 약제 관련 주의할 것이 아닌 것은?

① 다 사용한 농약 빈 용기는 쓰레기통에 버린다.
② 농약의 혼합이 가능한 약제만 혼용한다.
③ 농약 살포시 살포지역 경계 구역 내만 살포되도록 주의한다.
④ 농약 살포시 살포 기준에 따라서 살포하도록 한다.

29 항공기 날개의 단면에서 앞전(leading edge)과 뒷전(trailing edge)을 연결한 직선은 무엇인가?

① 캠버(camber)   ② 시위선(chord line)
③ 받음각(AOA)   ④ 에어포일(airfoil)

30 기상대에서 바람 방향(풍향)의 기준을 사용하는 것은?

① 진북
② 자북
③ 수정된 자북
④ 진북을 기준으로 하는 자북

31 우리나라 항공법에서 국제법의 기본이 되는 조약은?

① 시카고 협약
② 파리 협약
③ 하바나 협약
④ 국제민간항공조약 및 같은 조약의 부속서

32 드론 방제 작업을 끝내고 조종자가 점검하고 취해야 할 행동으로 맞지 않는 것은?

① 방제 작업을 끝내면 세제로 몸 전체를 잘 씻고 양치질을 한다.
② 드론 방제 장치는 다음에 다시 살포하기 때문에 세척하면 안 된다.
③ 다 사용한 농약 빈 용기는 지정된 안전한 장소에 수집하여 버린다.
④ 사용하다 남은 약제는 책임자가 안전한 장소에 모아서 보관한다.

33 에어포일(Airfoil)에 대한 설명 중 틀린 것은?

① 상부와 하부표면이 비대칭을 이루고 있으며 평균 캠버선과 익현선은 일치하게 된다.
② 중력중심은 받음각(AOA)이 증가하면 전진하고 받음각이 감소하면 압력 중심은 뒤로 후퇴하게 된다.
③ 양력의 변화는 받음각(AOA)과 캠버(camber)의 변화로 조절한다.
④ 비대칭형 Airfoil에 비해 양력이 많이 발생할 수 있으며 받음각에 따라서 변하게 된다.

34 다음은 초경량비행장치의 전문교육기관으로 지정되기 위한 지정기준이다. 알맞은 것은?

[정답] 27 ③ 28 ① 29 ② 30 ① 31 ④ 32 ② 33 ① 34 ③

① 비행경력(시간)이 100시간 이상인 실기평가 조종자를 1명 이상 보유해야 한다.
② 비행경력(시간)이 150시간 이상인 실기평가 조종자를 2명 이상 보유해야 한다.
③ 비행경력(시간)이 100시간 이상인 지도조종자를 1명 이상 보유해야 한다.
④ 비행경력(시간)이 150시간 이상인 지도조종자를 2명 이상 보유해야 한다.

35 드론 방제 작업하기 전에 점검해야 할 것으로 올바르지 않은 것은?

① 안전모, 마스크를 착용한다.
② 방제 작업을 하는 주변에 다른 기체들이 비행하는지 확인한다.
③ 현장을 사전에 확인하고 축적도를 준비한다.
④ 살포 작업을 의뢰한 주인만 배려하면서 방제 작업을 수행한다.

36 자북과 진북의 사이 각을 무엇이라 하는가?

① 복각
② 도자각
③ 도편각
④ 자편각

37 풍향의 변화를 주는 힘이 아닌 것은?

① 기압경도력
② 고도력
③ 마찰력의 세 힘
④ 코리올리 힘

38 드론 방제작업을 수행하기 전에 조종자가 점검해야 할 내용이 아닌 것은?

① 살포 지역의 풍향과 풍속을 확인한다.
② 살포 지역의 도로 상황 및 교통량을 확인한다.
③ 살포 지역의 주변 환경 및 건물들을 확인한다.
④ 살포 지역의 장애물의 위치를 확인한다.

39 시카고 협약을 근본으로 하여 국제 민간항공의 안전, 항공기술/시설, 질서유지/발전 등의 보장과 증진을 위해 설립된 전문 기구는?

① 국제민간항공기구
② 국제항공안전협회
③ 국제민간항공안전협회
④ 국제항공관리국

40 항공기가 비행 함에 있어서 모든 상태 즉 활주로의 설치, 폐쇄, 비행 금지 및 제한 구역, 위험구역의 설정, 상태의 변경 등에 관한 정보를 수록하여 항공종사자들에게 배포하는 공고문이란?

① NOTAM
② AIRAC
③ AIC
④ AIP

[정답]　35 ④　36 ④　37 ②　38 ②　39 ①　40 ①

6차 합격예상 기출문제

국가기술자격검정필기시험문제

초경량비행장치(멀티콥터) 조종자격시험 6차 예상문제	시험시간 50분	문항수 40문항

01 드론 방제기의 기체 외관을 점검하는데 맞는 것은?
① 기체를 점검할 때 나사 헐거워짐이 있을 경우 조인다.
② 프로펠러는 회전할 때 자동으로 조여지게 되어서 확인할 필요는 없다.
③ 기체의 메인 배터리만 확인하면 된다.
④ 모터는 외관만 이상이 없으면 동작과는 상관이 없다.

02 강수의 형성을 위한 5가지 조건에 포함 안 되는 것은?
① 냉각 ② 응결핵
③ 응축 ④ 재결합

03 에어포일(Airfoil)의 받음각(AOA)이 너무 증가하면 공기 흐름의 떨어짐 현상이 발생한다. 양력과 항력은 어떻게 변화하는가?
① 양력 감소, 항력 증가
② 양력 증가, 항력 감소
③ 양력, 항력 모두 증가
④ 양력, 항력 모두 감소

04 초경량비행장치 조종자 전문교육기관이 구비해야 할 내용 중 틀린 것은?
① 훈련 비행을 수행할 훈련용 비행장치 2대 이상
② 사무업무를 수행할 사무실 1개 이상
③ 강의를 할 수 있는 강의실 1개 이상
④ 비행 교육을 할 수 있는 이착륙 시설

05 비행기의 양력이 급격하게 떨어지는 실속(stall)에 대한 설명이다. 틀린 것은?
① 실속(stall)의 속도가 작을수록 착륙속도는 작아진다.
② 고 양력 장치의 주목적은 최대 양력계수 값을 크게 하여 이·착륙 시 비행기 성능을 향상시키기 위함이다.
③ 실속(stall)은 익면하중이 클수록 감소한다.
④ 양력계수가 최대일 때 속도가 최소가 되는데 이를 실속(stall) 속도라 한다.

06 방제 중 논이나 밭 사이에 차도가 있을 때 비행 방법은?
① 차량이 지나가지 않으면 건너편으로 빠르게 이동한다.
② 차량이 지나가도 차량 위로 진행할 수 있다.
③ 비행해서 지나가면 안 된다.
④ 차량이 지나갈 경우에는 기다렸다가 빠르게 진행한다.

07 공기가 포화되어 수증기가 작은 물방울로 응결할 때의 온도를 무엇이라 하는가?
① 안정온도 ② 포화온도
③ 노점온도 ④ 응결온도

[정답] 01 ① 02 ④ 03 ① 04 ① 05 ③ 06 ③ 07 ③

08 강수 형성을 강화시키는 것이 아닌 것은?

① 온난한 하강기류
② 단열팽창 및 기온 하강(단열냉각)
③ 상승기류 – 수증기를 포함한 공기의 상승
④ 충돌 – 병합과정

09 항공기의 상승과 하강의 양을 지시해주는 장치는?

① 속도계 ② 승강계
③ 회전계 ④ 선회계

10 초경량비행장치로 방제 작업시 보조적인 준비물이 아닌 것은?

① 깃발과 같은 수기 ② 카메라 짐벌 장치
③ 예비 배터리 ④ 무전기

11 조종자가 드론 무인방제기를 이용하여 방제 작업을 할 때 위치가 맞는 것은?

① 조종자는 안전한 거리를 유지하면서 바람과 등지고 조종해야 한다.
② 조종자는 태양이 없는 서늘한 나무 밑에서 조종한다.
③ 조종자는 방제기 조종을 할 때는 가장 멀리 떨어져서 운영해야 한다.
④ 조종자는 드론 방제기 차량에 앉아서 편하게 조종한다.

12 불포화 상태의 공기가 냉각되어 포화되면서 응결이 시작되는 온도를 무엇이라 하는가?

① 안정온도 ② 포화온도
③ 이슬점온도 ④ 응결온도

13 에어포일(airfoil)에 대한 설명이다. 틀린 것은?

① 시위선(Chord line)이란 앞전과 뒷전을 연결한 직선이다.
② 평균캠버선(mean camber line)이란 날개 꼴의 이등분선이다.
③ 초경량 비행기는 에어포일이 없기 때문에 신경 안 써도 된다.
④ 최대캠버란 평균캠버선(mean camber line)과 시위선(chord line)의 두께 중 최댓값을 의미한다.

14 강수의 물방울 크기는 어느 정도 인가?

① 물방울의 크기가 대부분 0.5mm 보다 큰 경우
② 물방울의 크기가 대부분 1mm 보다 작은 경우
③ 물방울의 크기가 대부분 0.1mm 보다 큰 경우
④ 물방울의 크기가 대부분 0.3mm 보다 작은 경우

15 초경량비행장치가 멸실하였을 경우 며칠 이내에 말소 신고를 해야 하는가?

① 10일 ② 15일
③ 30일 ④ 1개월

16 방제 작업시 점검해야 할 사항으로 맞지 않는 것은?

① 연료 및 배터리 만충 상태
② 전원을 인가하여 조종부위 작동 검사한다.
③ 기체의 외부 손상 여부 검사
④ 운반 차량의 정기 검사

[정답] 08 ① 09 ② 10 ② 11 ① 12 ③ 13 ③ 14 ① 15 ② 16 ④

17 국토부장관이 고시한 기술상의 기준에 적합 증명을 받지 않아도 되는 초경량비행장치는 어떤 것인가?

① 패러플레인
② 회전익 무인 비행장치
③ 무인 동력비행장치
④ 비행선

18 고온인 여름철에 방제 작업을 수행하는데 올바른 행동은?

① 낮에는 덥기 때문에 일몰 후에 방제를 시작한다.
② 낮에는 덥기 때문에 일출 전에 방제를 시작한다.
③ 고온인 상태에도 방제를 계속 수행한 후에 휴식을 취한다.
④ 40도 이상이 되면 바람을 등지고 운용한다.

19 다음은 초경량비행장치의 안전성 인증검사들이다. 초경량 비행장치의 비행안전에 영향을 미치는 수리 및 부품의 교체 후 비행장치 안전 기준에 적합한지를 확인하기 위한 검사는 무엇인가?

① 초도검사
② 정기검사
③ 수시검사
④ 재검사

20 실속(stall)이 발생하는 가장 큰 원인은 어떤 것인가?

① 과도한 받음각(AOA)
② 큰 비행속도
③ 큰 하중계수
④ 고도가 높고 불안정한 대기

21 대기에서 일어나는 강수 현상 중 성격이 다른 것은?

① 진눈깨비
② 눈
③ 비
④ 우박

22 받음각(영각)에 대한 설명으로 맞지 않은 것은?

① 받음각(영각)이 커지면 양력이 작아지고 받음각이 작아지면 양력이 커진다.
② 붙임각(취부각)의 변화 없이도 변화될 수 있다.
③ 받음각은 양력과 항력의 크기를 변화시킨다.
④ 에어포일(Airfoil)은 합력 상대풍과 익현선과의 사이 각을 말한다.

23 초경량비행장치를 말소 신고하지 않았을 때 1차 과태료는 얼마인가?

① 5만 원
② 10만 원
③ 15만 원
④ 30만 원

24 안전관리제도에 대한 설명이다. 맞게 설명한 것은?

① 무게에 관계없이 모든 초경량비행장치는 안정성 검사와 비행 시 비행승인을 받아야 한다.
② 초경량비행장치의 자체 중량이 12kg이하인 경우 사업하면 안정성검사를 안 받아도 된다.
③ 초경량비행장치의 자체 중량이 12kg이하인 경우 취미용 드론은 조종자 준수사항이 필요없다.
④ 초경량비행장치의 자체 중량이 12kg이상이라도 개인취미용으로 사용하면 조종자격증명이 필요하다.

25 GPS 수신율이 낮아지는 경우는 어떤 것인가?

① 타임 존에 따라서 신호 수신이 바뀌는 경우
② 배를 타고 바다에 있는 경우
③ 산이나 빌딩이 없는 경우
④ 호수가 있는 강 중심에 있는 경우

[정답] 17 ④ 18 ① 19 ③ 20 ① 21 ③ 22 ① 23 ① 24 ② 25 ①

26 초경량 비행장치의 안전성인증검사는 어디에서 받아야 하는가?

① 지방항공청　　② 국토교통부
③ 교통안전공단　④ 항공안전기술원

27 이슬비의 크기는 어느 정도 인가?

① 물방울의 크기가 직경 0.5mm 보다 작은 경우
② 물방울의 크기가 직경 0.7mm 보다 작은 경우
③ 물방울의 크기가 직경 0.8mm 보다 작은 경우
④ 물방울의 크기가 직경 1mm 보다 작은 경우

28 비행기의 비행 중 비행 성능에 영향을 주는 것이 아닌 것은?

① 고도　　② 날개크기
③ 무게　　④ 엔진형식

29 플랩(flap)이 하는 기능이 아닌 것은?

① 이착륙 거리 감소　② 연료 감소
③ 항력 증가　　　　 ④ 양력 증가

30 초경량비행장치 조종자 전문교육기관을 지정받고자 한다. 준비해야 할 서류가 아닌 것은?

① 비행장치의 특징과 제원
② 교육훈련계획 및 규정
③ 교육장비 현황
④ 교육시설 현황

31 방제 작업시 점검해야 할 사항으로 맞지 않는 것은?

① 연료 및 배터리 상태를 확인한다.
② 조종기의 전원 상태를 검사한다.
③ 운반 차량의 상태를 확인한다.
④ 이전 비행 기록부와 비교해서 기체이력부를 확인할 필요는 없다.

32 초경량비행장치를 말소 신고하지 않았을 때 최대 과태료는 얼마까지 인가?

① 5만 원　　② 15만 원
③ 30만 원　 ④ 50만 원

33 드론 방제작업을 할 때 발생할 수 있는 사고원인과 거리가 먼 것은?

① 조종사 자격증이 있어 혼자 방제
② 조종자와 신호자가 교대로 방제
③ 방제하는 장소를 사전에 확인할 필요가 없음
④ 바람을 등지고 40도의 고온에 방제

34 안개의 가시거리는?

① 1km 미만으로 감소시킬 때
② 2km 미만으로 감소시킬 때
③ 4km 미만으로 감소시킬 때
④ 5Km 미만으로 감소시킬 때

35 드론 방제를 수행한 후에 조종자가 취해야 할 것이 아닌 것은?

[정답]　26 ④　27 ①　28 ④　29 ②　30 ①　31 ④　32 ③　33 ②　34 ①　35 ③

① 얼굴, 손 등을 비누로 전체 샤워하고 입 안을 닦는다.
② 빈 농약 용기는 지정된 곳에 버린다.
③ 남은 농약은 논이나 밭에 안전하게 버려서 처리한다.
④ 약제통과 살포장치를 잘 세척한다.

36 지면과 접해 있는 공기층의 온도가 이슬점 기온의 이하가 될 때 발생하는 대기현상은?

① 서리
② 이슬비
③ 강수
④ 안개

37 비행기 무게중심이 전방에 위치하면 일어나는 현상들이다. 틀린 것은?

① 안정성 증가
② 쉽게 실속(stall) 회복
③ 순항속도 증가
④ 실속(stall) 속도 증가

38 활공비란 무엇인가?

① 고도를 비행거리로 나눈 것
② 비행 속도를 시간으로 나눈 것
③ 바람이 없는 상태에서 비행거리를 고도로 나눈 것
④ 활공거리를 시간으로 나눈 것

39 활승안개가 발생하는 지역은 어디인가?

① 산 경사면
② 해안지역
③ 지면
④ 내륙지역

40 초경량비행장치의 비행제한공역을 비행하고자 한다. 필요하지 않은 것은?

① 비행안전을 위한 기술상의 기준에 적합하다는 안전성인증 증명이 있어야 한다.
② 국토교통부령이 인정하는 전문교육기관에서 비행 승인을 받아야 한다.
③ 비행자격증명이 있어야 한다.
④ 미리 비행계획을 수립하고 국토교통부장관의 승인을 받아야 한다.

[정답] 36 ④ 37 ③ 38 ③ 39 ① 40 ②

7차 합격예상 기출문제

국가기술자격검정필기시험문제

초경량비행장치(멀티콥터) 조종자격시험 7차 예상문제	시험시간	문항수
	50분	40문항

01 조종자가 비행하기 전에 준비해야할 것으로 옳지 않은 것은?

① 배터리가 100% 충전되어 있는지 확인한다.
② 비행 전 기체 점검을 수행한다.
③ 조종자의 비행 경력 많아서 비행 계획이 없어도 된다.
④ 비행할 장소를 사전에 확인한다.

02 방제 중 전방에 전선이나 전신주가 있을 경우에 취해야 할 조종사의 행위는?

① 전선이 있는 위나 아래의 여유 공간으로 비행해서 피해간다.
② 전신주가 있는 위쪽으로 빨리 비행하여 피한다.
③ 전선은 전신주에 상단에 있기 때문에 무시하고 빨리 비행한다.
④ 신호자를 빨리 보내서 안전거리를 유지하면서 비행한다.

03 습윤한 공기로 덮여 있는 지면에 방사 방열로 인하여 야간이나 새벽에 발생하며, 방사안개라고도 불리는 안개는?

① 땅안개
② 활승안개
③ 증기안개
④ 이륙안개

04 비행기의 무게가 높아지면 일어나는 현상이 아닌 것은?

① 비행기의 이륙거리가 증가
② 비행기의 활공각이 증가
③ 비행기의 상승각이 낮아짐
④ 실속(stall) 속도가 낮아짐

05 초경량 비행장치의 등록일련번호를 부여하는 기관과 기관장은?

① 지방항공청의 청장
② 항공협회의 회장
③ 국토교통부의 장관
④ 교통안전공단의 이사장

06 고랭지 산과 같은 계단식 밭에서 방제 작업하는 방법으로 올바른 것은?

① 낮은 지형부터 높은 곳으로 방제 비행
② 높은 지형부터 낮은 곳으로 방제 비행
③ GPS 수신 상태를 무시하고 비행
④ 조종자의 경험대로 편리한 방법으로 방제 비행

07 습윤하고 온난한 공기가 해면 위를 덮고 있다가 한랭한 수면으로 이동하면서 하층부터 냉각되어 안개가 형성되는 안개는?

① 복사안개
② 바다안개
③ 활승안개
④ 증기안개

[정답] 01 ③ 02 ④ 03 ① 04 ④ 05 ③ 06 ② 07 ②

08 초경량 비행장치 드론이 이륙할 때 올바르지 않은 것은?

① 시동을 걸고 바로 상승시켜서 배터리 소모를 줄인다.
② 이륙을 할 경우에는 수직으로 상승시킨다.
③ 이륙 후에는 정지 상태에서 에일러론, 엘리베이터, 러더 동작을 확인한다.
④ 이륙 전에는 조종기의 스틱 및 스위치의 상태를 검사한다.

09 착빙(icing)에 대한 설명이 틀린 것은?

① 착빙(icing)은 항공기나 물체의 표면에 얼음이 달라 붙거나 덮어지는 현상을 말한다.
② 착빙(icing)은 겨울철과 같이 추운 계절에만 발생하기 때문에 그 때만 조심하면 된다.
③ 항공기의 비행 안전에 있어서 중요한 장애 요인이 된다.
④ 양력을 감소시키고 마찰력으로 인해서 항력이 증가하게 된다.

10 항공기의 착륙거리를 짧게 하려고 할 때 맞지 않는 것은?

① 익면하중 증가
② 양력계수 증가
③ 플랩 사용
④ 표면 마찰력 증가

11 동력을 이용하는 초경량비행장치 조종자가 진로 양보를 하는 방법으로 맞는 것은?

① 동력이 있는 인력활공기에는 진로를 양보할 필요가 없다.
② 동력이 없는 초경량비행장치에 진로를 양보해야 한다.
③ 모든 항공기에 진로를 양보할 필요가 없다.
④ 경량항공기에 진로를 양보할 필요가 없다.

12 프로펠러 비행기의 항속거리를 길게 하는 방법이 아닌 것은?

① 프로펠러 효율 높임
② 연료 소비율 감소
③ 양항비가 최소인 받음각(AOA)으로 비행
④ 날개의 가로와 세로 비를 크게 함

13 초경량비행장치 사용 사업의 범위가 아닌 경우는?

① 비료 또는 농약살포, 씨앗 뿌리기 등 농업 지원
② 사진촬영, 육상 해상측량 또는 탐사
③ 시범비행 및 행사 비행
④ 조종 교육

14 항공기 성능을 좌우하는 것을 나열하였다. 틀린 것은?

① 양항비
② 항속거리
③ 세로가로비
④ 활공비

15 항공기의 무게(weight)와 균형(balance)은 비행에 있어 중요한 요소이다. 이유는 무엇인가?

① 안전하게 비행하기 위해서
② 착륙시 거리를 짧게 하기 위하여
③ 비행시 소음을 감소시키기 위해서
④ 비행할 때 효율성을 얻기 위해서

[정답] 08 ① 09 ② 10 ① 11 ② 12 ③ 13 ③ 14 ③ 15 ①

16 착빙에 관한 설명 중 틀린 것은?

① 날개 착빙(icing)시 유선이 흐트러지기 때문에 항력 증가, 양력 감소가 발생한다.
② 표면 착빙(icing)시 지상에서 움직일 때 항공기 조작에는 특별한 영향이 없다.
③ 안테나의 착빙은 그 기능을 저하시킨다.
④ 시계방향(장애), 무선통신 장애를 발생시킨다.

17 초경량 비행장치 조종자가 갖추어야 할 자격 요건이 아닌 것은?

① 자기만의 고집이 있는 성격
② 합리적인 정보처리 능력
③ 상황에 맞게 신속하고 빠른 판단 능력
④ 정신적 안정도

18 초경량 비행 장치의 이착륙과 비행시 올바른 것은?

① 약간의 비가 와도 비행을 수행하였다.
② 착륙할 때에는 스로틀을 천천히 내려서 착륙한다.
③ 풍속이 5m/s이상일 때는 안전하게 비행을 수행하였다.
④ 이륙할 때는 시동을 걸고 바로 급상승하였다.

19 초경량비행장치 조종자 증명을 받지 않고 비행할 경우 1차 과태료는 얼마인가?

① 30만 원　　② 60만 원
③ 150만 원　　④ 300만 원

20 층운 구름이나 과냉각 물방울이 항공기 표면에 부딪치며 급속 냉각하면서 발생하며 0℃ 이하의 모든 온도에서 형성되는 착빙(icing)은?

① 거친 착빙(rime icing)
② 맑은 착빙(clear icing)
③ 혼합 착빙(mixed icing)
④ 흡입 착빙

21 뇌우에 대한 설명 중 틀린 것은?

① 천둥과 번개를 동반하면서 내리는 비
② 여름철에 지표면에 불균등 가열로 발생하는 권층운이나 권운 등이 나타남
③ 뇌우가 내리기 전에는 강한 바람이 불고 기온이 낮아짐
④ 폭우, 돌풍, 번개 등을 동반하여 짧은 시간에 많은 피해를 주기도 함

22 항공기가 비행시 선회비행 경로를 벗어나 외할(skid)하는 이유는 무엇인가?

① 경사각이 적다. 원심력<구심력
② 경사각이 크다. 원심력<구심력
③ 경사각이 크다. 원심력>구심력
④ 경사각이 적다. 원심력>구심력

23 초경량비행장치의 사고발생시 조치 사항이 틀린 것은?

① 인명구조를 위한 신속히 필요한 조치를 취할 것
② 사고조사를 위해 기체, 현장을 보존할 것
③ 사고조사에 도움이 될 수 있는 정황 및 장비 상태에 대한 사진 촬영
④ 사고발생시 2차 사고를 방지를 위해서 바로 현장을 깔끔하게 치운다.

[정답] 16 ② 17 ① 18 ② 19 ① 20 ① 21 ② 22 ④ 23 ④

24 초경량 비행 장치의 이착륙 지점으로 적합한 지역이 아닌 곳은?

① 평탄한 해안선
② 농작물이 없는 가급적 수평인 논 및 밭 지역
③ 사람이나 차량이 빈번한 지역
④ 경사면이 있어도 최대한 수평인 간헐 지역

25 다음 중 비행 후 점검 사항이 아닌 것은?

① 기체를 안전한 곳으로 이동시킨다.
② 송신기를 끈다.
③ 열을 식은 후에 해당 부위를 점검한다.
④ 수신기를 끈다.

26 뇌우가 형성되려면 3가지 조건이 만족해야 한다. 틀린 것은?

① 충분한 수증기(습도)   ② 강한 상승 운동
③ 강한 하강운동   ④ 불안정한 대기

27 다음은 뇌우의 회피 요령이다. 틀린 것은?

① 뇌우를 만나면 출력을 최대로 수평을 유지하면서 직진으로 빨리 빠져나간다.
② 진입 이후에는 되돌아가지 말고 최단 경로 선택하여 통과한다.
③ 뇌우는 반드시 회피해야 한다.
④ 뇌우가 덮고 있다면 전 구역을 우회해야 한다.

28 항공기가 수평선상에 놓여 있을 때 기준점으로부터 왼쪽, 오른쪽으로 일정 거리 선상에서 받는 힘을 계산할 때 쓰는 모멘트(Moment)의 계산은?

① (무게 × 길이) ÷ 2   ② 길이 ÷ 무게
③ 무게 × 길이   ④ 무게 ÷ 길이

29 초경량 비행장치의 비행 시 올바르지 않은 것은?

① 사전에 이착륙장을 확보하고 최대한 평평한 지역으로 선정한다.
② 비행시에는 안전모, 구급함, 공구박스, 소화기 등을 사전에 준비한다.
③ 여러 대의 드론을 동시에 비행해서는 안 된다.
④ 기체에 경고신호가 인지되면 바로 아무 곳이나 착륙을 한다.

30 후류(Wake)에 관한 설명으로 틀린 것은?

① 대형항공기보다 소형항공기의 후류가 적다.
② 항공기가 지나간 자리는 후류가 발생해서 회피해야 한다.
③ 항공기가 착륙할 때 앞에 착륙한 항공기보다 뒤쪽에서 착륙한다.
④ 항공기가 이륙할 때 앞에 이륙한 항공기보다 뒤쪽에서 이륙한다.

31 초경량비행장치 사고에 관한 보고를 하지 않거나 거짓으로 보고하는 경우 1차 과태료는 얼마인가?

① 5만 원   ② 15만 원
③ 30만 원   ④ 50만 원

32 초경량비행장치의 비행 후 착륙보고의 포함 사항이 아닌 것은 어느 것인가?

① 항공기 식별 부호   ② 비행경로
③ 출발 및 도착 비행장   ④ 목적비행장과 착륙시간

[정답]   24 ③   25 ④   26 ③   27 ①   28 ③   29 ④   30 ③   31 ①   32 ②

33 비행교관이 범하기 쉬운 과오가 아닌 것은?

① 자기감정의 자제 ② 비정상적인 수정 조작
③ 과시욕 ④ 비인격적인 대우

34 번개와 뇌우에 관한 설명 중 틀린 것은?

① 모든 뇌우는 위험하다.
② 번개의 강도와 뇌우의 강도는 서로 관계가 없다.
③ 모든 뇌우는 번개를 생성한다.
④ 뇌우는 강수, 우박, 강풍이 발생할 수 있다.

35 비행기에 화물을 넣을 때 무게중심의 후방한계점보다 더 뒤쪽에 쌓아 놓았다. 비행기가 비행할 때 발생하는 현상은?

① 실속(stall)이 발생하면 회복하기 어렵다.
② 비행속도가 빠르면 실속(Stall)이 발생한다.
③ 이륙할 때 이륙 거리가 길어진다.
④ 착륙할 때 착륙 거리와 관계없다.

36 한반도에 영향을 주는 기단 중에 초여름 날씨에 영향을 주는 기단으로 남쪽의 북태평양 기단과 정체 전선을 형성하여 불연속선의 장마전선을 이루는 기단은?

① 시베리아 기단 ② 양쯔단 기단
③ 오호츠크해 기단 ④ 북태평양 기단

37 뇌우가 발생할 때 동반하는 것이 아닌 것은?

① 돌풍 ② 천둥
③ 과냉각 물방울 ④ 번개

38 다음의 계기에서 정압을 변화하는 것은?

① 속도계 ② 선회계
③ 고도계 ④ 자계기

39 항공법상에 약제 살포 작업을 할 때 가입해야 할 필수 보험은?

① 약제 배상 책임 보험
② 대인/대물 배상 책임 보험
③ 자손 보험
④ 기체보험

40 항공기가 빠른 비행을 하다 속도를 낮추었을 때, 항공기 날개 윗면과 아랫면의 공기 흐름을 설명한 것이다. 맞는 것은?

① 날개 윗면의 흐름 속도가 아랫면보다 크고 동압은 높다.
② 날개 아랫면이 윗면보다 흐름 속도가 크고 정압이 높다.
③ 날개 윗면의 흐름 속도가 아랫면보다 크고 정압은 높다.
④ 날개 아랫면이 윗면보다 흐름 속도가 크고 동압은 높다.

[정답] 33 ① 34 ② 35 ① 36 ③ 37 ③ 38 ③ 39 ② 40 ③

부 록

1. 아두이노와 로보이노 길잡이 – 저자가 직접 운영하는 아두이노와 로보이노의 사용 카페입니다. 나만의 아두이노(로보이노)드론을 만들어 보세요.

   http://cafe.naver.com/roboino

2. (주)로보블럭시스템 홈페이지 – 로봇 관련 부품, 제품을 판매하는 로봇 전문회사입니다.

   http://www.roboblock.co.kr

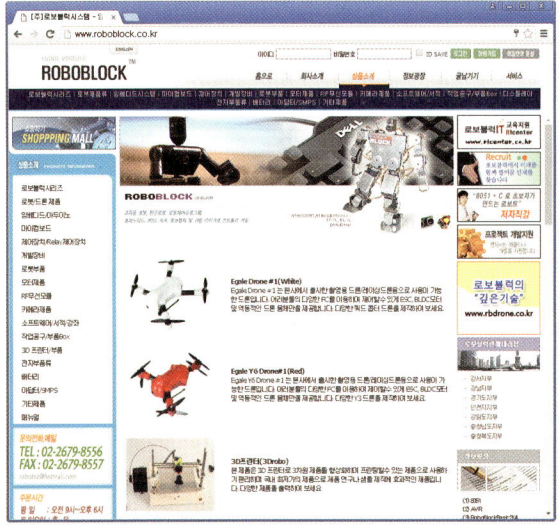

3. 국산 드론의 자존심 (주)로보블럭시스템 드론 사이트 – 다양한 국산 드론 관련 사이트입니다. 국산 FC(K1-A)의 개발로 드론 제어의 국산화에 효율적입니다.

http://www.rbdrone.co.kr

■ 촬영용 드론

- 아두이노 보드를 이용한 촬영용 드론/레이싱 드론으로 사용이 가능한 제품입니다. 다양한 FC를 활용하여 나만의 드론을 만들어보세요.

[Eagleone 쿼드콥터]   [Eagle Y6 Drone#1]   [mini Drone]

■ 농업용 드론

• 방제드론으로 5리터, 10리터, 20리터의 헥사콥터, 쿼드콥터 등이 있다. 국내 KC 인증 제품으로 방제하는데 효율적으로 도움이 될 것입니다.

[5리터 농업용 헥사콥터 드론]　　　　[10리터 농업용 헥사콥터 드론]

[10리터 농업용 쿼드콥터 드론]

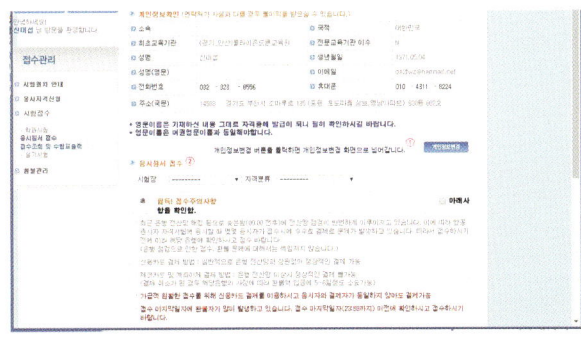

[20리터 농업용 헥사콥터 드론]

■ 감시용 드론

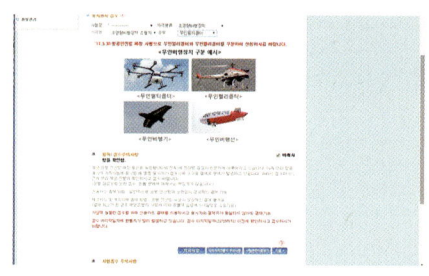

[감시용 드론 Y6 콥터]

참고 농업용 드론 구매, 주문제작, 드론 제작 교육에 관한 문의는 (주)로보블럭시스템에 문의하세요.

저자와
협의 후
인지생략

드론 [무인멀티콥터] 필기
초경량비행장치 조종자격

발행일 1판1쇄 발행 2018년 7월 10일
발행처 도서출판세화
지은이 신대섭
펴낸이 박 용

등록일자 1978년 12월 26일 제 1-338호
주소 경기도 파주시 회동길 325-22(서패동 469-2)
편집부 (031)955_9333 영업부 (02)719_3142, (031)955_9331~2
팩스 (02)719_3146, (031)955_9334
웹사이트 www.sehwapub.co.kr

이 책에 실린 모든 글과 일러스트 및 편집 형태에 대한 저작권은 도서출판 세화에 있으므로 무단 복사, 복제는 법에 저촉 받습니다.
잘못 제작된 책은 교환해 드립니다.

정가 25,000원 **ISBN** 978-89-317-0948-3 13550